高职高专服装专业纺织服装教育学会“十二五”规划教材

Clothing

Three-dimensional Cut

服装
立体裁剪

王明杰　著

中国轻工业出版社

图书在版编目（CIP）数据

服装立体裁剪 / 王明杰著. —北京：中国轻工业出版社，2022.1

高职高专服装专业纺织服装教育学会“十二五”规划教材

ISBN 978-7-5019-9259-1

Ⅰ. ①服… Ⅱ. ①王… Ⅲ. ①立体裁剪－高等职业教育－教材 Ⅳ. ①TS941.631

中国版本图书馆CIP数据核字（2013）第094022号

内 容 提 要

本书为高职高专服装专业纺织服装教育学会“十二五”规划教材之一。

全书共六章，由浅入深，分级讲述了原型、裙子、裤子、上衣、西服、时尚休闲成衣及礼服的立体裁剪技术。图文并茂详细介绍了服装立体裁剪的技法与流程，分析了服装从立体到平面的转换过程。款式案例的选择时尚且具有代表性，图例绘制与制作精美。本书是普通高等院校、高职高专服装设计专业学习立体裁剪技术的系统教材，是高职学生参加教育部、纺织服装教育学会主办的全国职业院校服装制板与工艺技能大赛的参考教材。全书易学易懂，也能满足普通读者对服装立体裁剪技术的学习。

责任编辑：秦　功　李　红

策划编辑：秦　功　李　红　　责任终审：劳国强　　封面设计：锋尚设计

版式设计：锋尚设计　　责任校对：晋　洁　　责任监印：张　可

出版发行：中国轻工业出版社（北京东长安街6号，邮编：100740）

印　　刷：艺堂印刷（天津）有限公司

经　　销：各地新华书店

版　　次：2022年1月第1版第4次印刷

开　　本：889×1194　1/16　印张：9

字　　数：150千字

书　　号：ISBN 978-7-5019-9259-1　定价：49.00元

邮购电话：010-65241695

发行电话：010-85119835　　传真：85113293

网　　址：http://www.chlip.com.cn

Email：club@chlip.com.cn

如发现图书残缺请与我社邮购联系调换

211446J2C104ZBW

序

随着现代服饰文化与服装产业的飞速发展，我国的服装产品进入了个性化品牌时代，人们对服装款式、品位的要求在不断提高，对服装设计与裁剪技术也提出了新的要求。设计师不仅要有出色的创意和设计理念，还要有丰富的制作经验与作品实现能力。因此，对人才的培养我们也要认真思考，加强学生动手能力，增加实践机会是服装教育面临的普遍问题。人才培养的定位与培养方式也要根据形势不断调整，对教材的适应性与创新性提出了更高的要求。

立体裁剪是服装设计的一种造型手法。立体裁剪课程把艺术与技术结合，成为设计课程的延伸，能丰富设计者的空间想象，提高动手与设计能力。课程也越来越受到各个服装院校的重视。本书以立体裁剪为主要内容，以培养高端技能型服装设计人才为目标而编写，作者王明杰长期从事高等教育工作，硕士研究生毕业后选择从事职业教育，他借鉴国内外优秀设计的理论与方法，结合自己企业设计实践，在教学改革上做了较大的尝试与创新。尤其在构建高等职业教育教学体系与教学方法方面有了新的收获。他在服装设计、立体裁剪教学方面有了较好的基础。连续几年指导学生在全国各类技能大赛中获奖。人才培养质量得到社会认可。本书是作者近年来立体裁剪教学实践的一次梳理总结，许多图例与案例都是作者亲自制作完成。这种勤勤恳恳工作、踏踏实实钻研、不断创新实践的态度是很可贵的，对一个青年教师来说也是很有必要的。

本书编写体例新颖，内容完整、丰富并有自己的特色，款式案例的选择讲究实际与实用性。能满足普通高等学校、高职院校服装专业开设立体裁剪课程对教材的选用，也可成为中等职业学校学生衔接高职继续教育的参考书。也真切希望作者在今后教学实践中不断完善教学成果，争取更大的成绩！

北京服装学院院长：刘元风

2013年3月

前言

立体裁剪是服装设计、制作的重要方法之一。与平面裁剪相比较，立体裁剪具有明显的优势——在立体裁剪操作过程中，操作者可以直观真实地感受面料的特性和状态、服装与人体的空间关系、服装结构和服装款式的设计过程及结果，并可以根据需要随时修改设计局部与细节，所以立体裁剪广泛并深入地应用于高级定制和成衣的设计制作之中。立体裁剪书籍也层出不穷，但为很好地满足国内立体裁剪教学尚需要不断改进。基于对于教材多样性、实用性、专业性等方面的需求，本书根据中国现今的职业院校教学特点、学生的学习习惯以及市场对于学生专业能力的要求而编写。全书以不同的服类为章节安排，将理论融入实践之中，以原型、连身裙、女西服、时尚休闲成衣、礼服的立体裁剪作为重点，分级讲述立体裁剪的方法与技术规范，让学习者在实践中掌握服装立体与平面之间的转换。教材强调基础规律的阐释及灵活运用，运用大量企业经典案例和实景详细图解服装的立体裁剪步骤，一些新的立体裁剪技术也在实践中产生。

本书为高职院校服装设计专业学习立体裁剪课程系统教材，也是高职学生参加全国职业院校技能大赛服装制板与工艺竞赛的参考教材。作者长期从事高等教育服装专业的教学和科研工作，多次参加了日本与法国高级立体裁剪研修学习，深入研究国内外立体裁剪理论并不断应用到设计实践中。曾多次指导学生在国内国际时装设计与技能大赛中获奖。

本书出版过程中得到中国纺织服装教育学会领导的帮助，北京电子科技职业学院艺术设计学院领导及同事给予了大力支持。同时，编写过程中也得到服装教育前辈们关心与指导，使本书日臻完善。北京服装学院院长、著名服装教育家刘元风教授在百忙中为本书作序，给予作者极大的鼓励；北京服装学院刘娟老师审阅了书稿，并对部分款式案例进行了技术指导。还有立裁版型设计师张海玲女士，平面设计师宿伟先生给予了无私的帮助，在此一并深表感谢！

希望通过此书与服装业界同仁及立体裁剪爱好者交流经验。由于作者水平有限，书中不足疏漏之处在所难免，希望专家、同行、读者给予指正。

作者
2013年3月

目录
contents

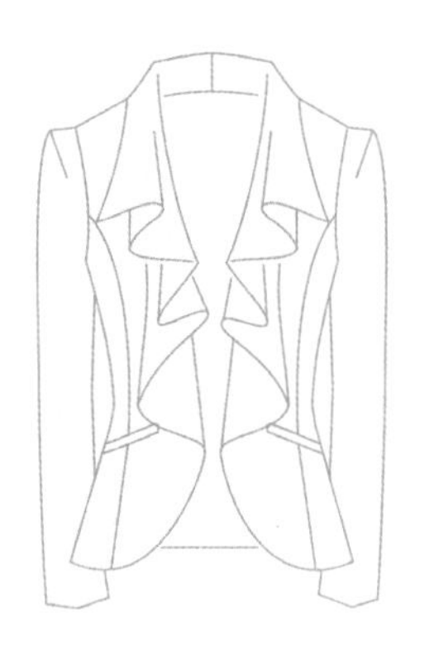

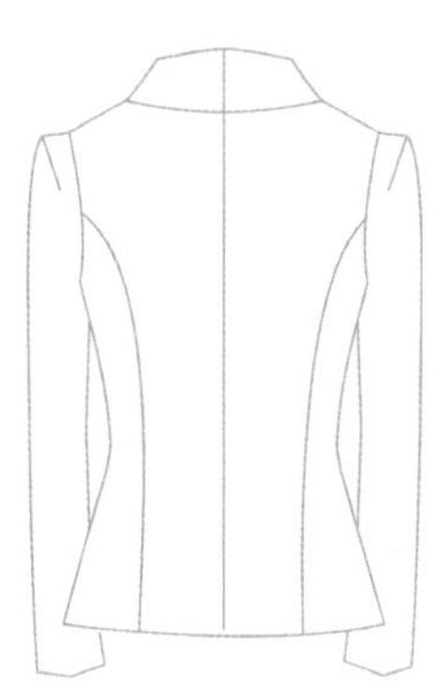

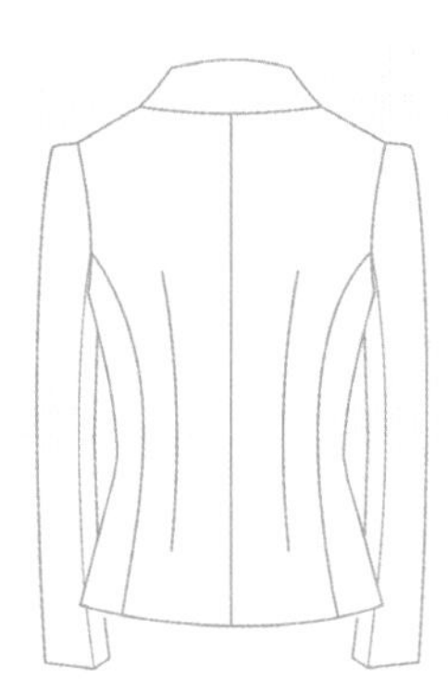

第一篇

初级立裁

第一章

认识立体裁剪

学习目标

1. 理解立体裁剪的产生、发展
2. 立体裁剪的工具及使用方法
3. 立裁坯布的准备方法

第一节　认识立体裁剪

一、立体裁剪的概念

服装设计包括款式设计、结构设计、工艺设计三大部分，其中结构设计在整个设计中起着承上启下的关键作用。结构设计按构成手法又可以分为平面构成和立体构成两部分，而立体构成通俗地讲就是立体裁剪。这两类技术手法在实际操作中可以交替或者组合使用，共同实现款式设计的造型塑造。

服装穿着在人身上后，就与身体之间产生了一定的立体空间，外观也具备了一定的立体性。因此从广义上讲，任何一种服装的造型方法（或者说裁剪方法）都具有立体性；从狭义上讲，立体裁剪是选用与面料特性相近的试样布料直接披挂在人体或人体模型上进行造型，通过分割、折叠、抽缩、拉展等技术手法制成预先构思好的服装造型，做好标记，然后把认为理想的造型展开成衣片，拷贝到纸上，经在平台上进行修正并转换成服装纸样，从而制成服装的技术手段。立体裁剪是完成立体造型的重要手段之一。

立体裁剪的两个核心因素：一个是面料，一个是人体。

二、东西方服饰文化与立体裁剪

（一）东西方服饰观念的不同

服饰文化是一个民族、一个国家文化素质的物化，是内在精神的体现，是社会风貌的显示。由于历史条件、生活方式、心理素质和文化观念的差别，东方与西方的服装形式与着装文化有较大差别。

西方哲学观强调人性的解放，在美学上确定了以人为主体，宇宙空间为客体的主体空间意识，西方艺术（包括服饰）常把讴歌和显示人体自然美当作至高无上的典型，因此服饰在西方人的身上成了“副件”。女性通过立体造型在服装上表现为强调三维空间造型和人体曲线美（图1-1-2，图1-1-6~图1-1-8）。男性则更赤裸地表现肌肤的健康和力量的强大。这种强调立体造型的服装意识促进了立体裁剪技术的发展，而现代立体裁剪便是中世纪开始的立体裁剪技术的积聚和发展。

▲ 图1-1-1
中国传统服装的造型（唐）

▲ 图1-1-2
18世纪西方女性借紧身胸衣和裙撑塑形

在东方，特别是中国，由于受儒家、道家“禁欲主义”哲学思想的支配，其服饰文化更多地表现为含蓄、内敛。东方哲学观强调“天地人和”，艺术表达上追求意象，中国传统服饰善于表达形与色的含蓄。朦朦胧胧，藏而不露，隐含寓意，给人以审美的感受。在服装造型上表现为一种抽象的空间形式，即确定了宇宙空间的主体，达到了三维空间的效果，因而在服装构成上偏向于平面裁剪技术，服装多为宽衣大袖式样（图1-1-1，图1-1-9~图1-1-11）。

随着社会进步和科学技术的发展，世界各民族文化通过碰撞、交融，东西方美学观的交流，服饰文化也相互渗透，使得现代的服装裁剪方法也出现了中西并用的局面。随着现代服装文化的发展，我国服装式样越来越西化，流行节拍基本与巴黎、米兰、东京保持一致，因此，立体裁剪方法越来越受重视。

（二）将立体裁剪用于设计的先驱设计师

真正运用立体裁剪作为生产设计灵感手段的是20世纪20年代的设计大师马德琳•维奥内（Madeleine Vionet），她认为“利用人体模型进行立体造型是设计服装的唯一途径”，并在设计的基础上首创了斜裁法（bias cut），使服装进入了一个新的领域，打破了平面裁剪上用于直纱、横纱的风格。斜裁法是巧妙地运用服装面料斜纹中的弹拉力进行斜向交叉来剪裁的一种方式，这种方法能够更好地表现悬褶的悬垂性设计。马德琳•维奥内（Madeleine Vionet）也因这项新的裁剪方式而风靡时装界，成为其后众多时装设计大师的创意偶像。以斜裁法做基础，维奥内又创造出当时名噪一时的露背式晚礼服、修道士领及斜角花瓣式裙。当时著名的美国好莱坞明星珍•哈露由于穿着她设计的衣裳，而被称为好莱坞最性感的女星。1939年她退出时装界，再也没有复出过，然而她始终备受人们的尊重，她推出的斜裁法也一直被沿用至今（图1–1–3）。

▲ 图1–1–3
马德琳 • 维奥内（Madeleine Vionet）及其作品

葛莱夫人（Madame Gres）是法国和夏奈尔（Coco Chanel），迪奥（Christian Dior）齐名的时装大师，她被誉为“布料的雕刻家”。她曾经说过：“我想成为一名雕塑家，对我而言和面料打交道与和石头是没什么差别的。”她重现了充满雕塑感的古罗马服饰的垂坠感与细褶设计，她自创的细褶希腊风情晚装，充满雕塑感地融入了她个人独特的美学概念，线条流畅华美，优雅而不失性感，呈现出一种永恒的现代感。她不仅将之前Vionet的露背设计变得更加多样化，更是斜肩礼服设计的创造者，她不使用平面设计图，而是直接在人体上反复缠绕、打褶、别布和裁剪，注重使服装适合身体，以寻求服装的最佳效果。Dior称“她的每一件作品都是杰作”（图1–1–4）。

巴伦夏加（Cristobal Balenciaga）被誉为“20世纪时装界的巨匠”，他的作品具有超时空的持久性和艺术性。他不会绘制效果图，喜欢直接在模特身上利用布料的性能来进行立体裁剪和造型，被称为“剪子的魔术师”。夏奈尔（Chanel）曾评价他说：“从设计、裁剪、假缝、真缝，全部自己一个人能完成作品的只有他——巴伦夏加。”巴伦夏加潜心钻研女装设计，他常常像建筑设计家般地研究曲线的力度、结构的变化，这使他的设计具有雕塑一样的立体效果（图 1–1–5）。

▲ 图1–1–4
葛莱夫人（Madame Gres）作品

▲ 图1–1–5
巴伦夏加（Cristobal Balenciaga）作品

▲ 图1–1–6
紧身胸衣塑形

▲ 图1-1-7 人体部位的夸张——臀部填充物

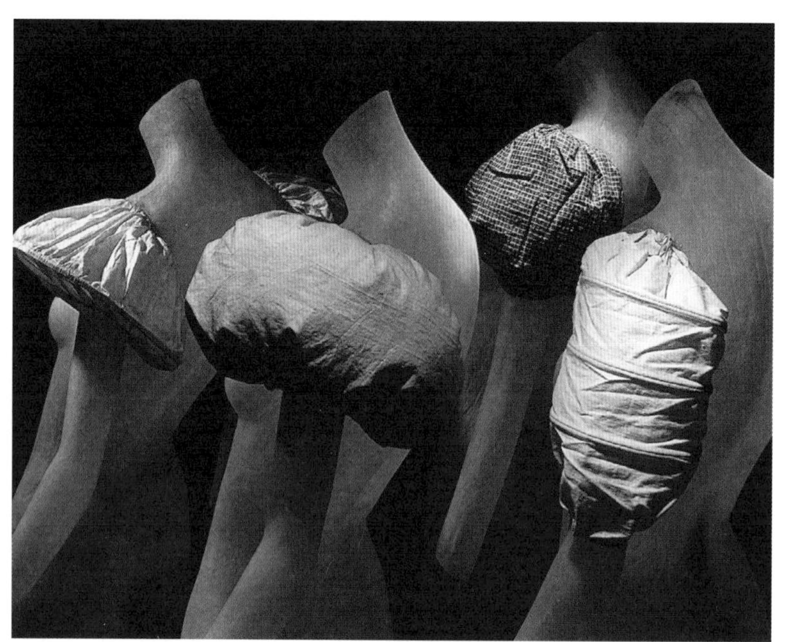

▲ 图1-1-8 肩部填充物（西方服饰强调人体部位的夸张）

▲ 图1-1-9 三宅一生东方风格作品（1）

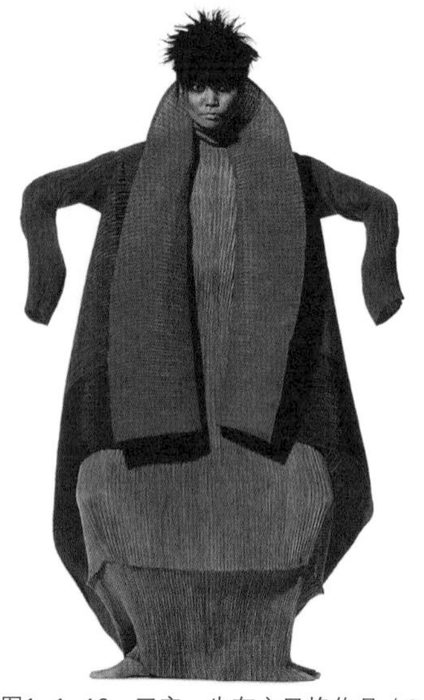

▲ 图1-1-10 三宅一生东方风格作品（2）

▲ 图 1-1-11 清代平面造型服饰

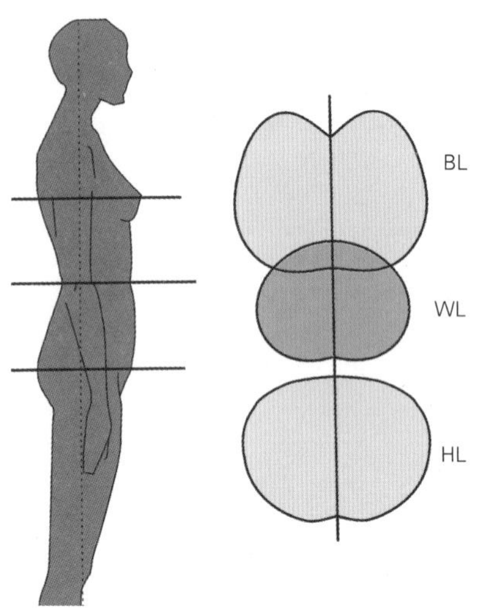

▲ 图1-1-12 人体三围横截面图

实验：

让学生绘制女性三围横截面图（图1-1-12），对比结果。

实验内容：

请画出成人女性标准体沿胸围线的截面图。

实验目的：

认识人体造型，让学生了解人体与服装造型的联系。

思考： 东方人与西方人对人体的认识有何差异，两种思维对东西方裁剪方式有何影响？

三、立体裁剪在国内的发展与应用

（一）萌芽（20世纪初）

民国时期开始出现西式服装，也随之出现了做西服的红帮裁缝。相传，19世纪末浙江宁波鄞县青年裁缝张尚义因为海难流落到日本横滨。不久，他借助修理横滨的俄国人、荷兰人西服的机会，偷偷拆开西服展平了解西服的结构，加上自己中式裁剪的基础绘制了西服的样板，并自己制成第一套西服。不久，凭借这一手艺和低廉的价格，张尚义在横滨拥有了自己的事业。张尚义获得成功后，追随张尚义到达日本的不少鄞县和奉化人都掌握了西服的缝制技术，并在上海形成了一个依靠缝制西装谋生的裁缝群体，日后称为“红帮裁缝”（图1-1-13）。可见，最早的红帮裁缝是从研究立体构成的成衣开始的。这也许是平面到立体的尝试。这些早期裁缝虽然不懂得系统的立体裁剪方法，但已知道在人体模型上进行试穿修正了。

▲ 图1-1-13 做西式服装的红帮裁缝

（二）发展（20世纪80~90年代）

在我国服装产业中，服装制板一直以来都是平面裁剪统治天下，特别是改革开放前，人们的着装保守，款式相对单一，平面裁剪发挥了其快速、简便、高效的优势，被服装行业广泛采用。1981年中央工艺美术学院邀请了日本立体裁剪专家石藏先生在中国举办立体裁剪培训班，可以说这是我国服装业立体裁剪技术的启蒙教学。改革开放后全国越来越多的艺术院校开设服装设计专业，《立体裁剪》也开始在服装院校应用，这门课程对加深学生对服装板型纸样的理解，增强动手能力与设计能力有重要意义。《立体裁剪》成为服装专业学生的必修课，是连接服装设计与服装工艺的桥梁，在服装专业课程体系中占有重要的地位。但由于对立体裁剪认识不足，这一阶段在工业生产中还是没有将其广泛推广使用。

（三）普及与应用（21世纪）

进入21世纪，随着现代服饰文化与时代的发展，服装产品进入了个性化品牌时代，人们对服装款式、品位的要求在不断提高，对服装设计与板型技术也提出了更高的要求。许多复杂多变的款式结构，强调人体曲线的夸张造型利用平面裁剪很难做出来，传统的平面裁剪已不能适应市场发展的需求，立体裁剪技术开始被引进我国服装工业制板中。立体裁剪有平面裁剪所没有的优越性及互补性，可以解决平面裁剪中难以解决的复杂造型问题。尤其在礼服设计中更能显现其优势。当今立体裁剪开始与数字化结合，快速立体裁剪读入CAD系统完成排料与推板放码，已大量在工业生产中应用。平面与立体结合的方法成为制板师必须具备的素质。服装制板要求快速、高效、板型完美，平面裁剪与立体裁剪结合才是最佳组合。

四、立体裁剪与平面裁剪的关系

立体裁剪和平面裁剪同为服装结构设计的两种不同方法，二者殊途同归、相辅相成、相互渗透。两种方法裁剪过程不同。板型质量的好与坏，主要取决于设计师、打板师审美能力和技术水平等综合能力。

（一）立体裁剪与平面裁剪过程的比较

平面裁剪与立体裁剪的过程不同，平面裁剪是根据测量人体的必要结构尺寸，在布料或纸上平面制图的裁剪方法。根据款式效果图靠从立体到平面分解的空间想像，借助前人的裁剪经验（裁剪公式）和本人的经验，来计算和判断其裁片的形状与尺寸。而立体裁剪是立体造型直接转化为平面的过程。

平面裁剪过程：

测量人体（依国家或企业标准）——➤依据规格尺寸利用公式制图——➤加放缝份与对位标记——➤得出服装款式样板。

立体裁剪过程：

根据效果图（或款式图）进行款式分析并初裁布料——➤经立体造型获得款式初型——➤按初型假缝、试穿——➤整理修改布样——➤拓印布样于纸板上（即布样转化为纸样）——➤加放缝份和对位标记。

获得服装款式样板两种方法裁剪过程不同，但都获得了该款式的样板。

（二）平面裁剪与立体裁剪的优势比较

1. 平面裁剪的优势

（1）平面裁剪是实践经验总结后的升华，因此，具有很强的理论性。

（2）平面裁剪尺寸较为固定，比例分配相对合理，具有较强的操作稳定性和广泛的可操作性。

（3）由于平面裁剪的可操作性，对于一些定型产品而言是提高生产效率的一个有效方式，如西装、夹克、衬衫以及职业装等。

2. 立体裁剪的优势

（1）直观性

立体裁剪是一种模拟人体穿着状态的裁剪方法，是直观的造型手段，可以直接感知成衣的穿着形态、特征及松量等。对面料的性能有更强的感受，如悬垂性、厚重量，服装材料的平衡性。在造型表达上更加多样化，许多富有创造性的造型，在既定的立体空间意识中能通过立裁手段得以实现。

（2）实用性

这种方法不仅适用于结构简单的服装，也适用于款式多变的时装；适用于西式服装，也适用于中式服装。由于立体裁剪不受平面计算公式的限制，而是按设计的需要在人体模型上直接进行裁剪创作，所以它更适用于个性化的品牌时装设计。

（3）适应性

立体裁剪技术不仅适合专业设计和技术人员掌握，也非常适合初学者掌握。只要能够掌握立体裁剪的操作技法和基本要领，具有一定的审美能力，就能自由地发挥想像空间，进行设计与创作。

（4）灵活性

在操作过程中，可以边设计、边裁剪、边改进，随时观察裁剪效果、随时纠正问题。这样就能解决平面裁剪中许多难以解决的造型问题。比如一些款式出现不对称、多皱褶及不同面料组合的复杂造型，如果采用平面裁剪方法是难以实现的，而用立体裁剪就可以方便灵活地塑造出来。

（5）准确性

平面裁剪是经验性的裁剪方法。设计与创作往往受设计者的经验及想像空间的局限，有时候不易达到理想的效果。而立体裁剪与人体零距离的接触，往往成功率都非常高。

服装与人体配合表现为一种三维的立体造型，其造型既固定又富有变化。要表现一种三维服装立体造型的同时又要符合人体结构、运动、装饰、卫生的需求。立体裁剪能最直观地体现人体与服装、造型与裁片的关系。作为服装设计师，要有丰富的空间造型想像能力，设计师脑海里与服装有关的立体造型素材和资料库存越多，其设计思维就越开拓，灵感就越多。设计师运用立体裁剪塑造服装时，根据面料性能，现场效果，会有更多更好的设计灵感和设计细节跳脱出来。

思考题

1. 什么是立体裁剪？
2. 立体裁剪与平面裁剪比较有哪些优势？

第二节　立体裁剪的准备

一、立体裁剪所用工具介绍

（一）人体模型，见图1-2-1

人体模型也称人台或胸架，是立体裁剪最重要的用具之一。人台是根据大量人体测量后获得的数据进行分析处理，获得的一种理想化的人体，是将人体体形特点进行一定的改进和美化，使之更适合人们的审美和造型的需要。可以分为裸体人台和加入宽松量的人台。

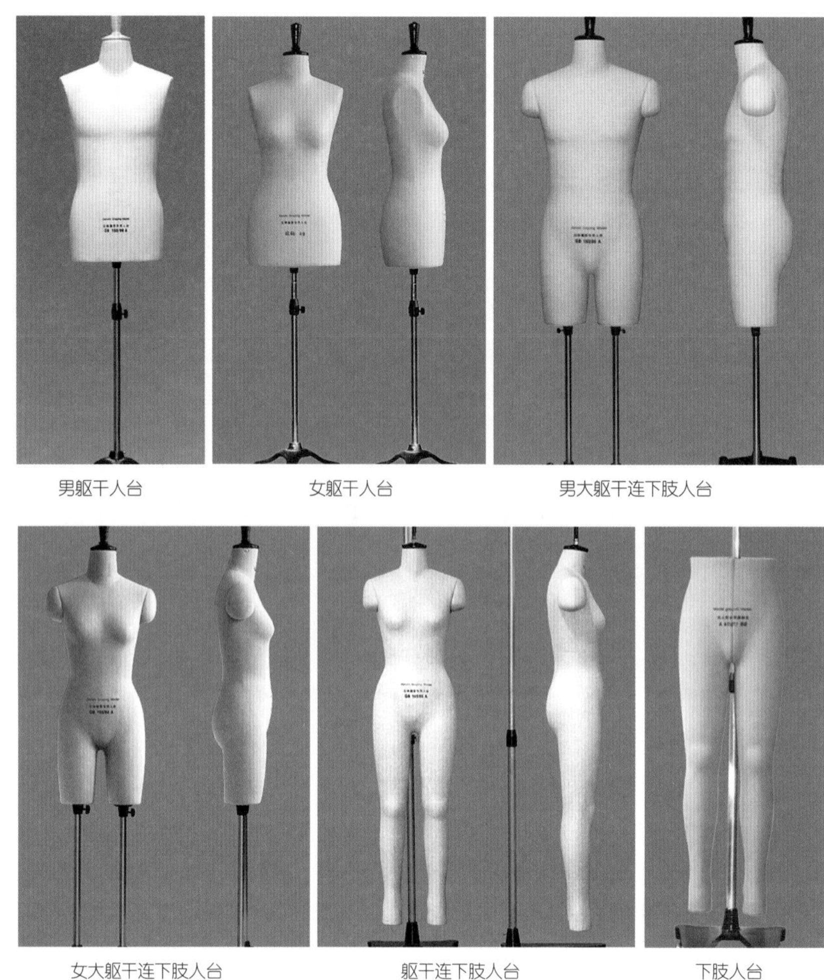

▲ 图1-2-1　人台的种类

立体裁剪用的人台分类如下：

1. 按体形分可分为

（1）躯干人台：只有人体躯干形态的模型，也可称半身模型。

（2）躯干连大腿人台：人体躯干与大腿形态的模型，也可称为大半身模型。

（3）躯干连下肢人台：人体躯干与下肢形态模型，也可称全身模型。

（4）下肢人台：只有下体模型，用于裁剪裤装内衣。

2. 按性别与年龄分为

女装用模型、男装用模型，童装用模型。

3. 按号型分

人台的型号也是根据号型分类的。号是指身高，型指体型。根据国家标准可以分为Y、A、B、C型。不同的体形根据围度与档差的不同又可分为不同号型，如：上体有82A、84A、88A、92A等；下体有72/A、74/A、76A等。

（二）其他用具和材料，见图1-2-2

（1）手臂模型：手臂模型与人体模型一样是立体裁剪不可缺少的工具。最外层用布料包裹，内部用棉花填充（一只手臂模型约为50克棉花）。手臂模型可以自由拆卸，在设计需要时，装上手臂模型，使人体模型更接近真实的人体。

（2）大头针：大头针是立体裁剪操作过程中的重要工具之一，充当着缝纫针和线的角色。因为细而尖的大头针摩擦力小，易于穿刺，故为首选。塑料珠头的大头针虽然细而尖，但由于头部较大，颜色各异，会影响和干扰操作者的视线，一般不宜选用。

（3）针扎：针扎是为了插大头针使用的，一般立体裁剪时戴在手腕上，形状近似圆形。一般采用丝绒、绸缎面料缝制为佳，内部用毛发或丝棉填充。可以根据自己的手腕大小进行调节。

（4）剪刀：指的是立体裁剪中的裁布剪刀。一般是裁衣剪刀，用来裁剪衣料，另外可以准备一把剪纸的剪刀。

（5）标志带：在立体裁剪之前，用较醒目的黑、蓝或红色标识线（丝带或纸质胶带），标出人体模型的主要结构线。在款式的操作中，用来做设计线，为减少误差，标志带的宽度越细越好，最大不能超过0.4cm，标志一般在0.3cm 就可以。

（6）记号笔：在人体模型上做好造型之后，用记号笔作标记，其标记作为板型制作的依据。

（7）滚轮：用于将布样子拷贝到纸上。

（8）软尺：用于测量人台各部位的尺寸。

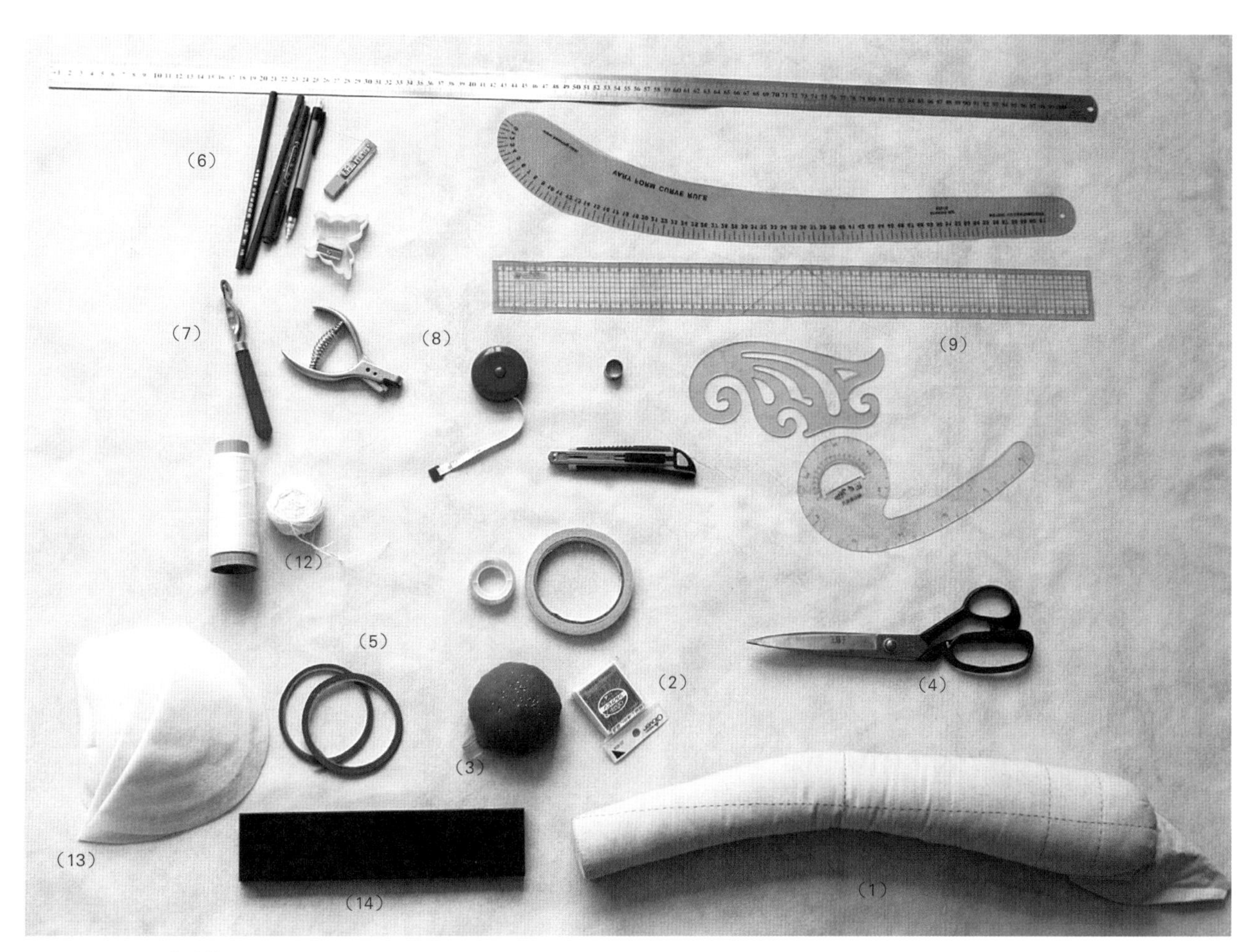

▲ 图1-2-2 立体裁剪工具

（9）打板尺具：直尺用于绘制直线及图形等。曲线尺用于画曲线。不锈钢长尺，用于画长线。

（10）熨斗：烫平布料、扣烫缝份及整理坯布之用。

（11）硫酸纸：用于制作复制服装样板。宽幅硫酸纸可以直接附在坯布上，可以直接准确的复制轮廓转化成纸样。

（12）针与线：用于假缝试穿、缩缝。

（13）垫肩棉：根据肩部的造型需要，多用于西服的制作。

（14）镇尺：用于拷贝纸样、压纸样，压住纸或面料不让面料与纸张错位。

二、正确使用大头针

（一）操作要求

大头针针尖不宜插出太长，这样易划破手指。大头针挑布量不宜太多，防止别合后面料不平服。

别合一进一出要用大头针的尾部，固定后比较稳定。

（二）大头针的排列形式，见图1-2-3

（1）横向排针：垂直于缝合线别，这是结实而看起来漂亮的别法。

（2）竖向排针：平行于缝合线别，一般用于两片布重叠的固定。

（3）斜向排针：别针少可固定好，因人体呈曲线形，有时非斜不可。呈45度，每3cm固定一针，外观显得美观平服。

（4）沿缝藏针：大头针从上层布的折变痕插入，挑起下层布，针尖回到上层布的折痕内。此效果接近于直接缝合，多用于上袖子。

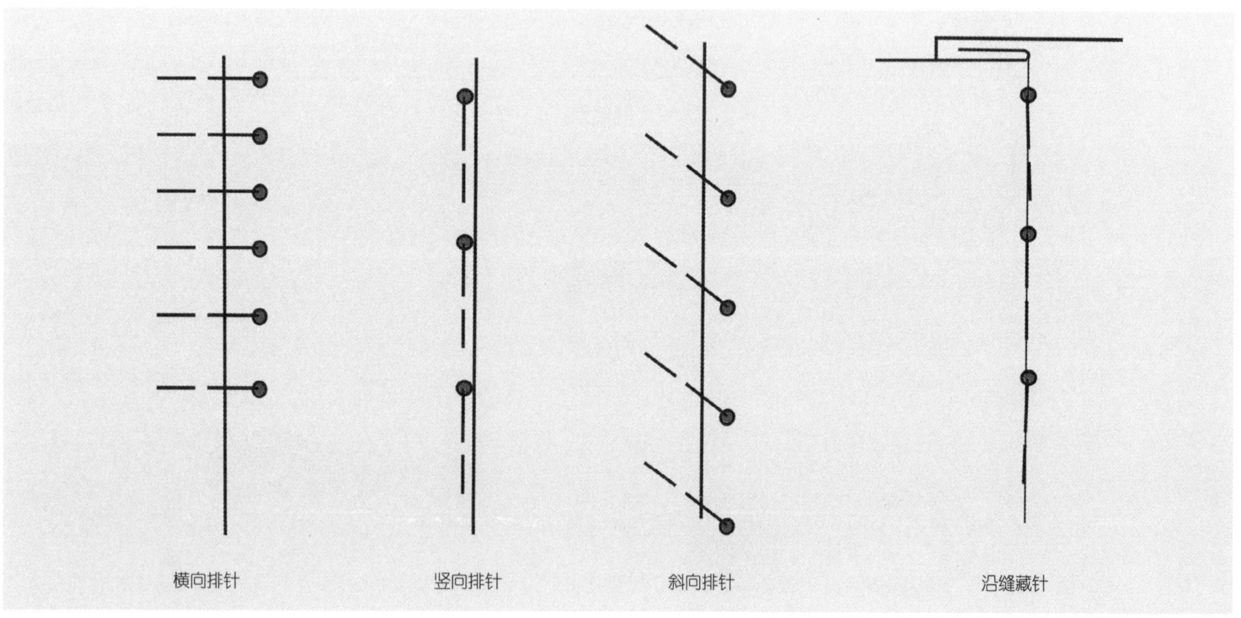

▲ 图1-2-3　大头针的排列方式

（三）大头针的别法，见图1-2-4

常见的大头针别法有以下几种：

（1）折合法：将一块布料折叠与另一块布料别在一起。是使缝合线清楚可见的别法，折叠线就是缝合线的位置。

（2）重叠法：两块布搭在一起，在重叠部位别，要察看两层布是否平服，当缝份多时，大头针要横别，缝份少时则直别。最后用标志带贴出净缝线的位置。

（3）折边固定法，用于衣片下摆与止口的固定，为了止口保持平直美观。

（4）褶裥固定法：用于固定碎褶。

（5）省捏合法：用于缝合省的位置。找出省尖的位置，用大头针横向固定，然后沿着省缝捏合。

（6）缝合捏合法：这是最常用的方法，两块布撮合往一起别，大头针的位置就是缝合线的位置，可方便布端进行缝份的剪切。

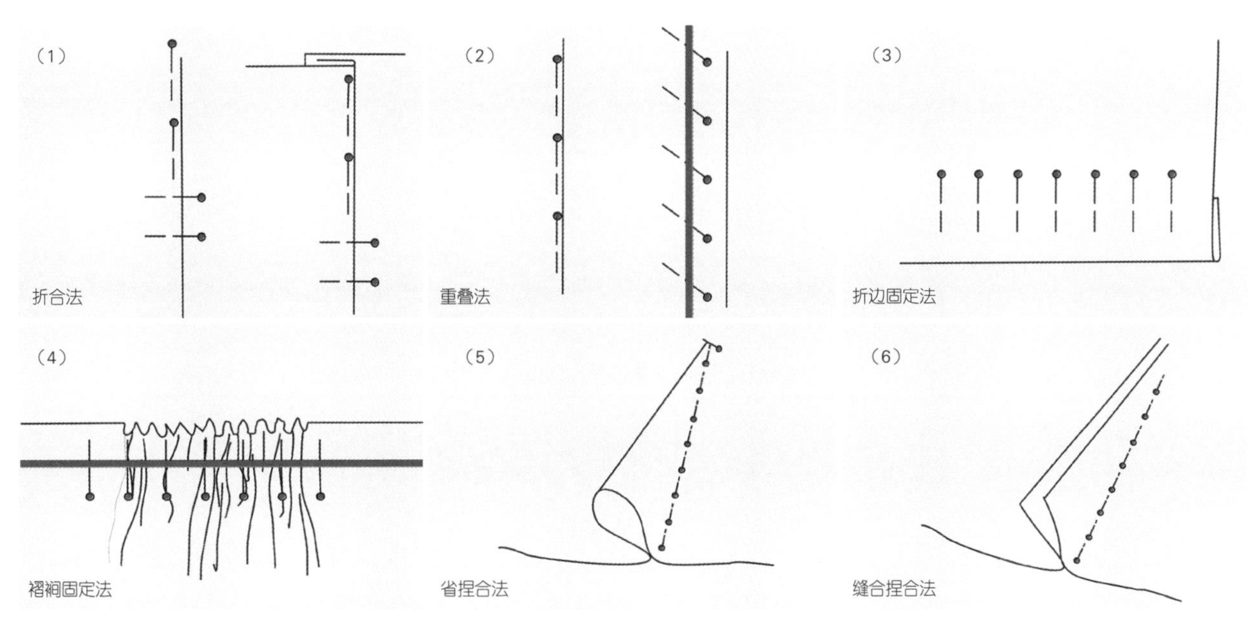

▲ 图1-2-4 大头针的别法

（四）描点的方法，见图1-2-5

从立体转化成平面时候需要描点，在净缝线上用铅笔或者记号笔描点，点间隙均匀，针对不同的别合针法，描点的方法也不同。注意两层的面料都要描上。（见图1-2-5）

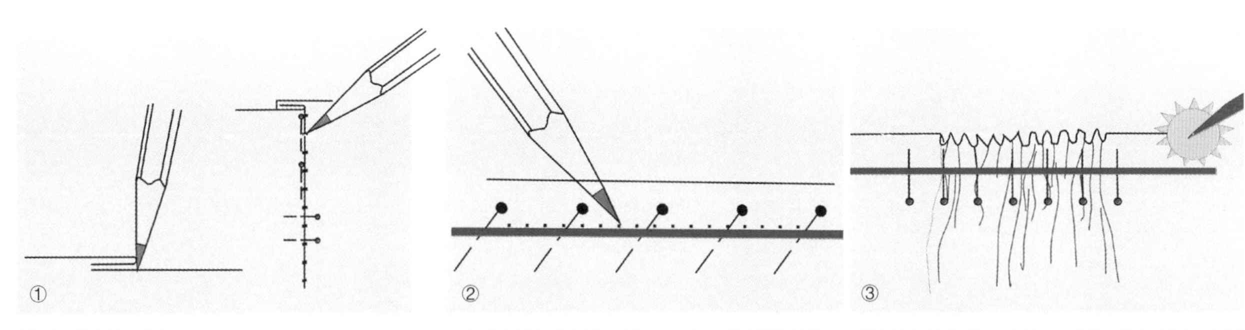

折合针法沿折边描点。

重叠针法在标志带的一侧描点，上下两层都要描点。

褶裥针法用滚轮复制轮廓，面料与纸之间覆一张蓝印纸。

▲ 图1-2-5 描点方法

三、人台基准线的标示

人台的基准线是立体裁剪过程中的对位线与参考线，是保证纱向正确造型稳定的基础。白坯布的纱向与这些标示线相吻合，才能保证立体裁剪的正确性。因此基准线的确立应该是严谨的。另外也作为纸样展开的基准线。人体模型基准线的标定是为了方便立体裁剪操作，以确保立体裁剪质量而进行的一项立裁的准备工作。所谓确定，就是在人体模型上把反映人体结构的基准线准确、醒目地标示出来。基准线的设计根据设计、外轮廓的不同而不同，这里就基本的基准线贴法作介绍。

人体模型的基准线主要包括前后中心线、颈围线、胸围线、腰围线、臀围线、公主线、侧缝线、小肩线以及袖窿线。其中三围线应保持水平，而前后中心线则保持垂直。

（一）操作重点

标定前应先将人体模型固定在模架上，确保其与地面呈平行状态，绝不能在任何一个方向出现倾斜和摇晃。如果需要，可以在模型底部垫加纸片等碎物，以使人体模型稳定。标定标示线应选用与人体模型不一致且较为醒目的有色细带（宽0.3cm）为宜，按照横平竖直的原则进行标定，通过标定基准线的实际操作，学习者对人体模型的特征有进一步的认识，如明确脖子的形态及方向，肩部，胸部，腰部形态差异。除此之外，也可利用测量用软尺和滑动式测量器等仪器，确认人体模型的切断面与切断面的尺寸比例。这些测量的实验，对了解人体模型的立体形态，会起极大的帮助作用。

通过标识人台基准线的练习，可更真切地观察人台，对于颈部与身躯的关系，肩部、胸部、腹部、臀部的形态特征等都可以有一个直观的认识。

（二）操作要求

（1）必须经过相应的关键点。一般将衣服原型穿在人台上，原型前后中心线与人台的中心线对齐，用大头针固定。让肩部稳定，与地面对齐，用大头针固定。测量关键点，做出标记。主要有前颈侧点（FNP），后颈侧点（BNP）、侧颈点（SNP）、肩端点（SP）、后腰中心（确认背长，在肩胛骨最突出的点及其周围附近，用软尺轻轻滑过，从第7颈椎点向下测量背长，一般身高165cm的背长为38cm。）

（2）横平竖直，三围线应保持水平，前后中心线应保持与地面垂直。

（3）线条分割应符合人体比例，并尽可能美观。

（三）标示方法，见图1-2-6

（1）胸围线：在人台的侧面找到BP点，可以使用测高仪确定BP点的高度，然后在同一个高度目测水平找到人台一周的高度，并用大头针做记号，按大头针位置保持水平贴好标志线。

（2）腰围线：在做过记号的人台后腰中心位置的同一个高度，用直尺或测量仪水平找到同高度下人台上一周的点，用大头针做记号，目测水平贴出一周的标志线。

（3）臀围线：从腰围线向下18~19cm在这一水平位置贴出一周的标志线。从侧面看反复检验，使之水平。

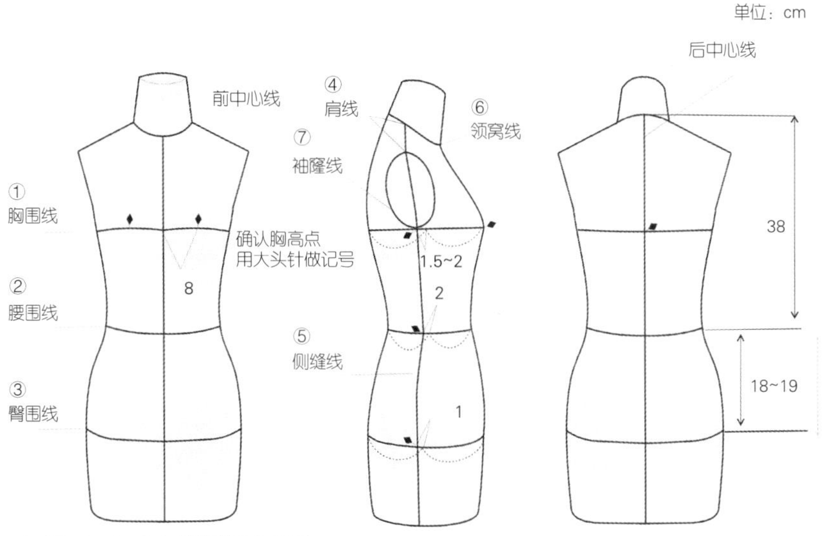

▲ 图1-2-6 人台基准线的位置图

（4）肩线：侧颈点与肩端点相连，贴出肩线。

（5）侧缝线：测量人台的腰围尺寸，确认左右前后腰围的尺寸也相同，从前中心到后中心的腰围尺寸的1/2后移2cm，做记号；胸围线上前后中心1/2后移1.5~2cm做记号，臀围线后移1cm做记号，从肩端点有意识的自然下来，并经过上述记号点。

（6）领窝线：从后颈侧点开始，以该水平点观察颈部的倾斜，顺势沿着脖子根部圆顺的贴出一周的领围线。

（7）袖窿线：沿人台的臂根形状位置贴出袖窿线。最深位置在胸围线以上1~2cm。

四、人体比例与款式分析

立体裁剪一般是根据效果图进行裁剪，裁剪需要根据设计说明以及各种元素进行深入的分析，然后再确定款式各部位的比例关系。用标志带在人台上标出裁剪线（如叠门线、省道、下摆、领线、袖窿等），以备立裁出来的款式与设计尽可能保持感观一致。所以必须了解人体的比例，才能准确的把握并确定款式的比例造型。

图1-2-7为人体的比例示意图，从图中可以看出胸围线在胸部最高点；腰围线与胳膊轴关节平齐；臀围线在手臂自然下垂的情况下腕关节之上3~4cm，根据袖子的长短及与衣身的比例关系可以推测衣服的长短。

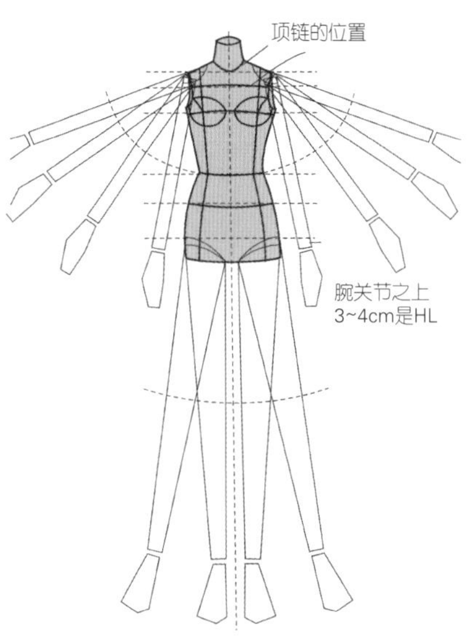

▲ 图1-2-7 人体比例图

五、立体裁剪面料的准备

（一）布料选择与处理

立体裁剪是用布料直接在人台上模拟造型。一般很少直接用实际的布料进行裁剪（特殊面料除外），而是根据服装款式选择不同厚度的平纹坯布或麻布坯布。薄棉布适宜软料的立体裁剪，厚棉布做大衣、套装的立体裁剪较好。平纹布料具有布纹丝缕清楚可见的优点，使用起来非常方便。

立体裁剪所用的布料的丝道必须归正。许多坯布存在纵横丝道歪斜的问题，因此在操作之前要将布料用熨斗归烫，使纱向归正、布料平整，同时也要求坯布衣片与正式的面料复合时，应保持二者的纱向一致，这样才能保证成品服装与人体模型上的服装造型一致。

（二）面料数量的准备方法

1. 上衣面料的准备，见图1-2-8

一般衣片长度取侧颈点至衣长距+30cm，宽度根据款式宽度取最大围度+15~20cm。在前衣片上画前中心线、门襟止口线、胸围线、腰围线、臀围线、胸高点。在后衣片上画后中心线，背宽线、胸围线、腰围线、臀围线。衣片的准备数量与款式分割线数量及配件一致。（图1-2-8）

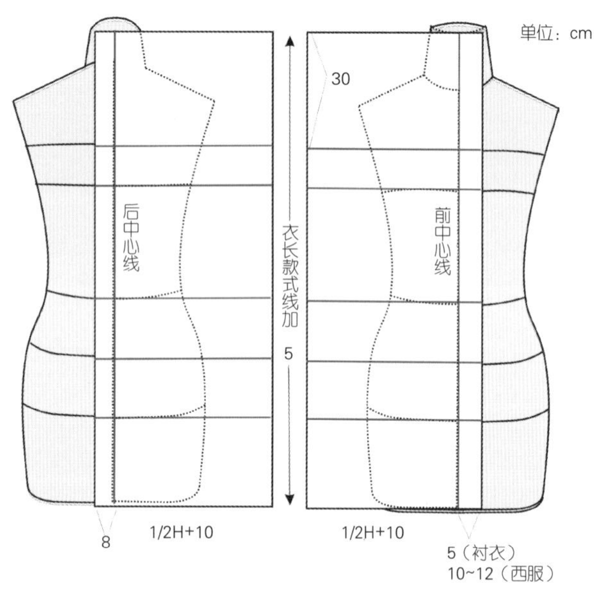

▲ 图1-2-8 上衣面料准备

▲ 图1-2-9 裙子面料准备

2. 裙子面料的准备，见图1-2-9

裙片的前后中心线位置一般留出5cm，直筒裙前后片以人台最大宽度基础上+8cm，喇叭裙+30cm，波浪裙加+30~40 cm。（图1-2-9）

只要掌握了规律，面料的准备就可以迎刃而解。对于一些分割复杂或特殊款式，要深入分析款式由几片构成，每一片的比例关系，然后再准备坯布。立体裁剪是边裁边设计的过程。立体裁剪面料的准备也是灵活的，可以根据个人的立体裁剪习惯边裁边准备，有时候也不一定一步到位。由于篇幅所限，本书内各章节款式案例中面料的准备不再一一详细描述。

思考题

1. 立体裁剪的用具与材料有哪些？
2. 练习人台的基准线贴制。
3. 分析某款式，并在人台上贴制款式线。

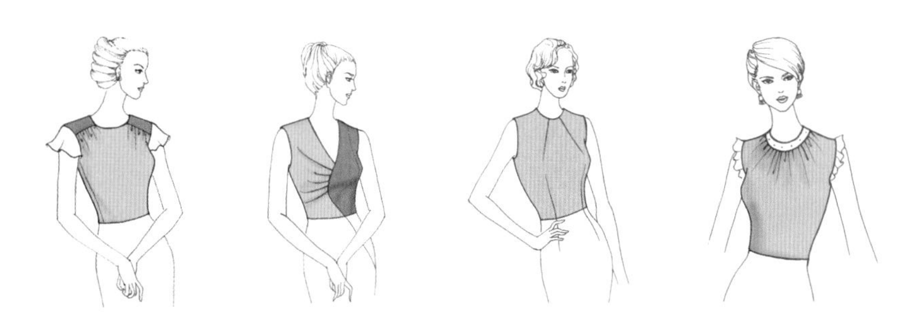

第二章

原型立体裁剪

学习目标

1. 通过原型中省的转移理解人体的特征，掌握立裁中省的变化设计
2. 熟悉立裁中款式分析、别合、成型及描图的全过程

第一节 文化式原型的立体裁剪

一、什么是原型

女装的轮廓造型特征主要体现在胸部的立体造型上。如何使用平面的布料将起伏的胸部完美、立体地表现出来，这要从如何处理好省开始。

所谓的服装原型是通过收省的方法，以基本满足服装合体性的平面模板。平面裁剪所采用的原型，是所有服装制作的开始。因此，立体裁剪也首先进行原型的操作练习，本节通过文化式女装原型使同学们了解省道的形成及变化原理。女装的外轮廓造型特征是以胸部的起伏点为重点，如何利用平面的布料表现出胸部美妙的立体感，胸省的处理是必须掌握的、最基本的立体裁剪技法。

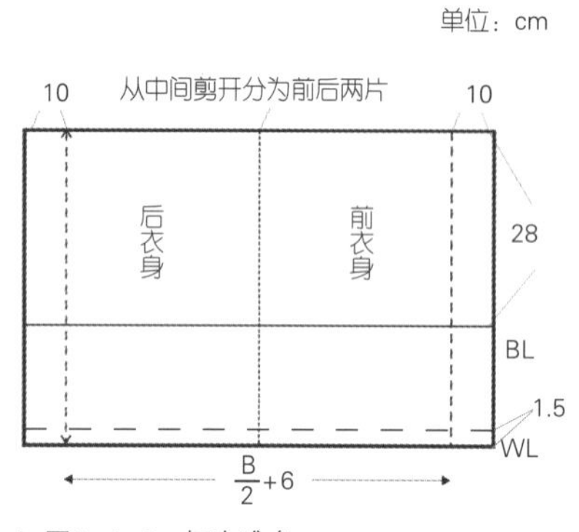

▲ 图2-1-1 坯布准备

二、坯布准备，见图2-1-1

使用预留的面料，整理纱向，画上基准线，腰部向上折叠1.5cm，把腰线作为水平方向的基准。测量人台胸围线与腰围线的距离，BL线与人台的BL线对合。

三、别样，见图2-1-2~图2-1-16

（1）面料的前中心线与人台的前中心线对齐，使WL与BL分别水平对合（见图2-1-2）。

（2）面料后中心线与人台的后中心线对合（见图2-1-3）。

（3）侧面，将BL上的松量前后分散，别针，右袖底部侧缝线处固定几针，此时应该注意保持WL的水平（见图2-1-4）。

（4）从颈侧点方向到袖窿线之上剪开（见图2-1-5）。

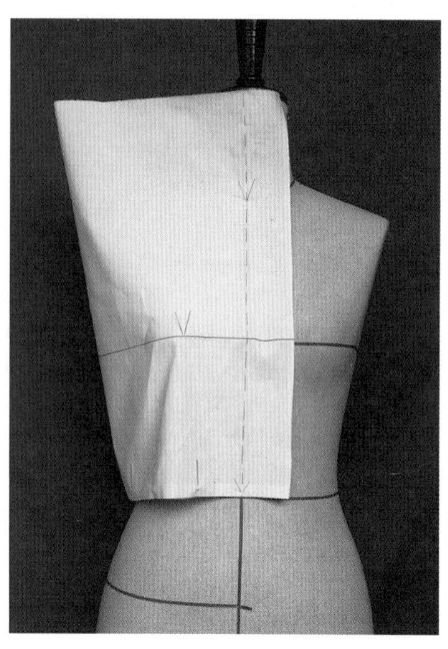
▲ 图2-1-2

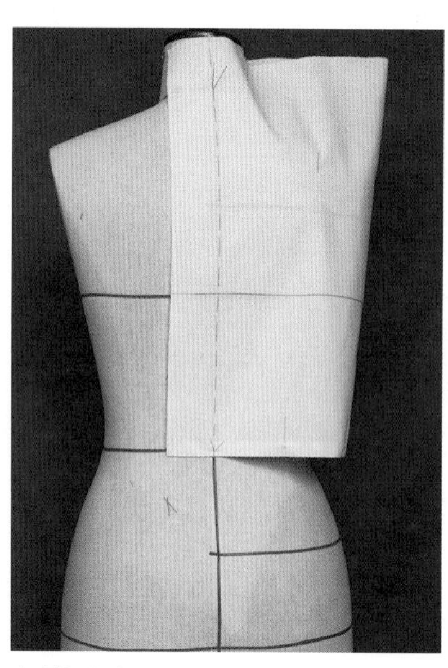
▲ 图2-1-3

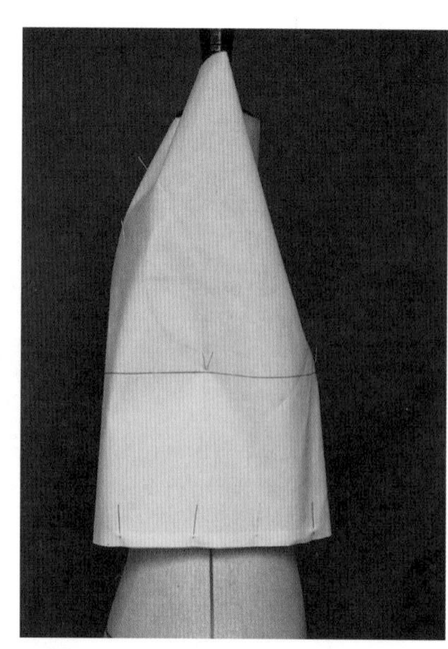
▲ 图2-1-4

（5）领窝之上沿前中心线剪开，注意不要剪过头（见图2-1-6）。

（6）推顺面料至颈侧点，沿领围向左轻轻推顺，伏贴，用笔沿领窝画领窝线（见图2-1-7）。

（7）保留毛缝约1cm剪掉多余部分，在毛缝上垂直均匀打上剪口，使之不紧绷，在颈侧点附近别针（见图2-1-8）。

（8）后领口线与前领口线一样处理，剪去多余的部分，用大头针固定（见图2-1-9）。

（9）后领窝处不平整处打剪口，确定领口处运动量，在颈侧点附近别针（见图2-1-10）。

（10）在距离颈侧点4~5cm处，沿肩背处找出凸出的形，并用捏合针法把后肩省固定，此时的针要稍微离开人台，省尖处留有适当的松量，捏起一根布丝别上针，顺势将袖窿剪出大形（见图2-1-11）。

（11）推顺前后肩，用捏合法对合前后肩，并剪掉多余的量（见图2-1-12）。

（12）从袖窿方向到胸点方向用捏合针法找出省量将省固定（见图2-1-13）。

（13）将腰省合理分散后用针临时扎住，此时各个省之间的经向布纹垂直向下对合（见图2-1-14）。

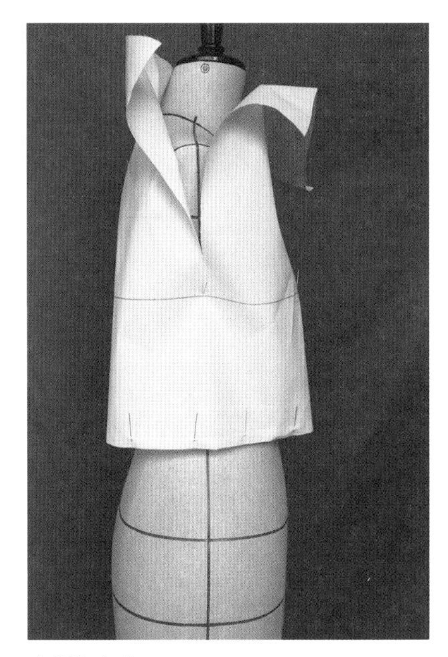

▲ 图2-1-5

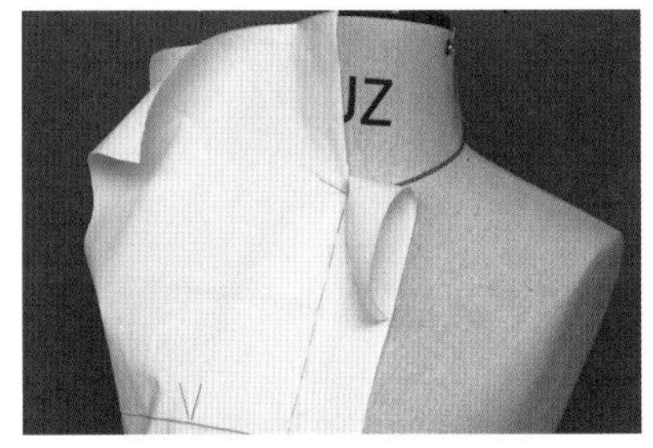

▲ 图2-1-6

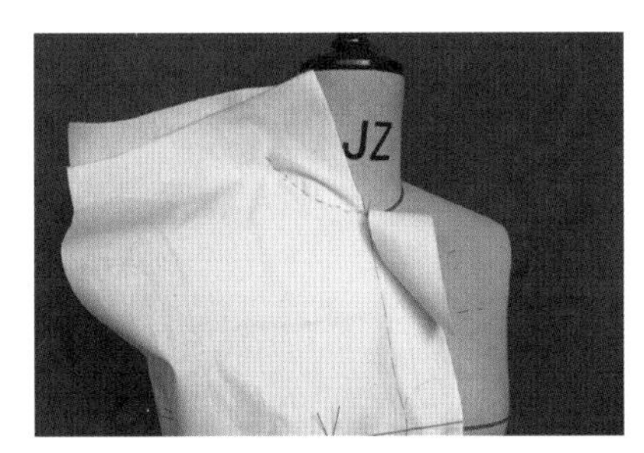

▲ 图2-1-7

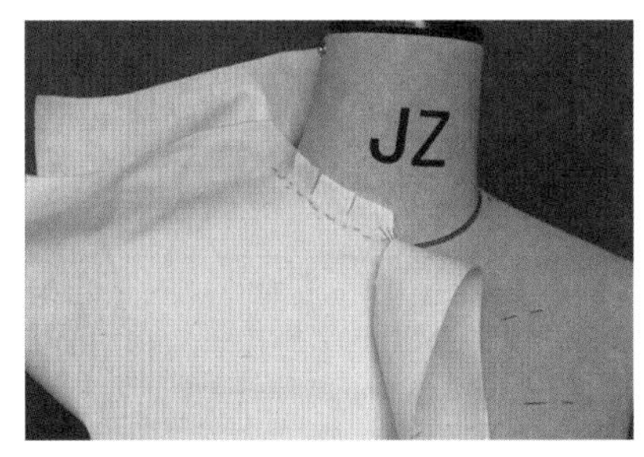

▲ 图2-1-8

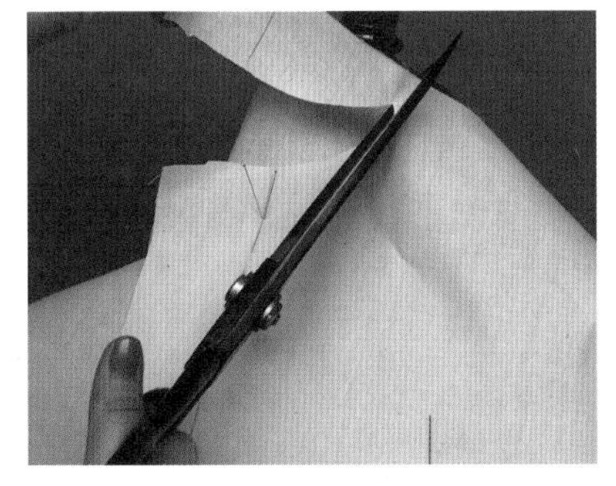

▲ 图2-1-9

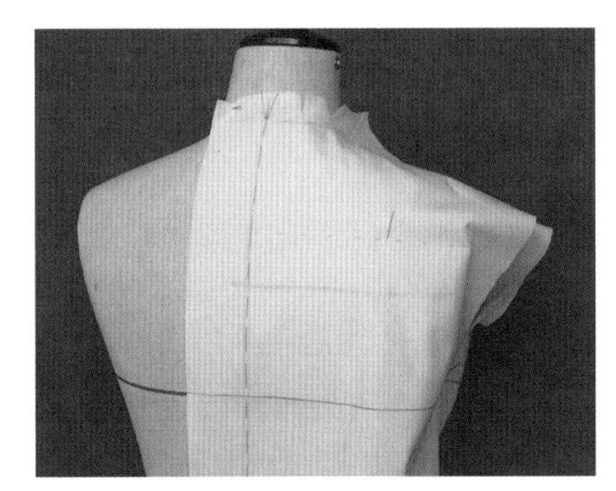

▲ 图2-1-10

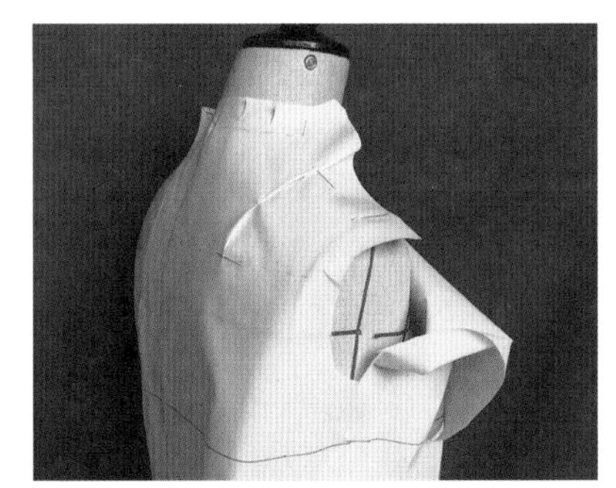

▲ 图2-1-11

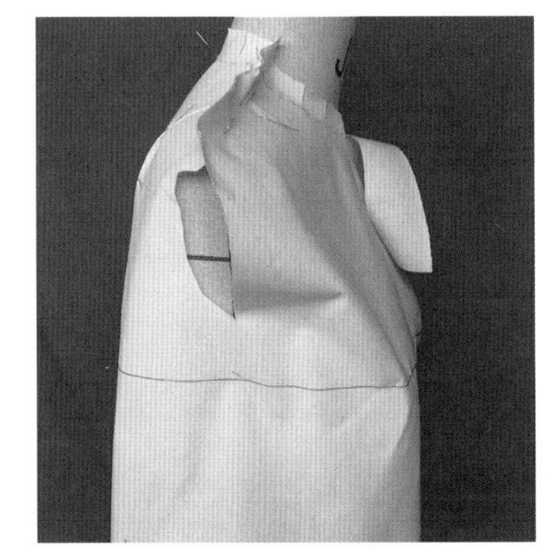

▲ 图2-1-12

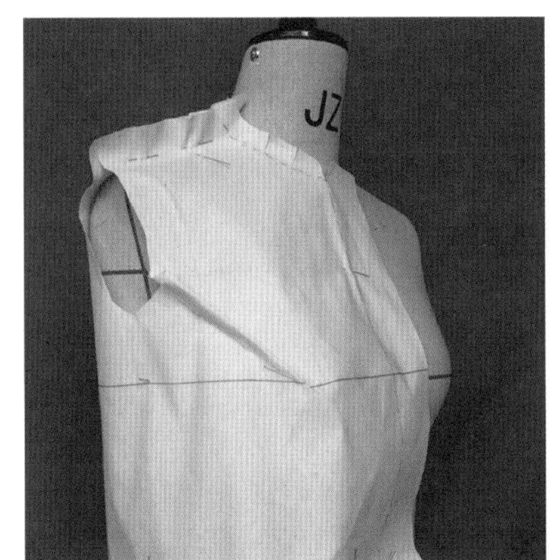

▲ 图2-1-13

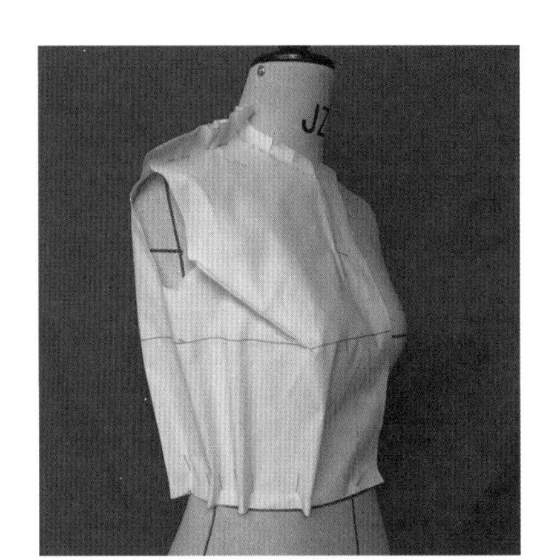

▲ 图2-1-14

（14）用捏合的针法将腰省固定，为了让腰部产生均匀松量，别针都要稍微离开点人台（见图2-1-15）。

（15）后片同前片一样别合完成（见图2-1-16）。

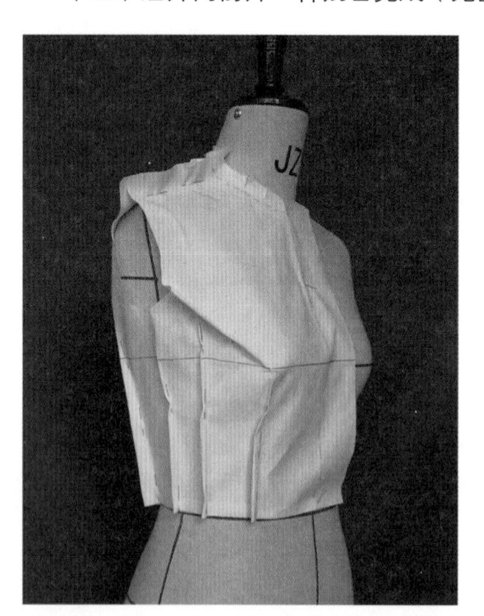

▶图2-1-15

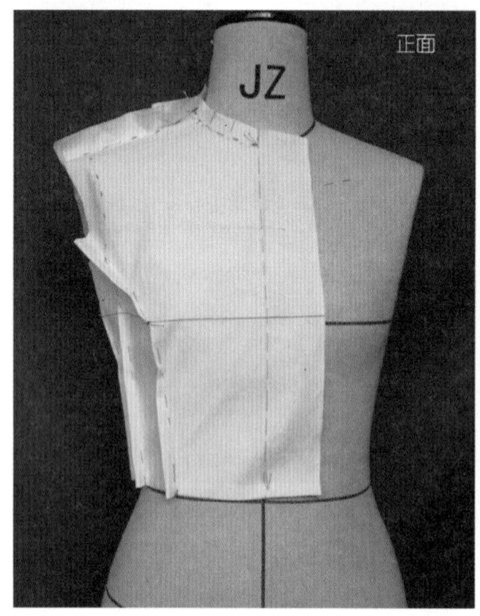

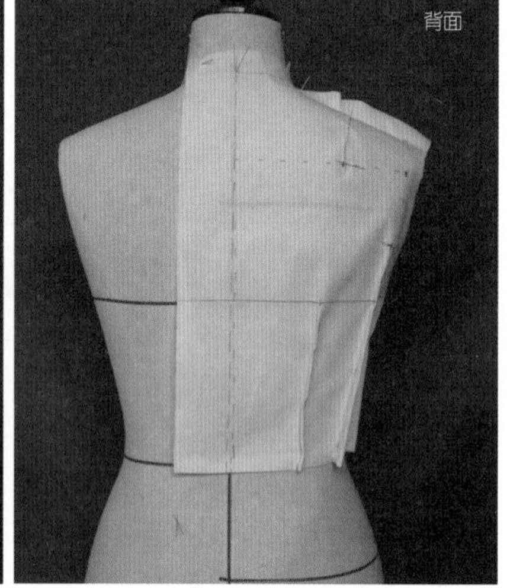

▶图2-1-16

四、展开拓样，见图2-1-17

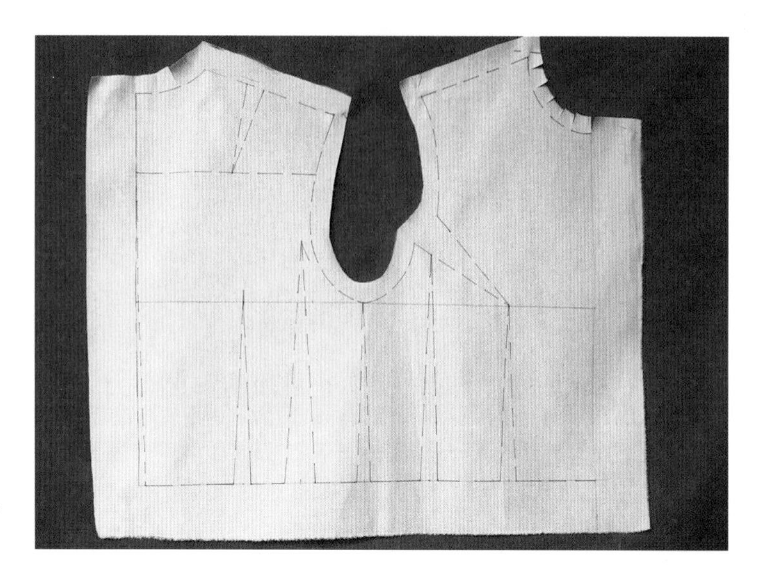

▶图2-1-17 展开拓样

五、原型平面裁剪方法比较，见图2-1-18

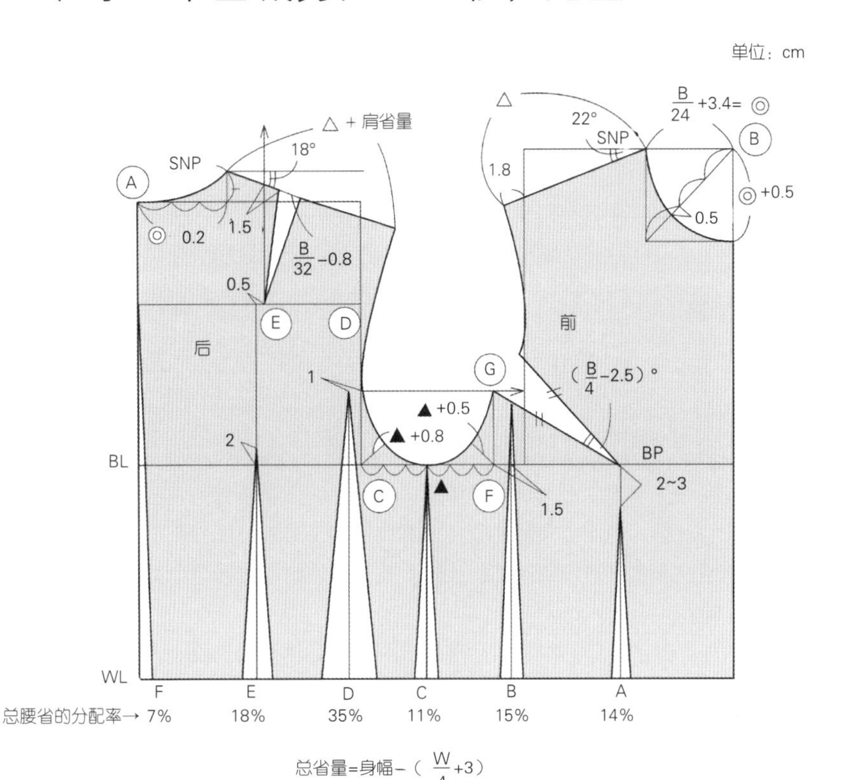

▲ 图2-1-18　日本文化式女装原型上衣平面裁剪方法

思考题

1. 什么是原型？
2. 文化式女装原型中省是如何分配的？

第二节　原型省的变化与设计表现

一、省的意义与运用

省是服装制作中对余量部分的一种处理形式，省的产生源自于将二维的布料置于三维的人体上，由于人体的凹凸起伏、围度的落差比、宽松度的大小以及适体程度的高低，决定了面料在人体的许多部位呈现出松散状态，将这些松散量以一种集约式的形式处理便形成了省的概念，省的产生使服装造型由传统的平面造型走向了真正意义上的立体造型。根据设计表现轮廓等，省可以转移到其他部位，也可以分散处理（图2-2-1）。

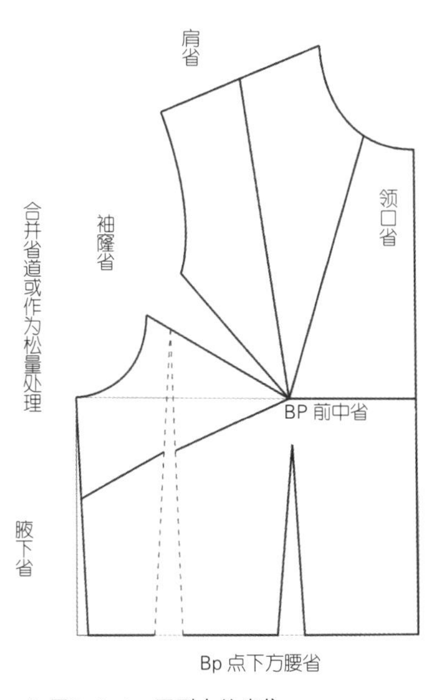

▲ 图2-2-1　原型中的省位

二、省的转移及其运用

（一）单省的转移

省的转移是省道技术运用的拓展，使适体女装的设计走向多样化。立体裁剪中省道转移的原理实际上遵循的就是凸点射线的原理，即以凸点为中心进行的省道移位，例如围绕胸高点的设计可以引发出无数条省道，除了最基本的胸腰省以外，肩省、袖窿省、领口省、前中心省、腋下省等，都是围绕着突点部位即胸高点对余缺处部位进行的处理形式——省的表现形式，此外，肩胛省、臀腰省、肘省等，都可以遵循上述原理结合设计进行省道转移。

（二）破缝

缝道实际上是指衣片之间的连接形式。整件服装是由缝道将各个衣片连接起来所形成的造型，因此缝道的处理技术至关重要，由于立体裁剪具有很强的直观性，缝道的处理直接影响着服装的操作与整体造型，所以缝道的处理技术显得更为突出与实际。

缝道应尽可能地设计在人体曲面的每个块面的结合处即女性胸点左右曲面的结合处——公主线；胸部曲面与腋下曲面的结合处——前胸宽下侧的分割线；腋下曲面与背部曲面的结合处——后背宽下侧的分割线；背部中心线两侧的曲面的结合处——背缝线；腰部上部曲面与下部曲面的接合处——腰围线等。缝道设计在相应的结合处使服装的外型线条更清晰也与人体形态相吻合。

（三）褶皱

褶皱也是省的一种形式。一种褶皱是省直接转换的，另一种褶皱是根据造型需要人为追加的。

本节作为基础知识的学习选择9个任务案例进行介绍。以前片的变化为主，练习省的形式与变化。

面料的准备基本上与第一节原型坯布一致，根据不同的款式适当调整。

任务一：领窝省与腰省造型

一、款式描述

此款式有两个省，领窝省与腰省，为原型中单省直接转移的案例。将袖窿省直接转至领窝即可（图2-2-2）。

▲ 图2-2-2

二、立裁过程，见图2-2-3~图2-2-7

（1）前衣身的纵、横标志线对齐，用大头针固定（见图2-2-3）。

（2）胸围线，BP点到侧缝处水平用大头针固定。考虑功能性，胸围线松量在BP点的周围，胸宽处侧缝处进行分配。胸围线以上与以下各形成余量，暂时在肩部固定（见图2-2-4）。

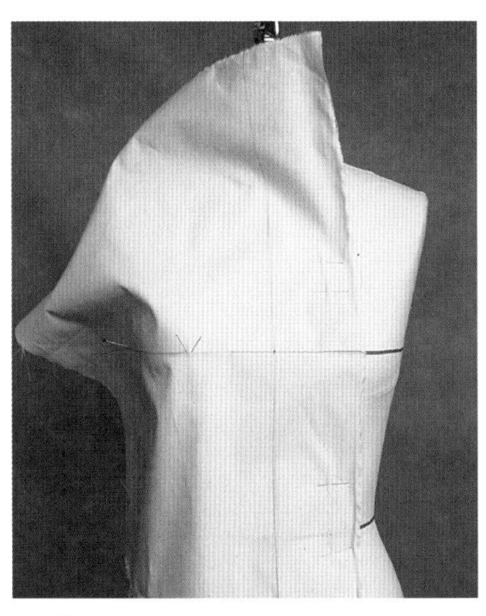
▲ 图2-2-3

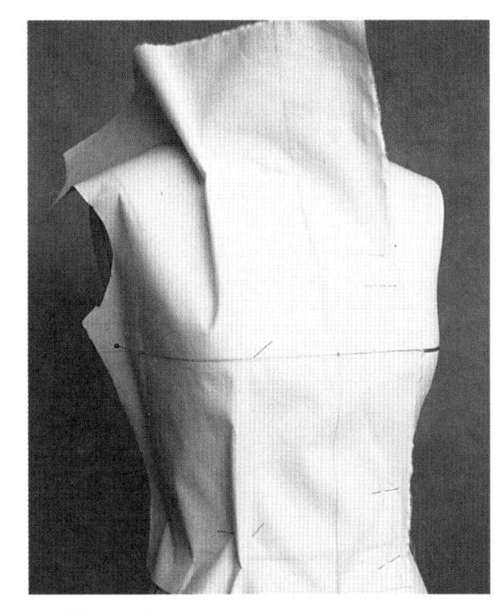
▲ 图2-2-4

（3）胸围线以下形成腰省，确认松量，在腰缝份处不平伏的地方打剪口（见图2-2-5）。

（4）将胸围上的余量转移推至领窝，剪去袖窿、肩部多余的量（见图2-2-6）。

（5）用标志线贴出领窝的形状，前片与后片制作结合，用大头针别成型。剪去领围的余量，在领围的缝份处打剪口。确认整体造型后描点（见图2-2-7）。

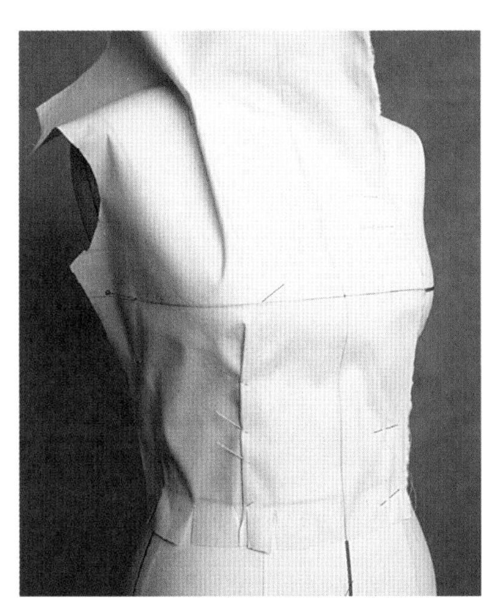
▲ 图2-2-5

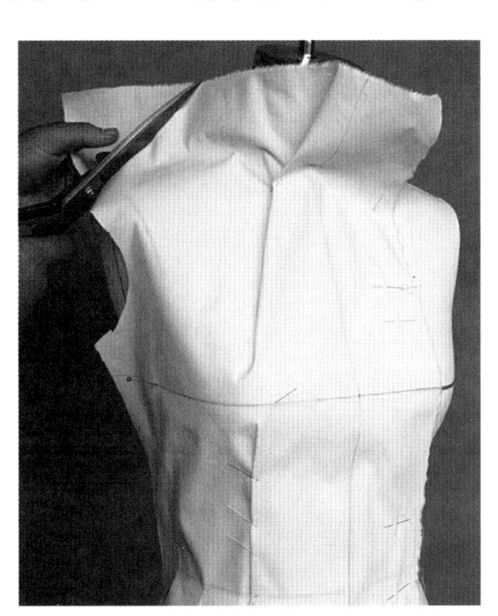
▲ 图2-2-6

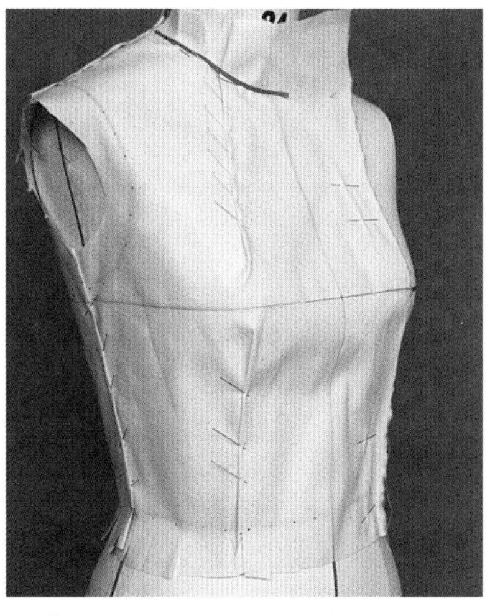
▲ 图2-2-7

三、展开拓样

将获得的布料展开，拓样，得到纸样（图2-2-8、图2-2-9）。

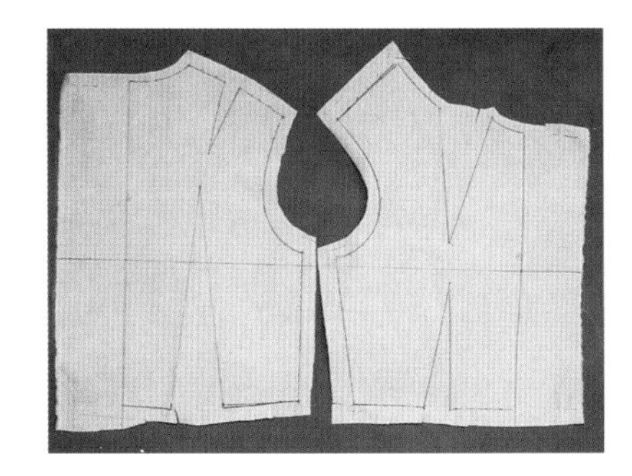
▲ 图2-2-8
坯布展开图，修正轮廓。

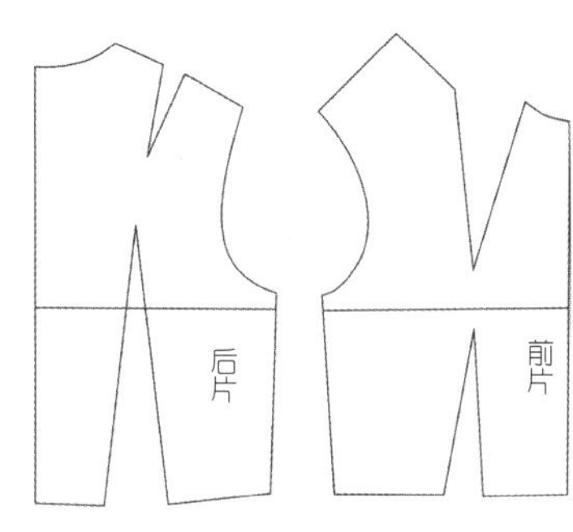

▲ 图2-2-9
拓样。

四、平面裁剪方法比较，见图2-2-10

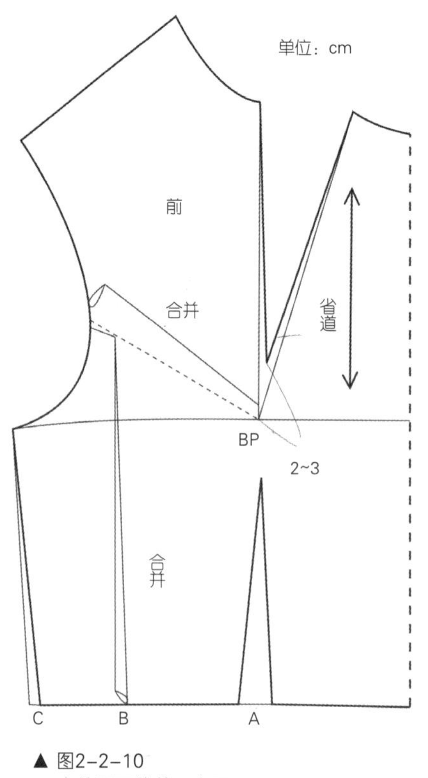

▲ 图2-2-10
本款平面裁剪示意图。

▲ 图2-2-11

任务二：领部抽褶造型

一、款式描述

该款式腰部无省，在领窝处集中有碎褶。将腰省、袖窿省全转至领窝并转化成褶（图2-2-11）。

二、立裁过程，见图2-2-12~图2-2-15

（1）前衣身中心线与人台的中心线对准，并垂直于地面，胸围线水平对准人台，用大头针固定。胸以上的余量临时在肩部固定（见图2-2-12）。

（2）腰围线加入1cm的松量，用大头针固定，缝份不平整处打剪口，确认松量。将布从侧缝线处从下往上捋，将全部省量转移到领窝处固定（见图2-2-13）。

（3）将移到领围处的余量呈放射状分配，用大头针固定。用标志带确定抽褶的止点位置。将抽褶量、方向、长度进行适当的强弱分配，作出满意造型。用标志带贴出领围线造型（见图2-2-14）。

（4）修剪袖窿余布，整理轮廓形状，用铅笔描对合点与净粉线，腰线、肩缝、袖窿线（见图2-2-15）。

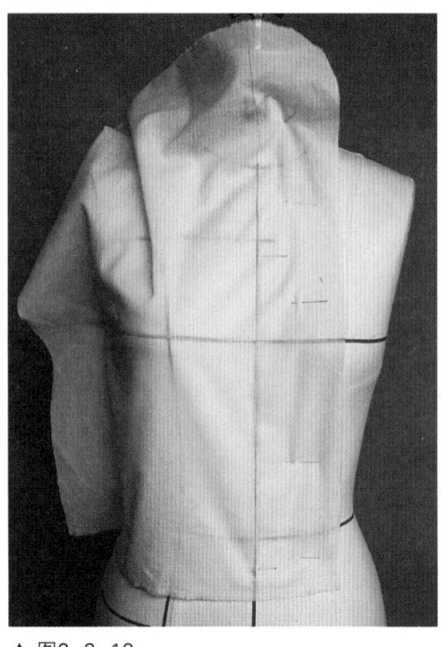

▲ 图2-2-12

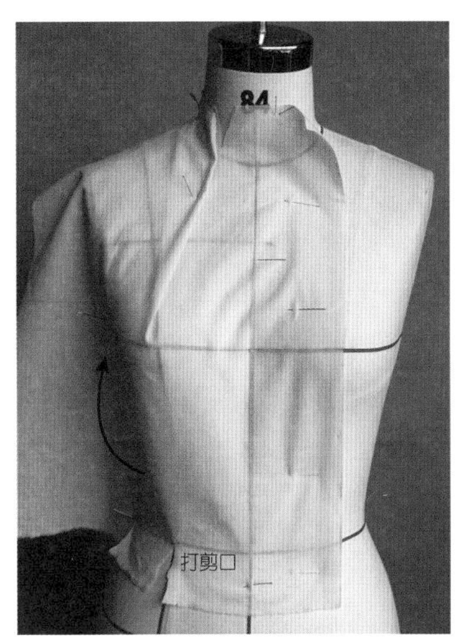

▲ 图2-2-13

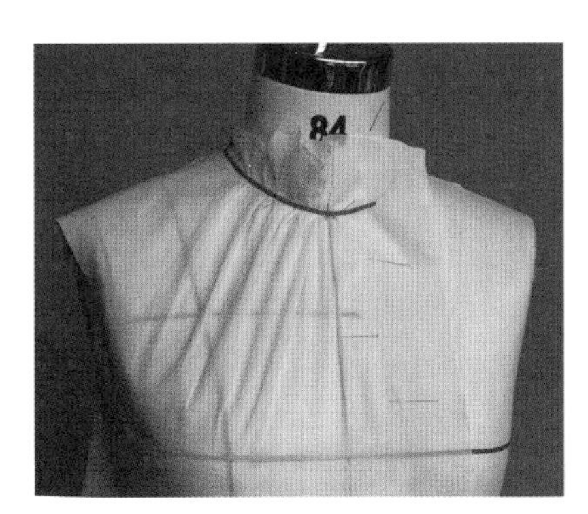
▲ 图2-2-14

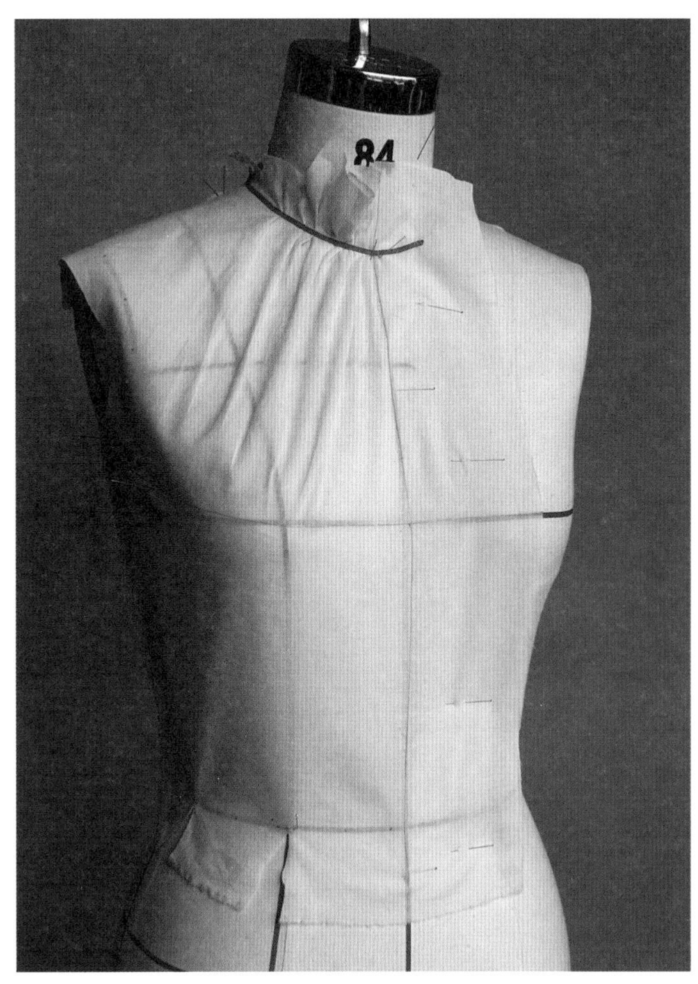

▲ 图2-2-15

三、展开拓样，见图2-2-16

将衣片取出来，下面覆一层蓝印纸，用压轮作出领围的记号，在抽褶的止点作出标记。展开描图，完成。

四、原型平面裁剪方法比较，见图2-2-17

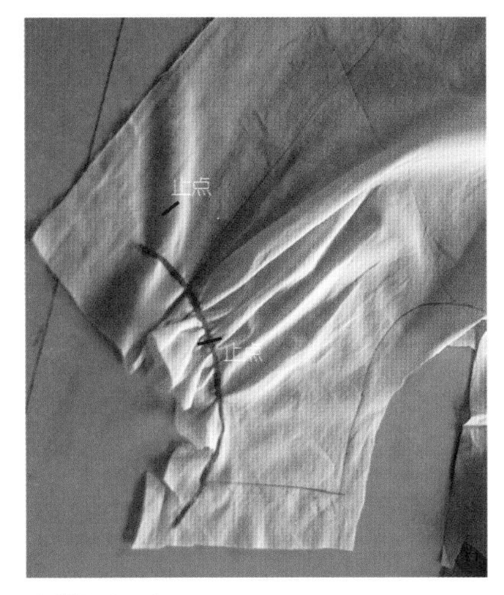

▲ 图2-2-16

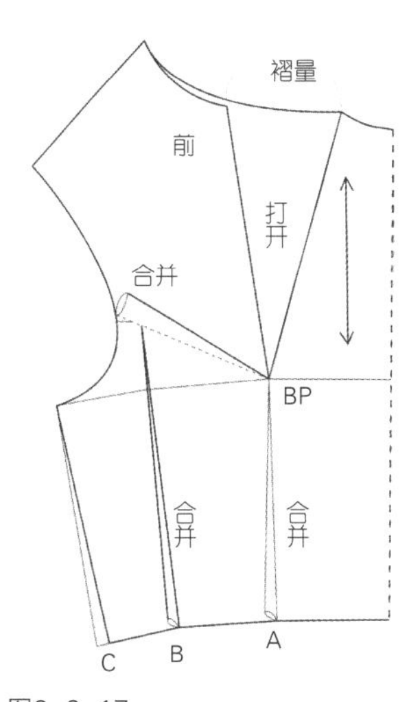

▲ 图2-2-17
本款平面转省示意图。

▲ 图2-2-18

任务三：前中心省

一、款式描述

腰部无省，前中心自领口至胸围线有开口，从前中心开始，有省尖指向BP点的省（图2-2-18）。

本款式训练前中心省转移的方法。

二、立裁过程，见图2-2-19~图2-2-22

（1）前衣身的中心线与人台的中心线对准。胸围线保持水平，用大头针固定（见图2-2-19）。

（2）在腰部A、B处打剪口，将省沿胸点，旋转推顺转移到上半部分前中心线，在前中心线位置捏出省量并固定（见图2-2-20）。

（3）用标志带沿着人台前中心线贴出衣片中心线、领窝线，剪去多余的面料（见图2-2-21）。

（4）完成图（见图2-2-22）。

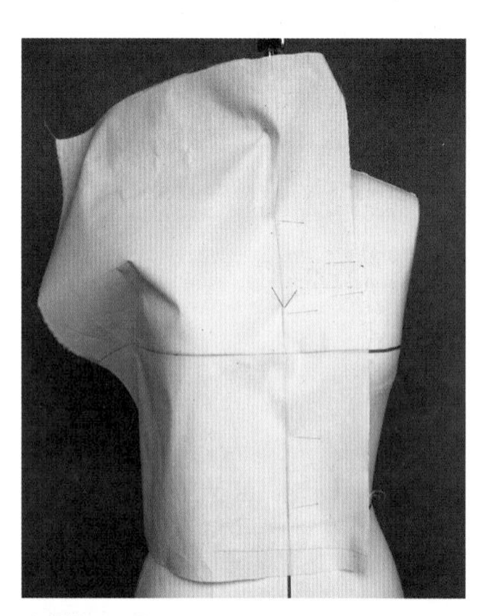

▲ 图2-2-19

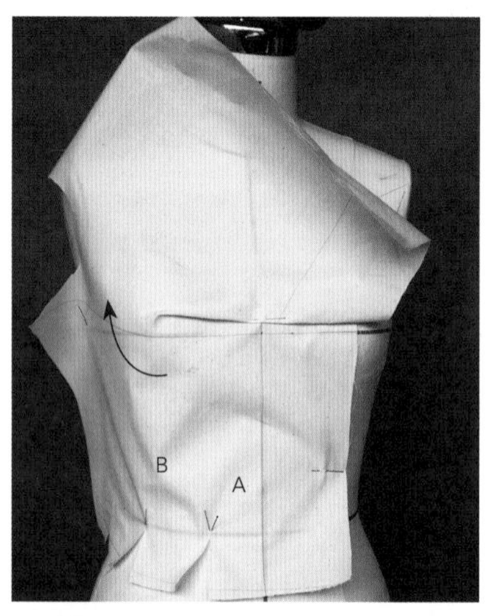

▲ 图2-2-20

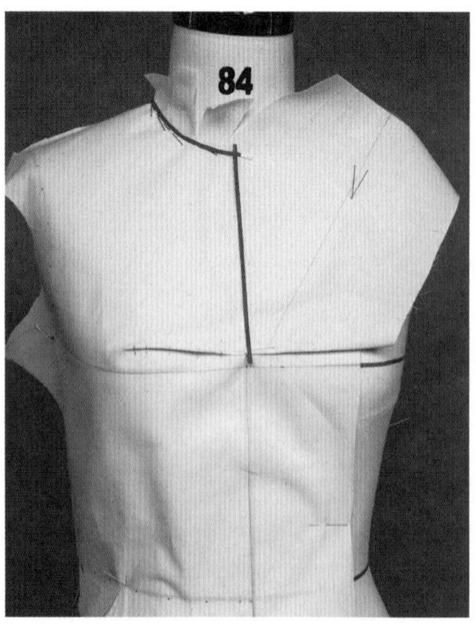

▲ 图2-2-21

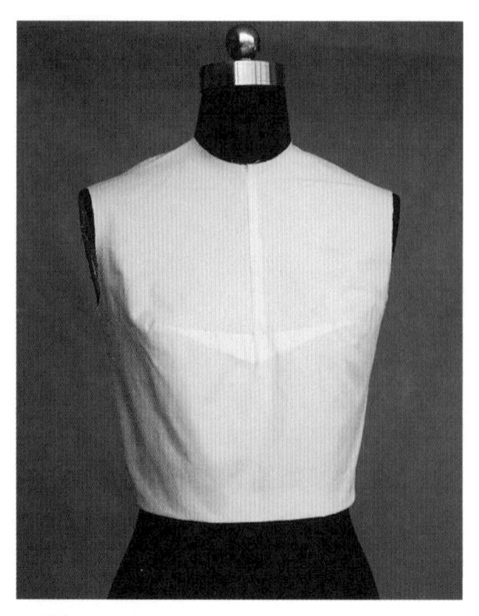

▲ 图2-2-22

三、展开拓样，见图2-2-23

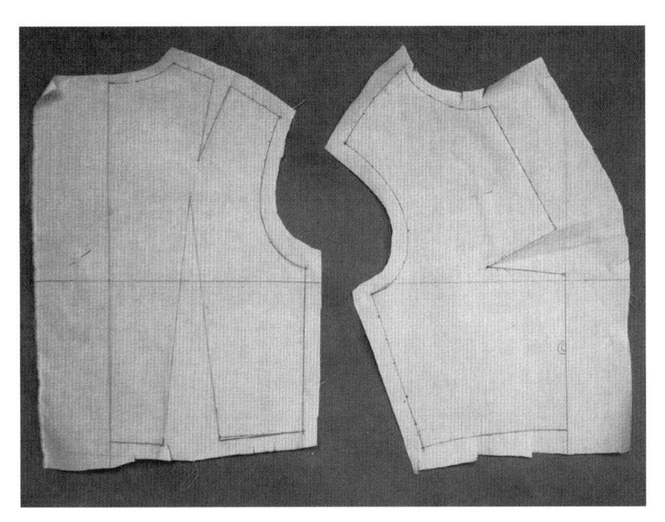

▲ 图2-2-23
坯布展开图，修正轮廓。

四、平面裁剪方法比较，见图2-2-24

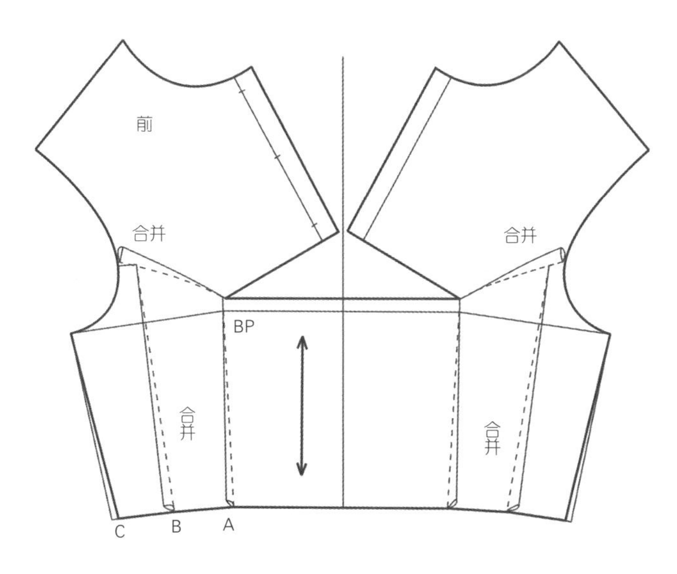

▲ 图2-2-24
本款平面转省示意图。

任务四：双省上衣

一、款式描述

本款前后有两个省，袖窿省与腋下省相对，省尖分别指向左右胸点（图2-2-25）。

本款训练省的二次转移与变化。

▲ 图2-2-25

二、立裁过程，见图2-2-26~图2-2-29

（1）前衣身的中心线与人台的中心线对准（见图2-2-26）。

（2）衣片右半部分将省转移到腰部；衣片左片在腰部打剪口，省转移到肩部（见图2-2-27）。

（3）左片肩省逆时针旋转收在右袖窿；右片腰省逆时针旋转收在左片侧缝（见图2-2-28）。

（4）修剪袖窿多余的面料。用大头针固定省。沿肩缝、侧缝、腰线省缝净缝线描点（见图2-2-29）。

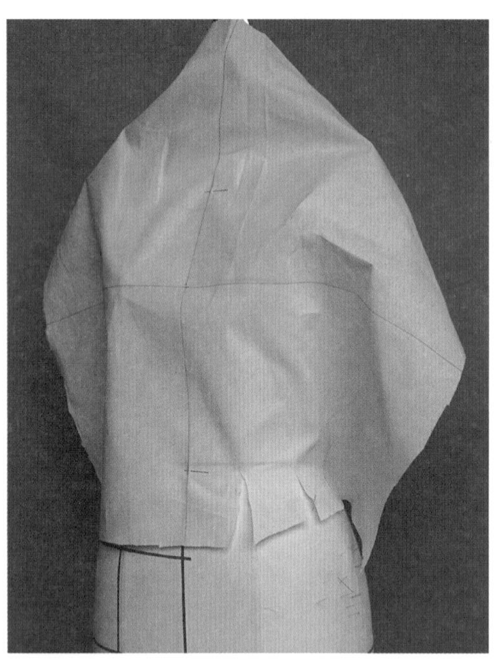

▲ 图2-2-26

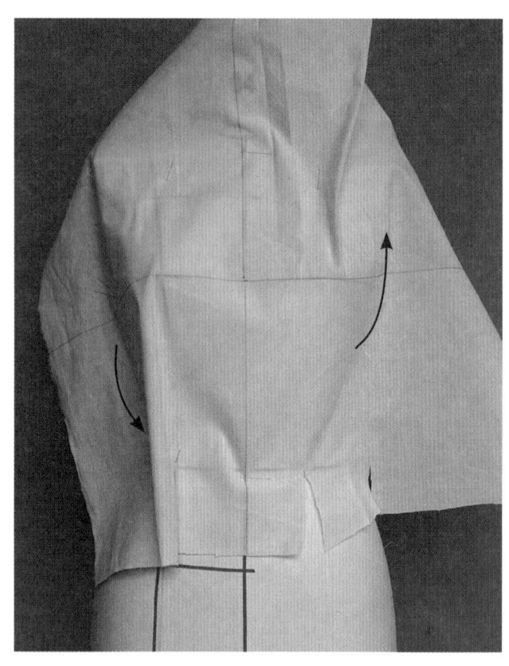

▲ 图2-2-27

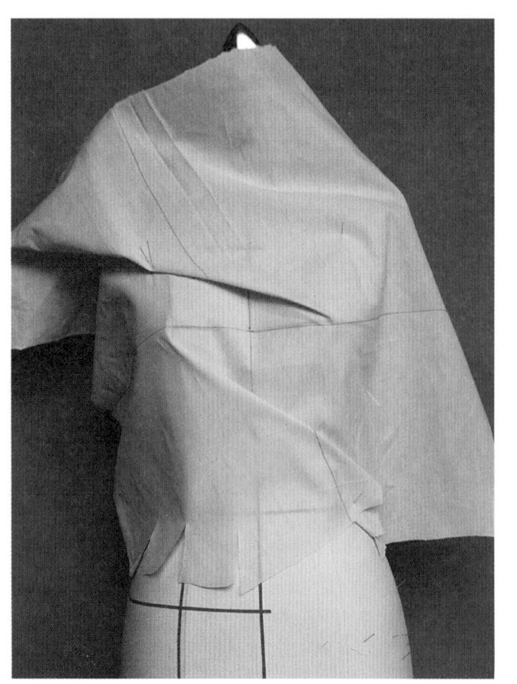

▲ 图2-2-28

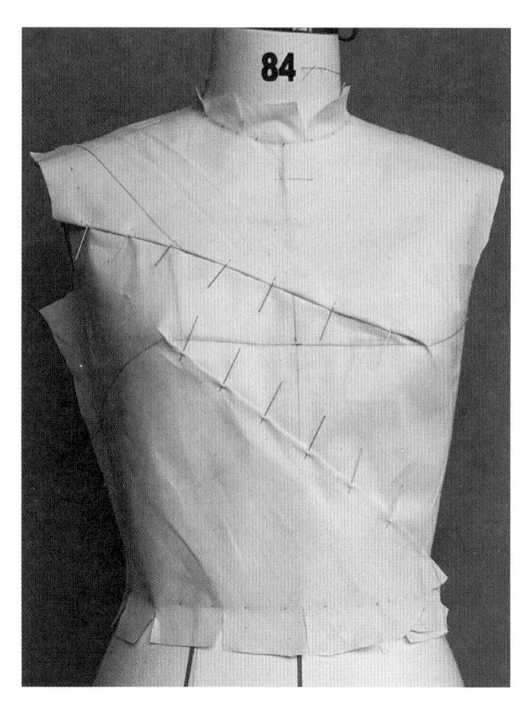

▲ 图2-2-29

三、展开拓样，见图2-2-30~图2-2-31

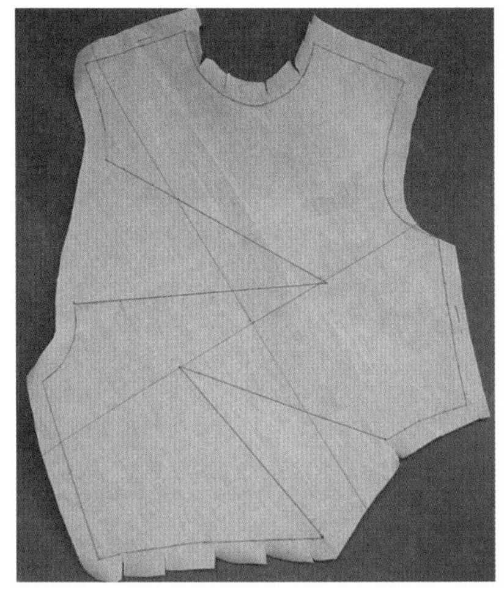

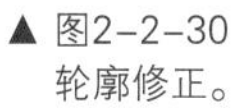
▲ 图2-2-30
轮廓修正。

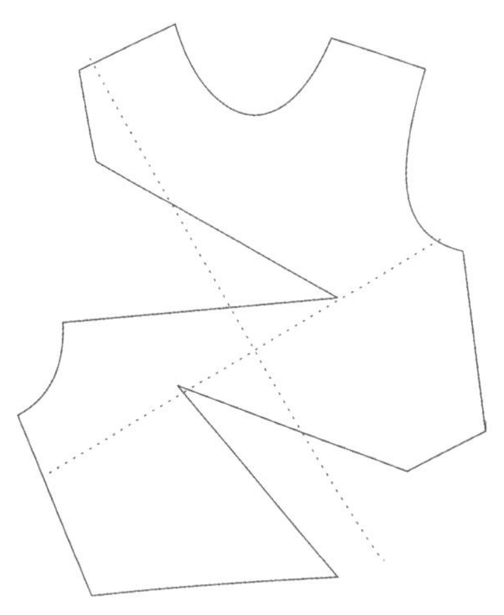

▲ 图2-2-31
展开拓样。

任务五：肩部抽褶造型

一、款式描述

本款式同时把胸省与腰省转至肩部，在右肩部抽褶增强装饰效果（图2-2-32）。

本款训练褶的形式处理。

▲ 图2-2-32

二、立裁过程，见图2-2-33~图2-2-38

（1）前衣身的中心线与人台的中心线对准，在腰部打剪口，将省转移到肩部（见图2-2-33）。

（2）将肩省转换成碎褶，用大头针固定好。加大褶部增加装饰效果，用标志带贴出净缝线，剪去多余的面料（见图2-2-34）。

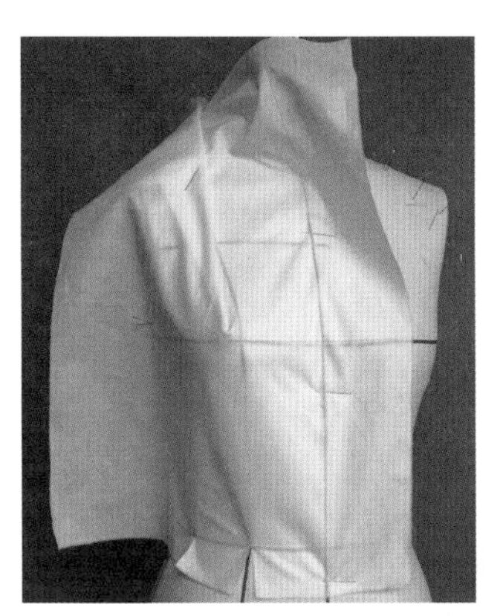

▲ 图2-2-33

▲ 图2-2-34

（3）后衣身的中心线与人台的后中心线对准，在腰部打剪口，让腰部合体（见图2-2-35）。

（4）做过肩（见图2-2-36）。

（5）前身固定过肩，前后片对合，沿净缝线描点（见图2-2-37）。

（6）完成效果（见图2-2-38）。

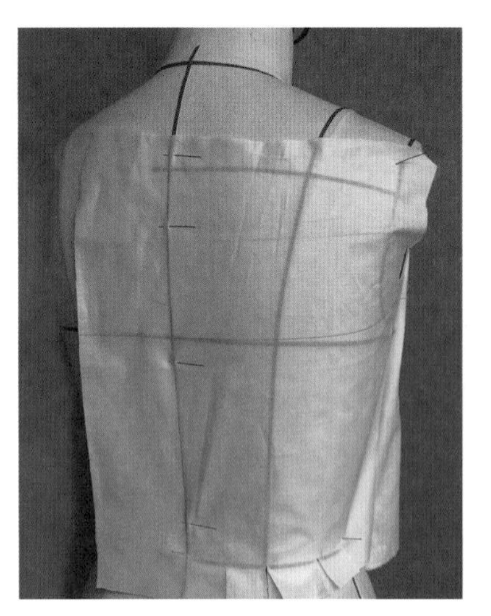

▲ 图2-2-35

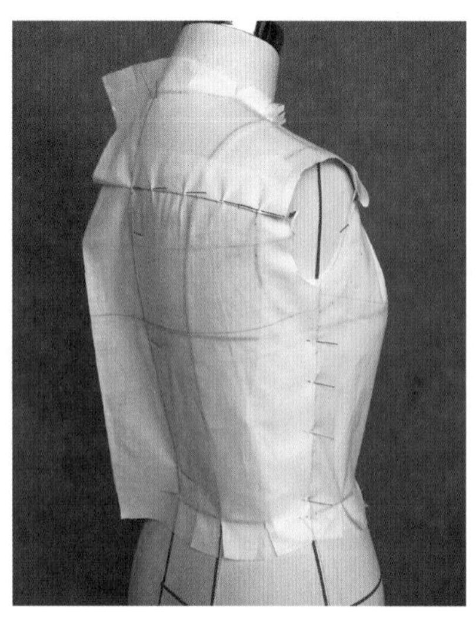

▲ 图2-2-36

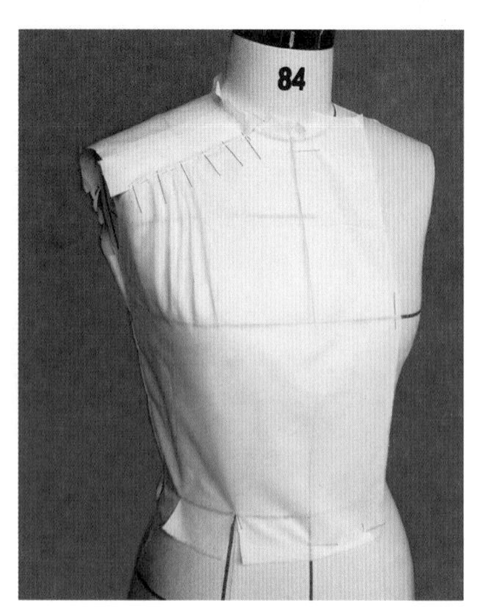

▲ 图2-2-37

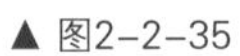

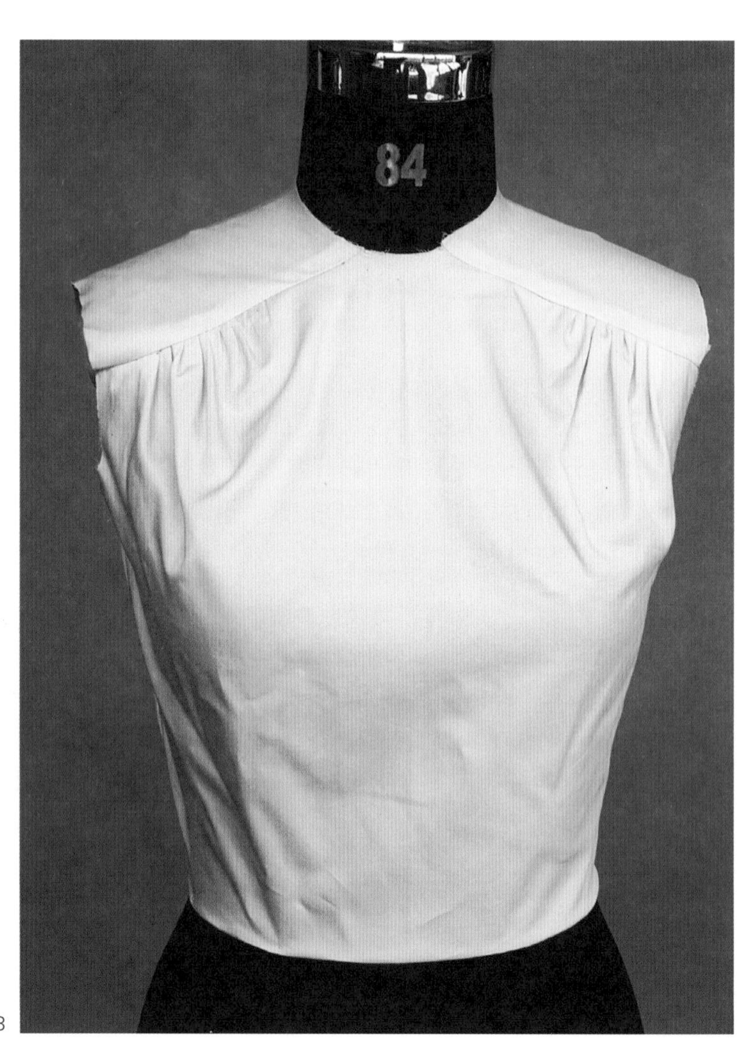

▶ 图2-2-38

三、展开拓样，见图2-2-39

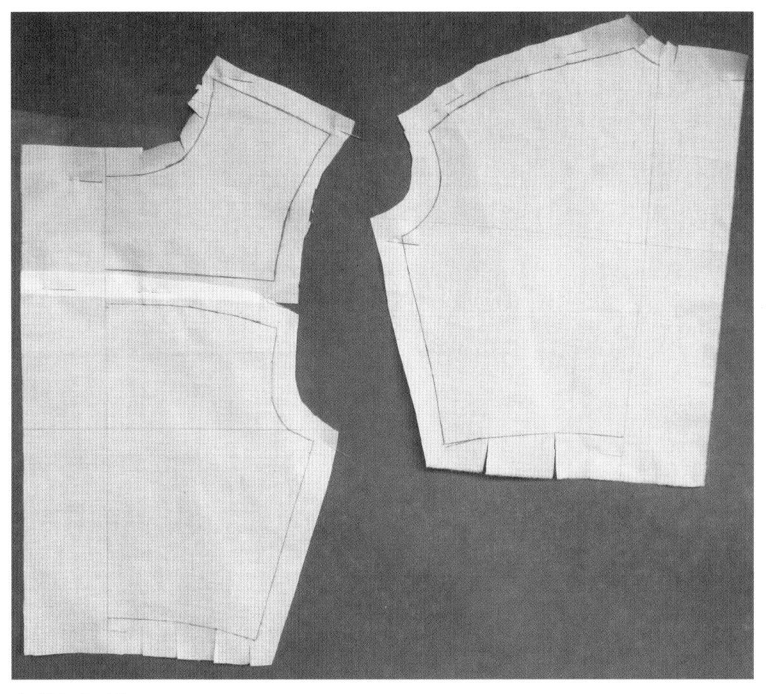

▲ 图2-2-39
展开拓样。

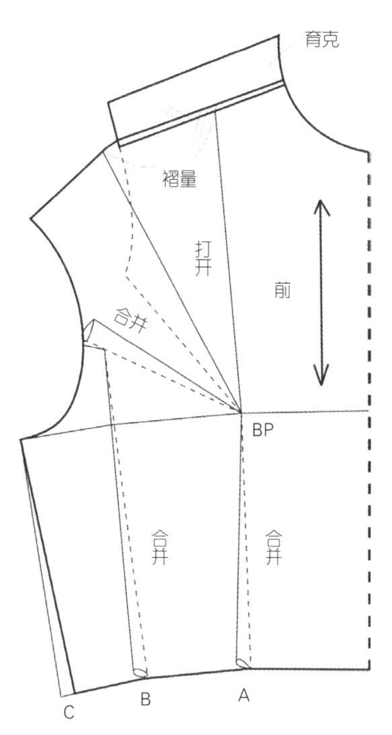

▲ 图2-2-40
原型平面裁剪示意图。

四、平面绘图原理，见图2-2-40

任务六：腰部破缝抽褶造型

一、款式描述

本款特点是将原型腰部做人字形分割，通过增加分割处的褶使胸部显得更丰满（图2-2-41）。

▲ 图2-2-41

二、立裁过程，见图2-2-42~图2-2-45

（1）前衣身与人台的前中心线对准，并垂直于地面，胸围线水平对准人台，用大头针固定。将布从侧面从上往下捋，将省量转移到腰部（见图2-2-42）。

（2）将移动到腰部的省量做放射状的分配，用大头针固定（注意只固定布）。确定褶的止点位置，将抽褶量、方向、长度进行适当的强弱分配，作出适当的造型。沿着人台的款式分割线用标志带贴出造型线，剪去多余量（见图2-2-43）。

（3）将上片撩起，开始做下片。将下片中心线与人台对齐，在腰部打剪口，确认腰部的松量。沿着分割线位置留出2cm的缝份（见图2-2-44）。

（4）将下片与上片对合，保持褶量的平衡（见图2-2-45）。

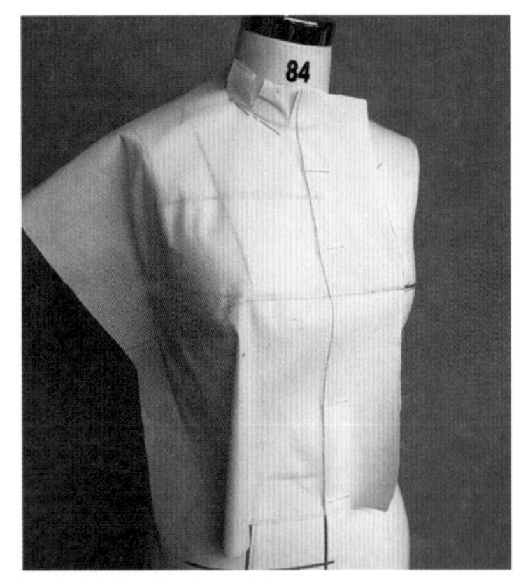

▲ 图2-2-42

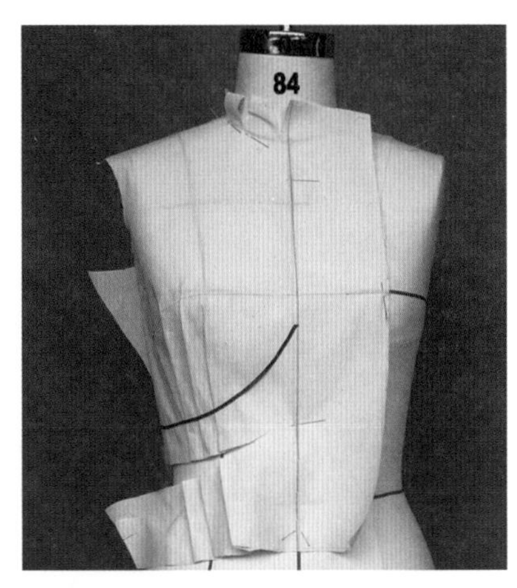

▲ 图2-2-43

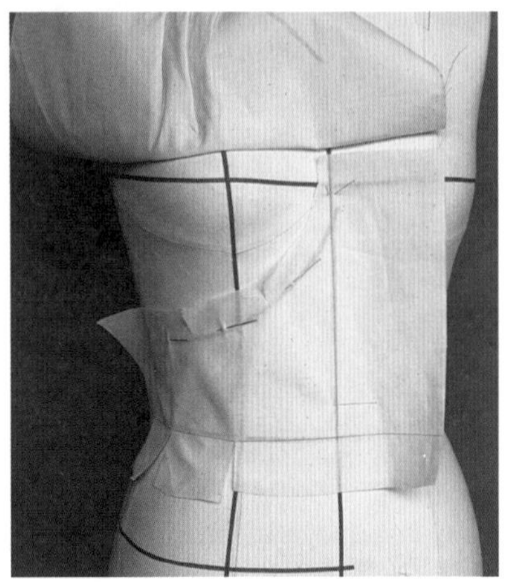
▲ 图2-2-44

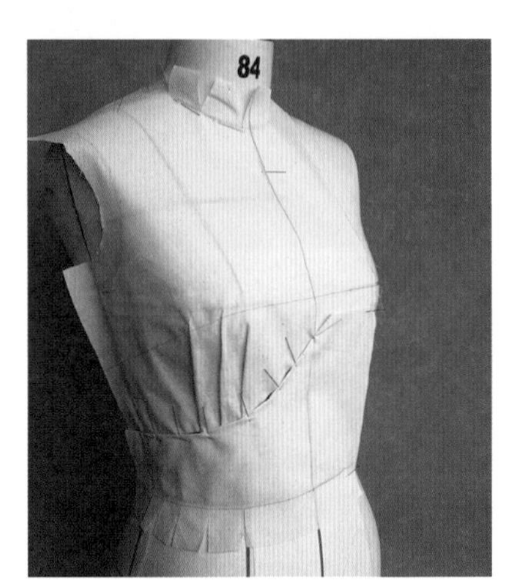

▲ 图2-2-45

三、展开拓样，见图2-2-46~图2-2-47

（1）完成效果（见图2-2-46）

（2）布片展开，轮廓修正（见图2-2-47）。

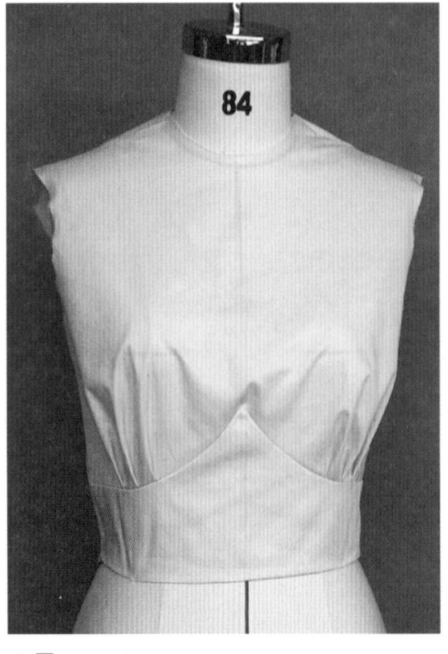

▲ 图2-2-46

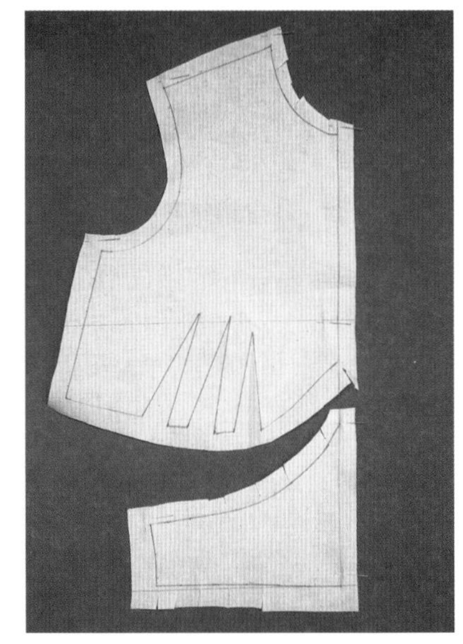
▲ 图2-2-47

四、平面裁剪转省方法比较，见图2-2-48

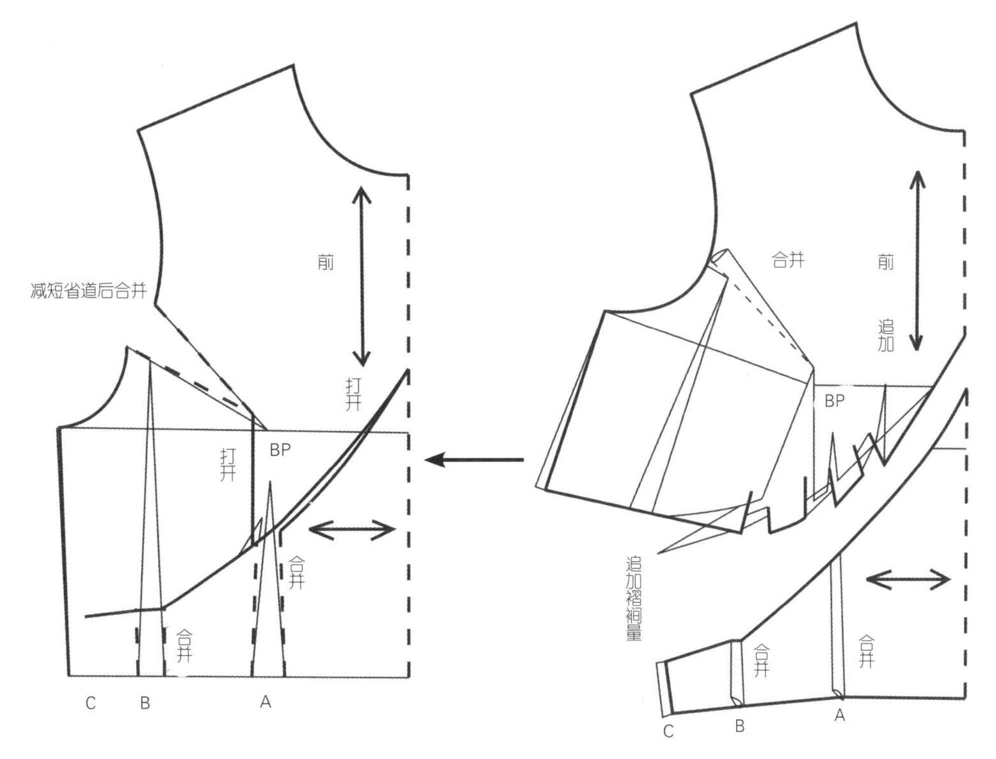

▲ 图2-2-48
本款原型平面转省示意图。

任务七：荡领褶

一、款式描述

本款式的设计重点为荡领，把袖窿省与腰省转移至领口，并追加余量形成环浪效果（图2-2-49）。

▲ 图2-2-49

二、立裁过程，见图2-2-50~图2-2-55

（1）面料采用45度斜纱，前衣身的中心线与人台的中心线对准，在腰部打剪口，将省转移到肩部，在前肩位置捏出省量（见图2-2-50）。

（2）根据设计需要找出需要的褶形与褶量，在肩部固定褶皱，追加余量，让环浪褶自然优美（见图2-2-51）。

（3）用标志带沿着人台前中心线贴出中心线，粗略剪去多余的面料，整理好缝份（见图2-2-52）。

（4）将面料沿着中心线延伸展平，用记号笔沿着人台款式线描出前中心线、袖窿、腰围线，剪去多余的面料（见图2-2-53）。

（5）取下衣片，沿着前中心线对折，根据右片的轮廓线描出左边衣片的点。修剪缝份（见图2-2-54）。

（6）完成效果（见图2-2-55）。

▲ 图2-2-50

▲ 图2-2-51

▲ 图2-2-52

▲ 图2-2-53

▲ 图2-2-54

▲ 图2-2-55

三、展开拓样，见图2-2-56~图2-2-57

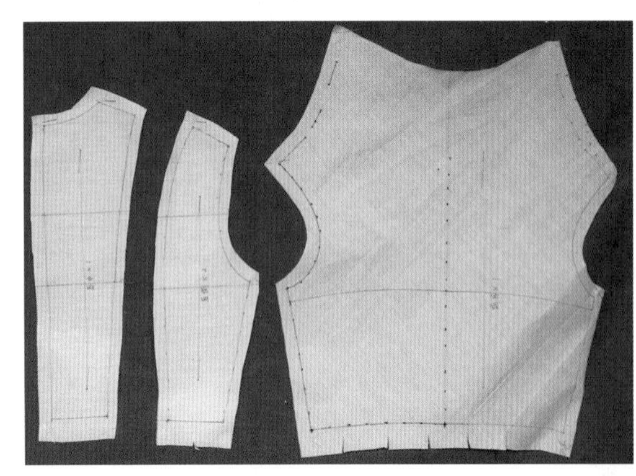

▲ 图2-2-56
布片展开，轮廓修正。

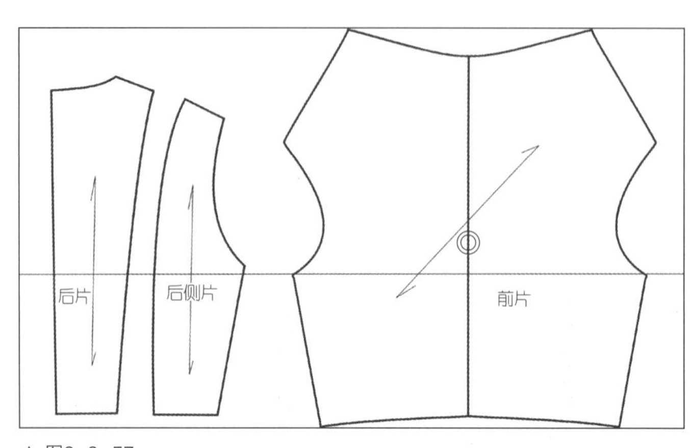

▲ 图2-2-57
展开拓样。

任务八：肩部放射褶皱造型

一、款式描述

本款式褶皱集中在肩部，强调装饰性。通过该款训练省的转移及衣褶的追加（图2-2-58）。

▲ 图2-2-58

二、立裁过程，见图2-2-59~图2-2-66

（1）前衣身的中心线与人台的中心线对准（见图2-2-59）。

（2）在腰部打剪口，将省转移到前领窝，在前领窝位置捏出省量（见图2-2-60）。

（3）用手轻轻扶平右肩，保持平伏，将省量转移到左肩处（见图2-2-61）。

（4）褶皱由尾部向肩部捋顺，保持自然的窝式，逐个将余量做成褶（见图2-2-62）。

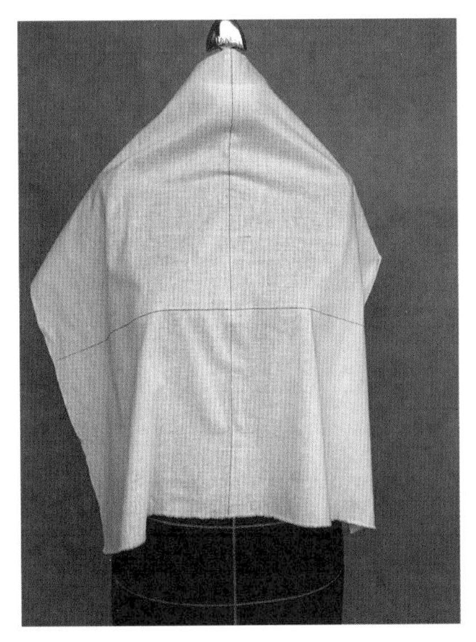
▲ 图2-2-59

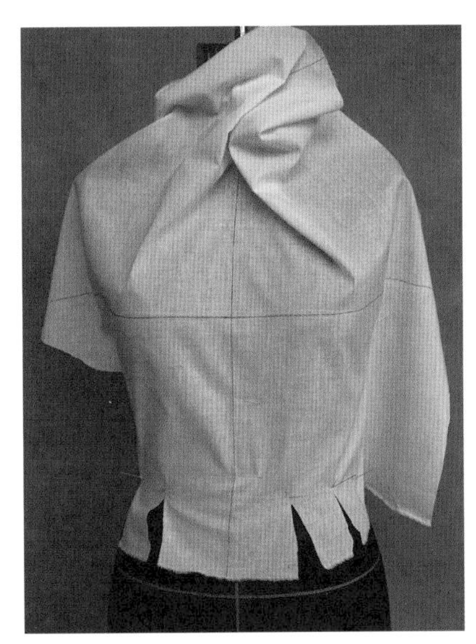
▲ 图2-2-60

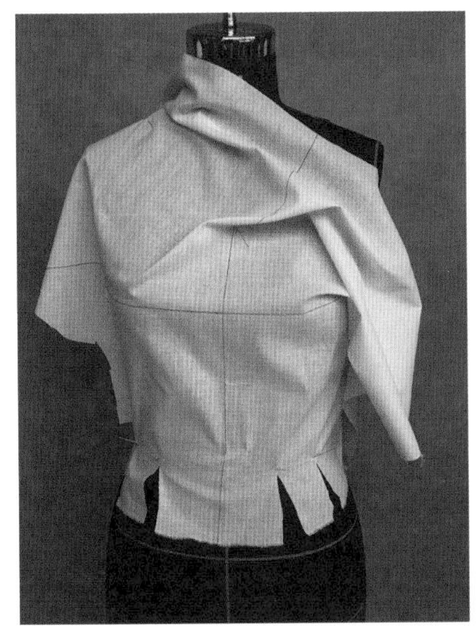
▲ 图2-2-61

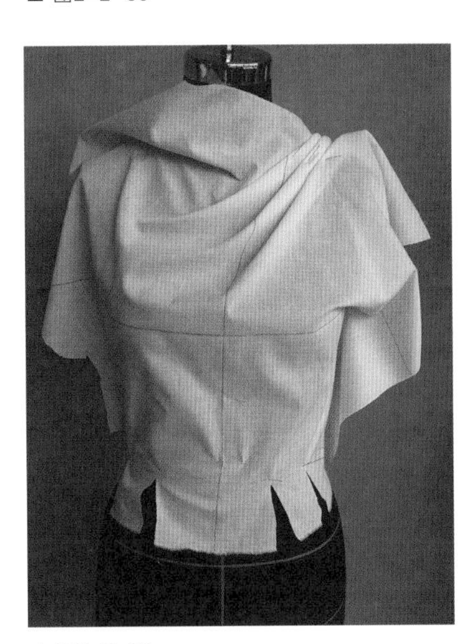
▲ 图2-2-62

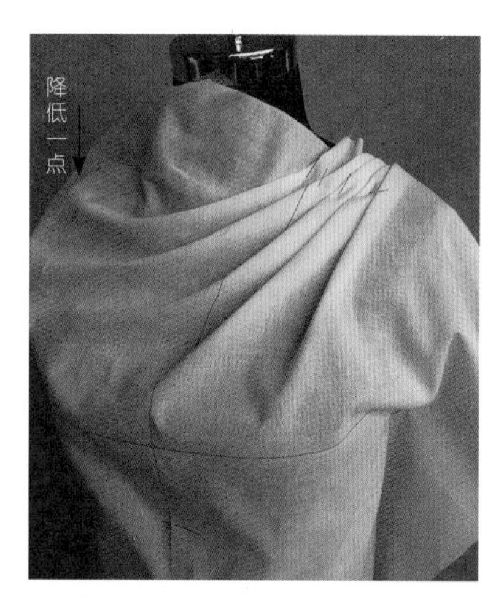

▲ 图2-2-63

（5）降低右片颈侧点的位置，给予适当的余量，做出一个褶皱；在袖窿处增加一个褶量，保持袖窿的平伏（见图2-2-63）。

（6）保证袖窿的松量，增加一个褶皱。修剪领口袖窿与肩部多余的面料（见图2-2-64）。

（7）用大头针固定好褶，调整褶量，使其保持自然优美（见图2-2-65）。

（8）完成效果（见图2-2-66）。

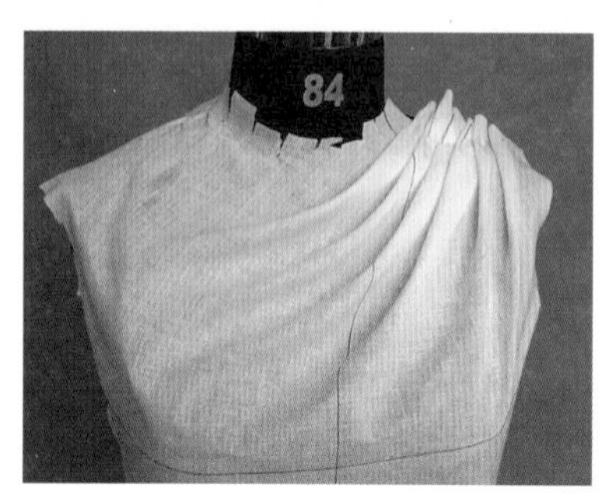
▲ 图2-2-64

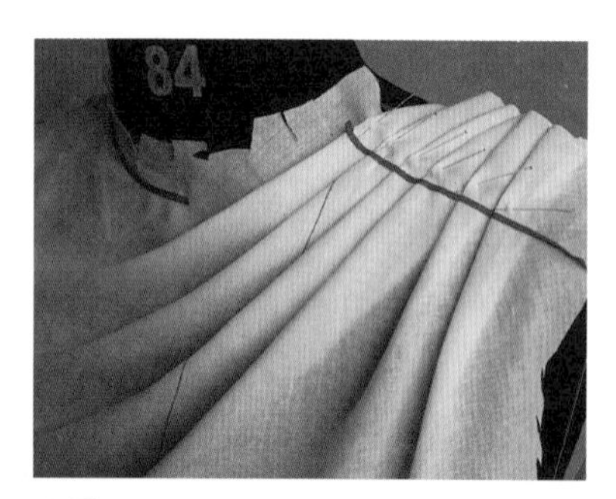
▲ 图2-2-65

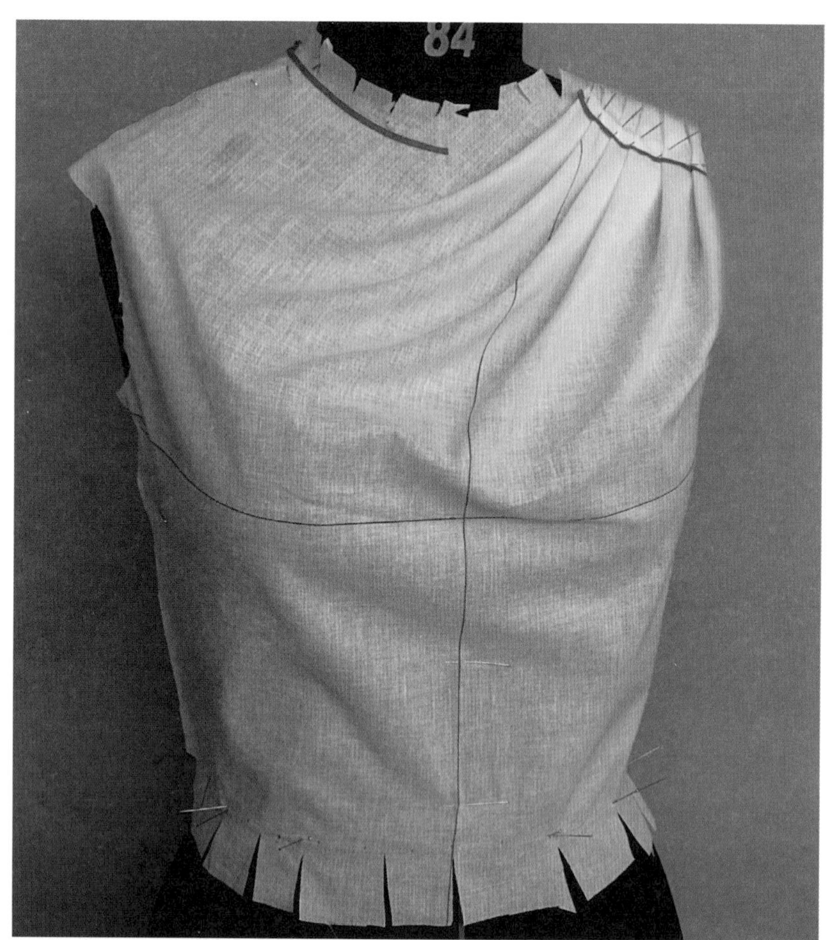
▲ 图2-2-66

三、平面绘图原理，见图2-2-67

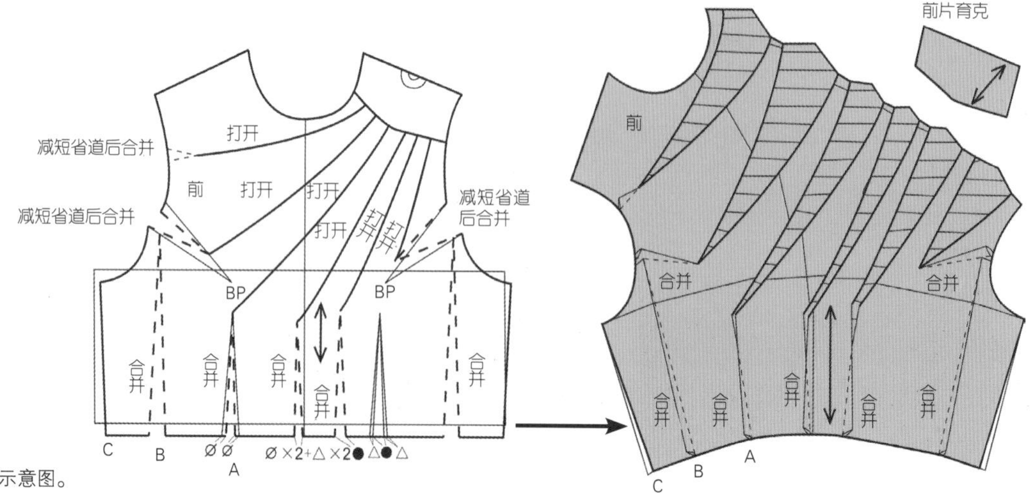

▶ 图2-2-67
原型平面裁剪转省示意图。

任务九：追加褶皱设计

一、款式描述

本款式前片为不对称结构，右片有褶皱，通过追加面料松量来增加装饰效果（图2-2-68）。

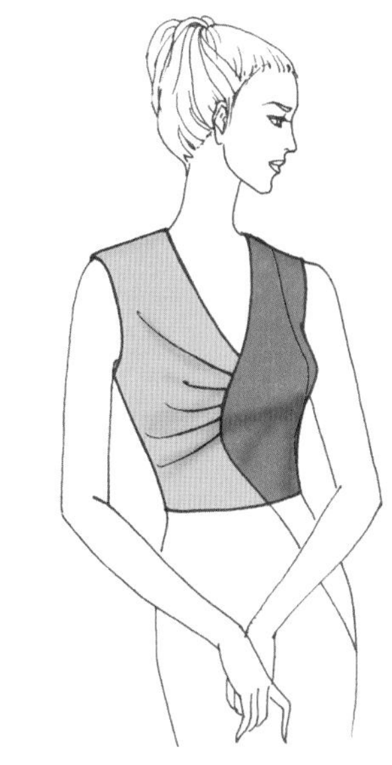

▲ 图2-2-68

二、立裁过程，见图2-2-69~图2-2-77

（1）根据款式标出分割线、褶皱的位置（见图2-2-69）。

（2）先做右片。将面料前中心线与人台前中心线对齐（见图2-2-70）。

（3）做褶，在袖窿位置打第一个剪口，旋转向下，做出第一个褶皱（见图2-2-71）。

（4）同样方法把面料逆时针旋转，面料自然贴合人台，做出第二、第三个褶皱，依次做完，调整褶的大小位置，使其排列优美均匀，产生自然的放射感（见图2-2-72）。

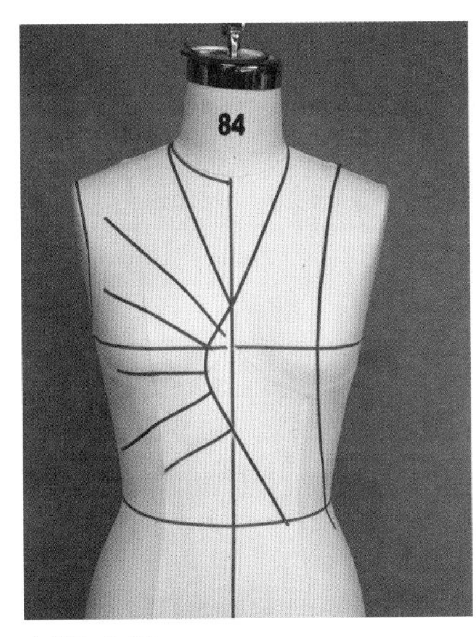

▲ 图2-2-69

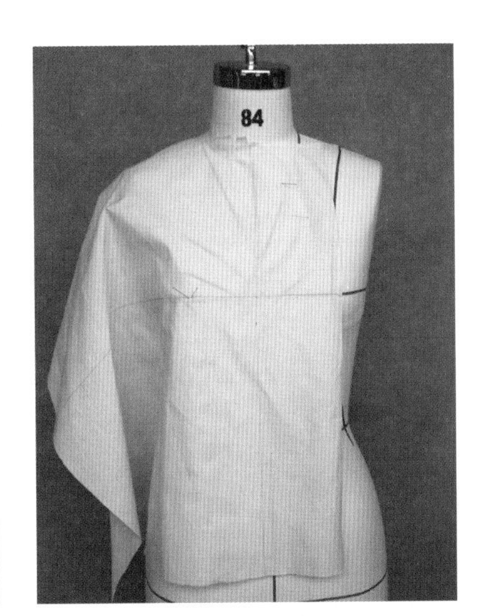

▲ 图2-2-70

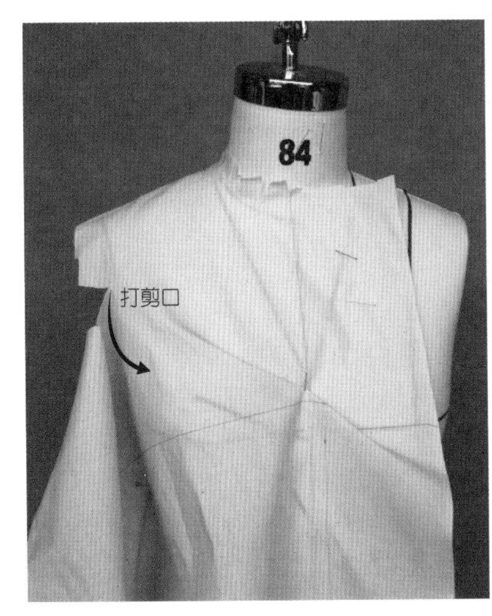

▲ 图2-2-71

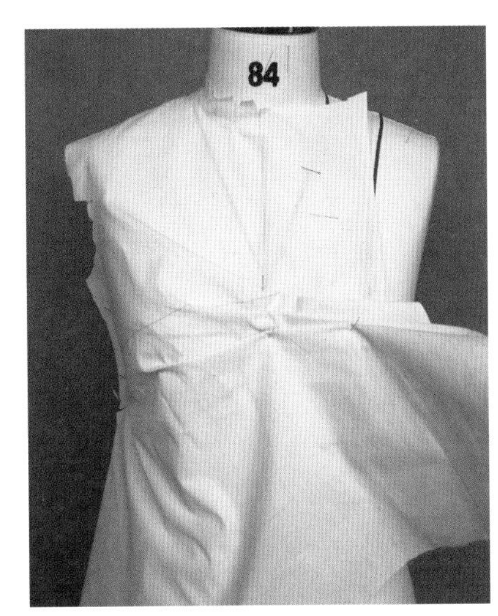

▲ 图2-2-72

（5）沿着透过的结构分割线进行描点。记录下褶的位置与走向。剪去多余的面料（见图2-2-73）。

（6）将右片先取下。拓板整理。再做左片，将左侧片做出，沿人台贴出左片分割线（见图2-2-74）。

（7）做左前片，用重叠针法与侧片固定，腰部自然合体。顺着透过的人台分割线描出分割线。用标志带沿着人台结构线贴出前止口位置，剪去多余的面料（见图2-2-75）。

（8）左右片拼合，用折合针法固定，修正。重新沿净缝线描点，以备展开拓样（见图2-2-76）。

（9）完成效果（见图2-2-77）。

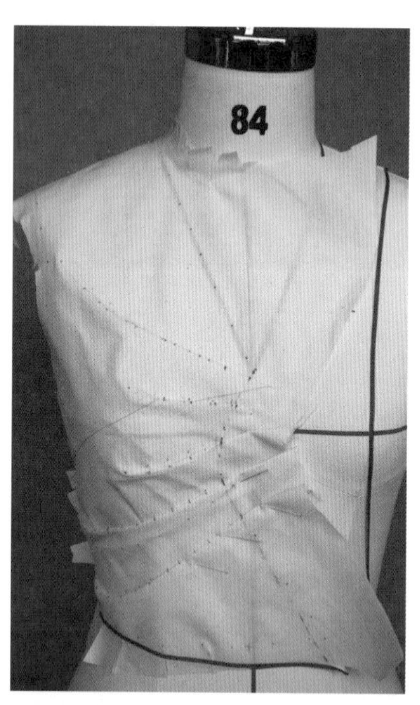

▲ 图2-2-73

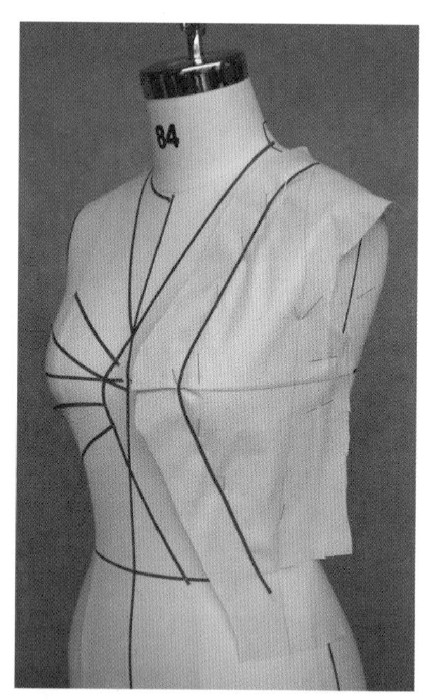

▲ 图2-2-74

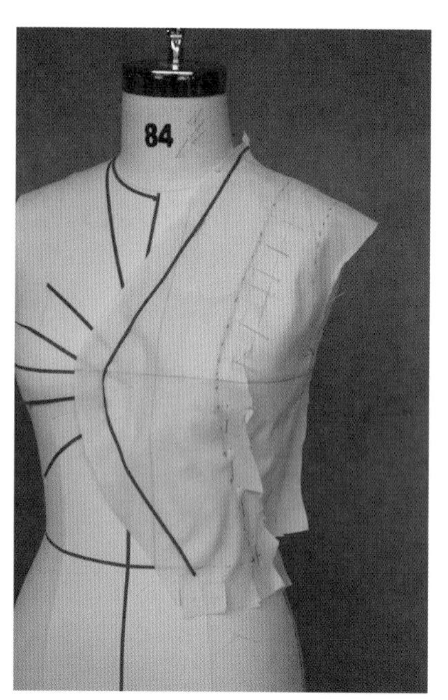

▲ 图2-2-75

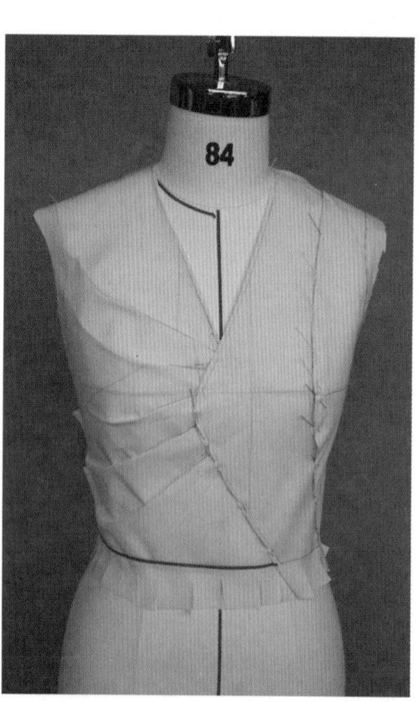

▲ 图2-2-76

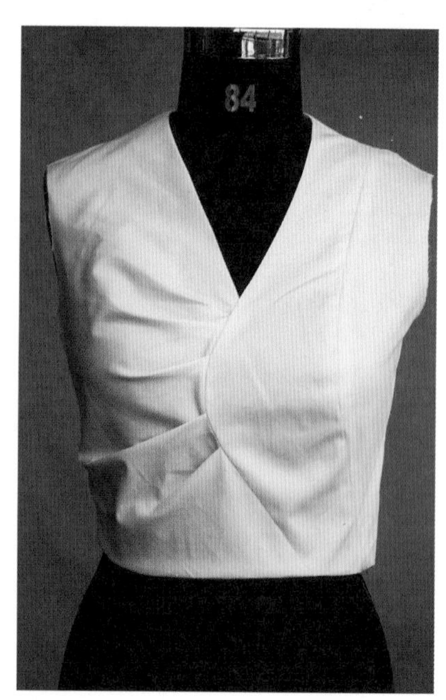

▲ 图2-2-77

三、展开拓样，见图2-2-78

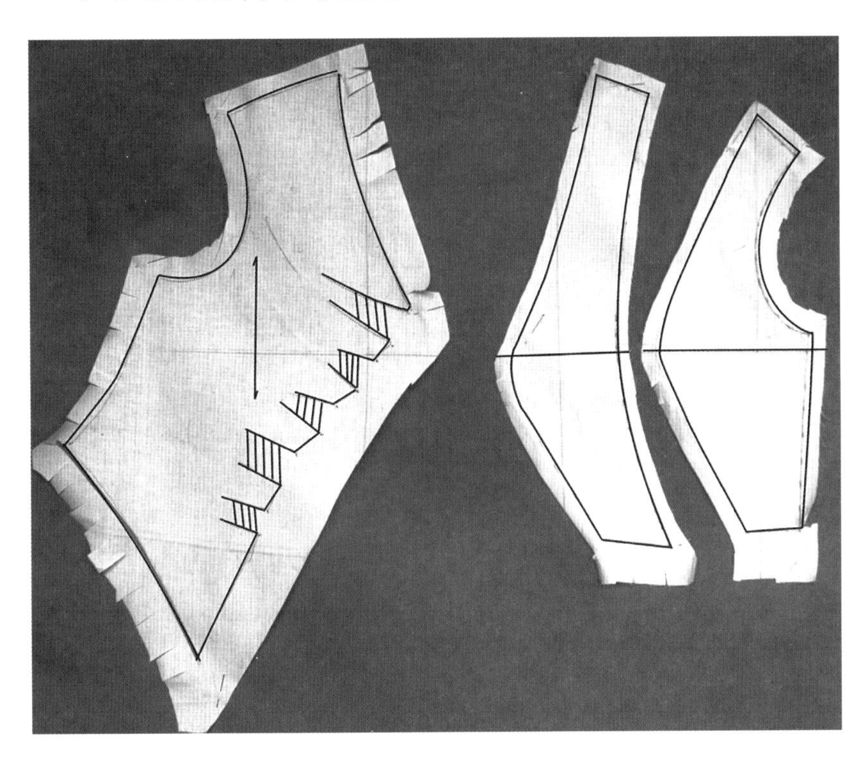

◀ 图2-2-78
布片展开，轮廓修正。

四、平面裁剪方法比较，见图2-2-79

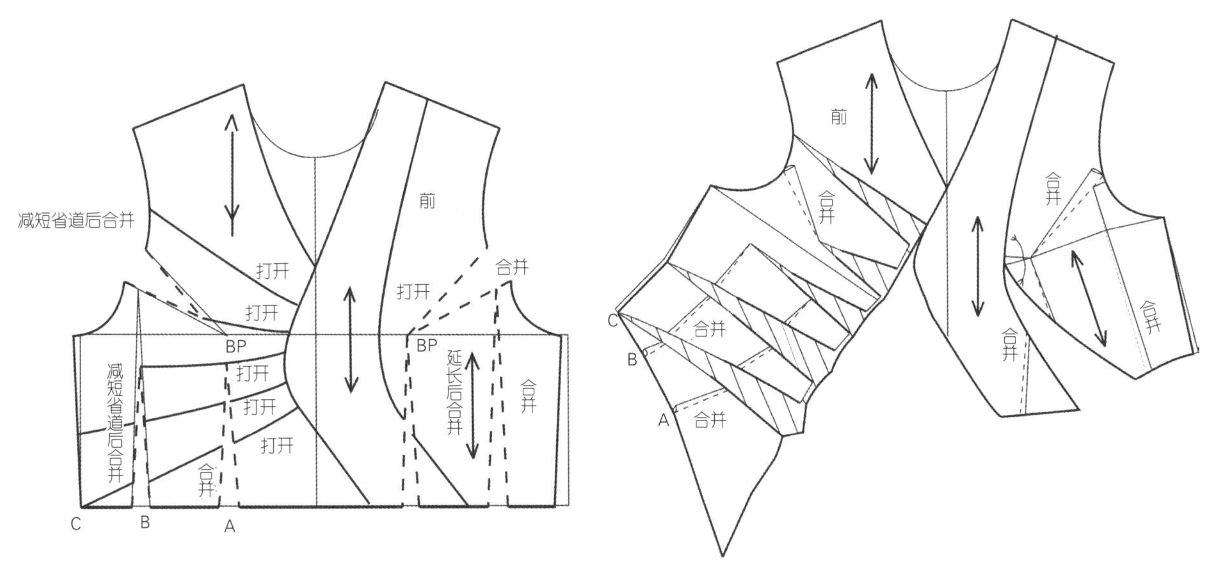

▲ 图2-2-79
原型平面裁剪转省示意图。

思考题

1. 省的存在形式有哪些？
2. 设计几款原型上衣，体现不同的省缝设计，完成立裁过程。

第二篇

中级立裁

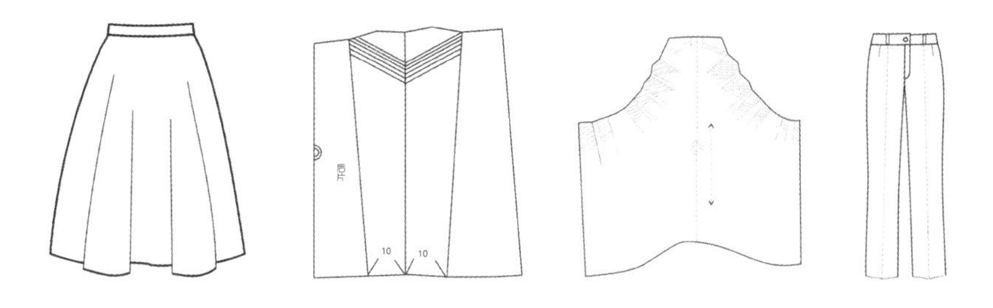

第三章

裙、裤的立体裁剪

学习目标

1. 掌握裙子的立体裁剪技巧，理解前后裙片平衡关系的处理
2. 掌握纸样转换的方法及样板修正
3. 连衣裙中省的设计及褶皱的做法、衣身与裙子的对接，纸样转换及样板修正流程
4. 通过女裤基本款式的立体裁剪理解裤子平面纸样与变化

第一节　波浪裙

▲ 图3-1-1

一、款式描述

波浪裙特点为腰部无省，下摆松弛，从腰部到裙下摆呈波浪状。可以根据波浪的变化来表现各种各样的造型。

本款式训练自然褶皱的立裁工艺方法。最好采用轻薄的面料，便于表现自然的褶皱（图3-1-1）。

二、坯布准备，图3-1-2

由于本款波浪比较大，面料围度预留也要加大。

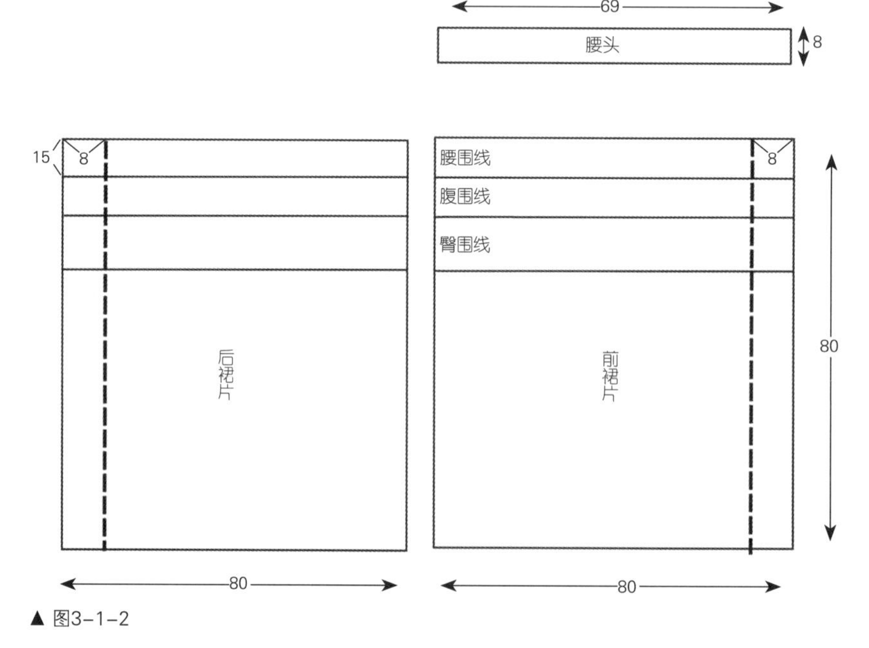

▲ 图3-1-2

三、别样，见图3-1-3~图3-1-10

（1）前裙片的中心线及腰围线与臀围线与人台的中心线相吻合，臀围线保持水平，在A点位置垂直打剪口（见图3-1-3）。

（2）在B点垂直打剪口至腰围线，用大头针固定。用一只手将面料向左下方抚平，将省量转移到裙摆，另一只手整理确定波浪，用大头针临时固定，使褶量不能乱跑。在C处打剪口，此时与前面一样，为了防止波浪移动，在腹围线的位置用大头针固定一下，检查两边下摆是否平衡，整理腰部的缝份（见图3-1-4）。

（3）前片右侧缝描点，腰部描点，然后将前片卷起，准备做后片（见图3-1-5）。

（4）后裙片的中心线及腰围线与臀围线与人台的中心线相吻合，臀围线保持水平，在腰以上4cm的D点位置垂直打剪口（见图3-1-6）。

（5）同前片一样，在E点与F点，做波浪效果（见图3-1-7）。

（6）前后片别合，从不同角度观察修整，注意前后片的三条线在侧缝线上交汇。这样前后的波浪容易平衡（见图3-1-8）。

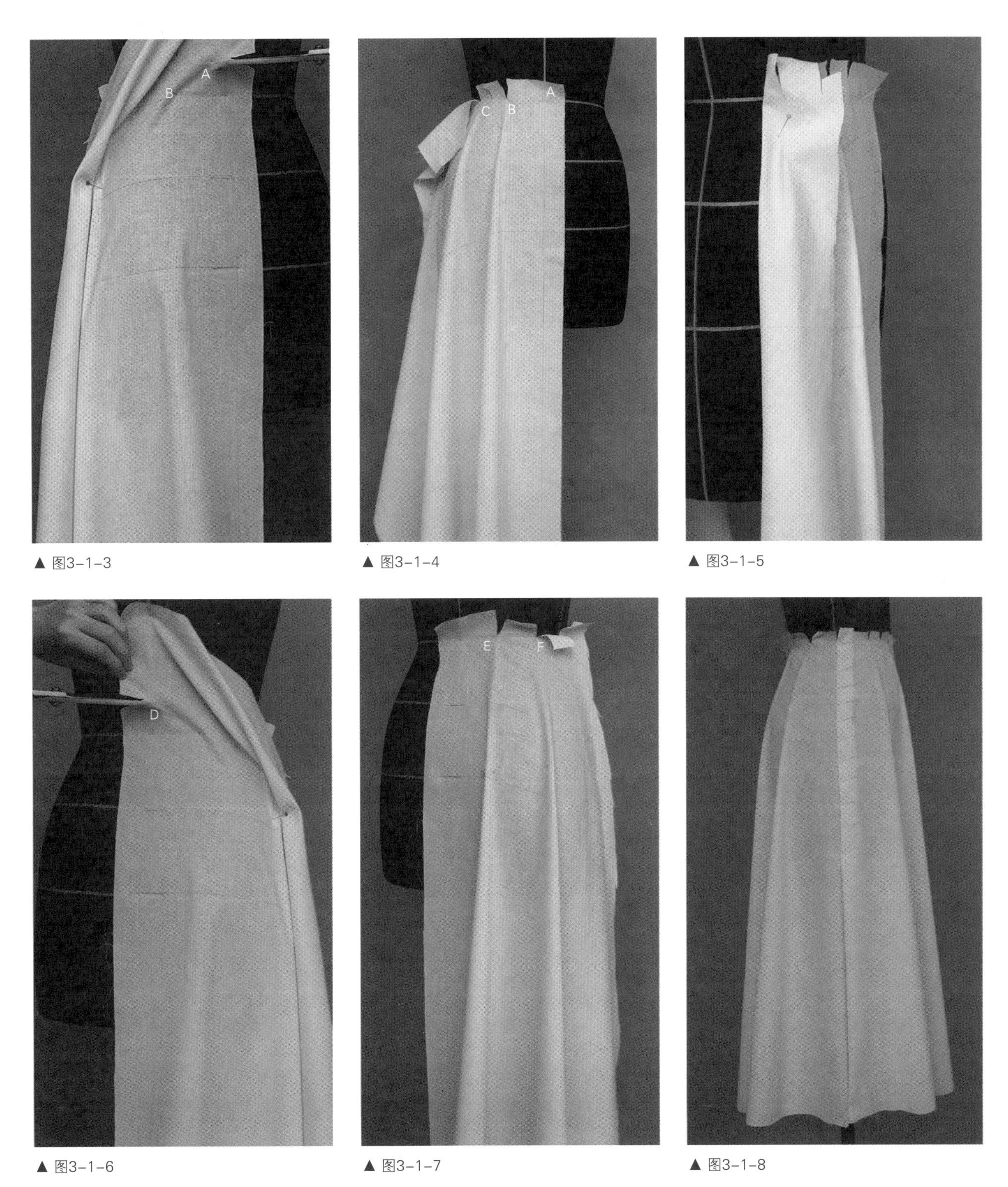

▲ 图3-1-3

▲ 图3-1-4

▲ 图3-1-5

▲ 图3-1-6

▲ 图3-1-7

▲ 图3-1-8

（7）将裙子从人台上取下，做好标记，注意装腰头的方法，防止下摆左右偏移。重新别合上人台（见图3-1-9）。

（8）完成效果（见图3-1-10）。

▲ 图3-1-9

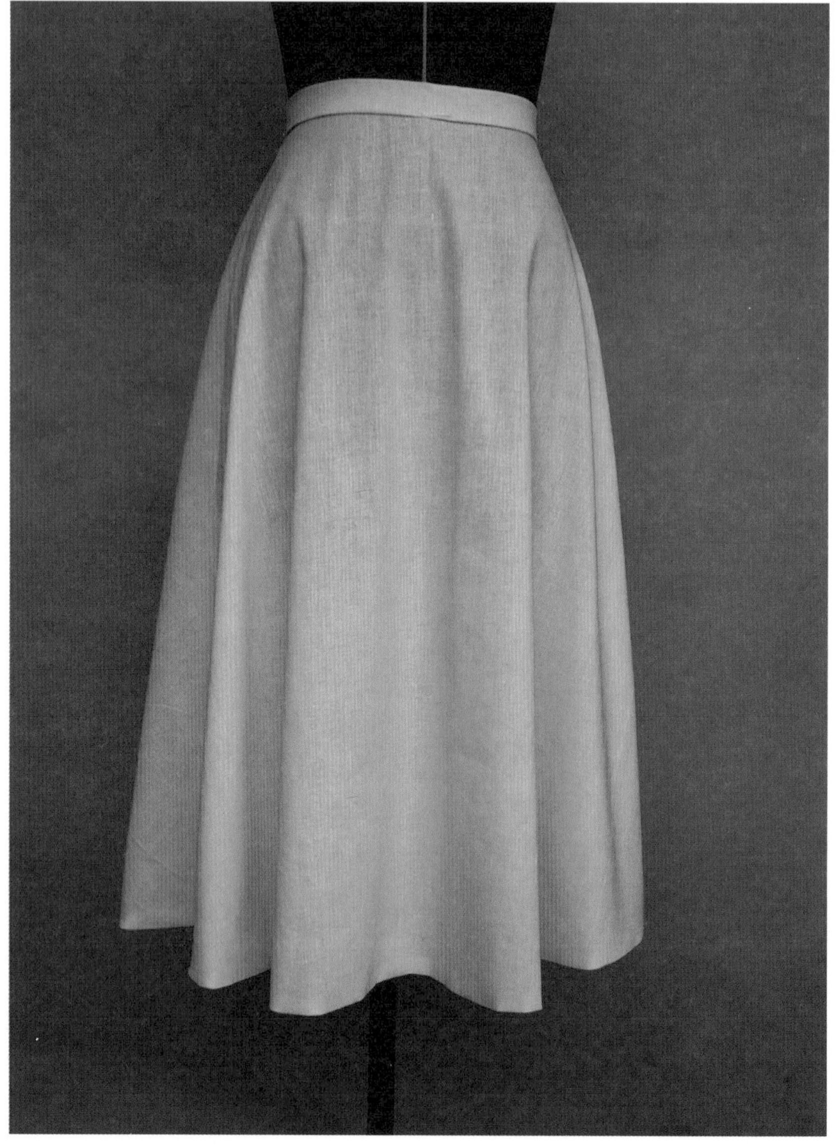
▲ 图3-1-10

四、展开拓样，见图3-1-11~图3-1-13

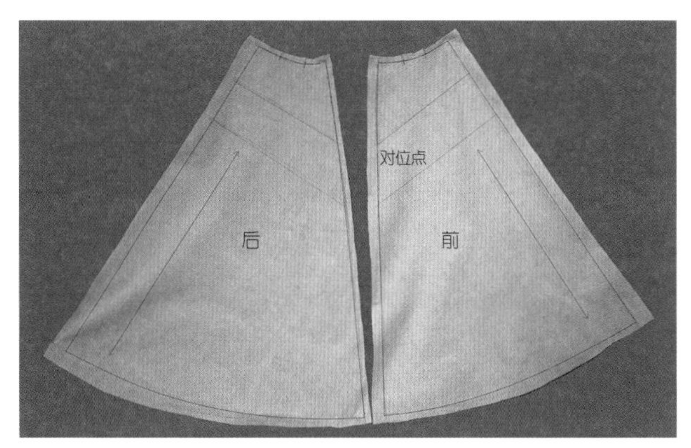

▲图3-1-11
将获得的布样进行轮廓修正。

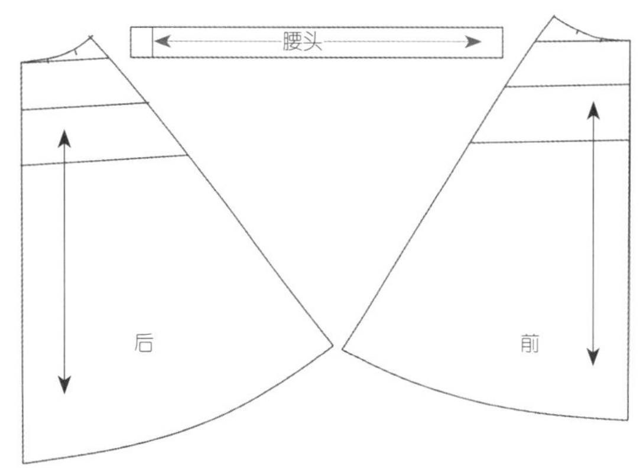

▲ 图3-1-12
转换成平面纸样。

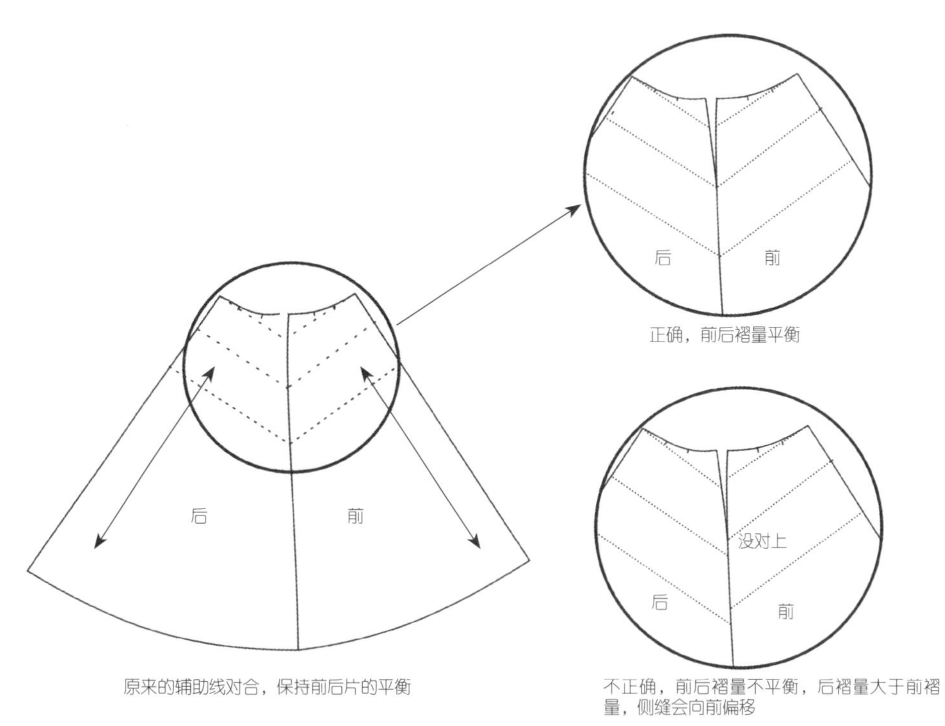

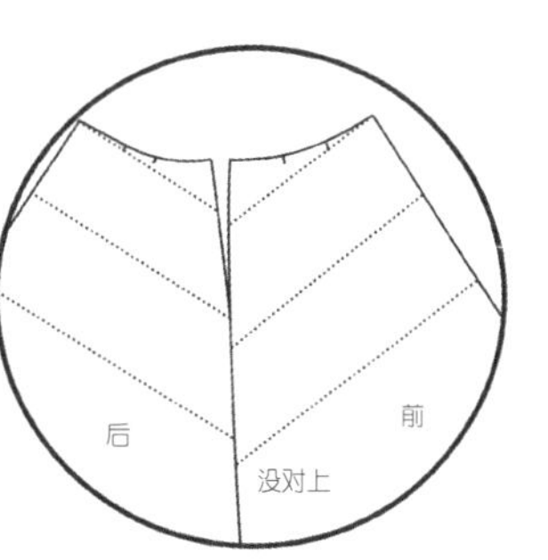

不正确，前后褶量不平衡，前褶量大于后褶量，侧缝会向后偏移

▲ 图3-1-13
前后片纸样的平衡处理。

第二节 育克裙

一、款式描述

育克，外来语，英文名yoke，也称约克，是某些服装款式在前后衣片的上方，需横向剪开的部分。育克裙是由育克和裙子两部分组合而成，不论是上面的育克或下面的裙片，都可作多种不同的造型变化（图3-2-1）。

二、人台准备

根据效果图在人台上贴出款式结构线，确定育克的造型与褶的位置（图3-2-2）。

▲ 图3-2-1

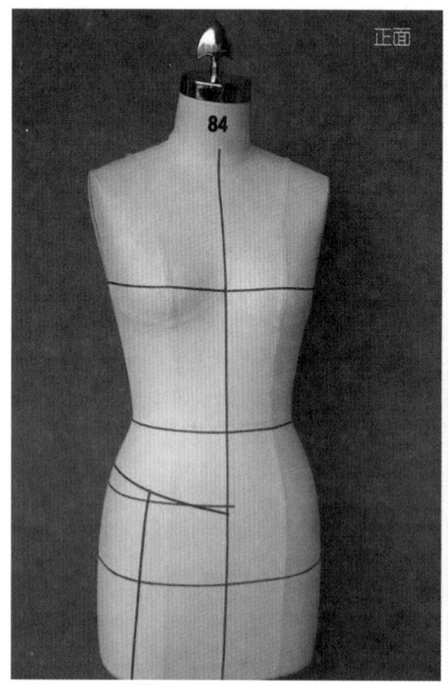

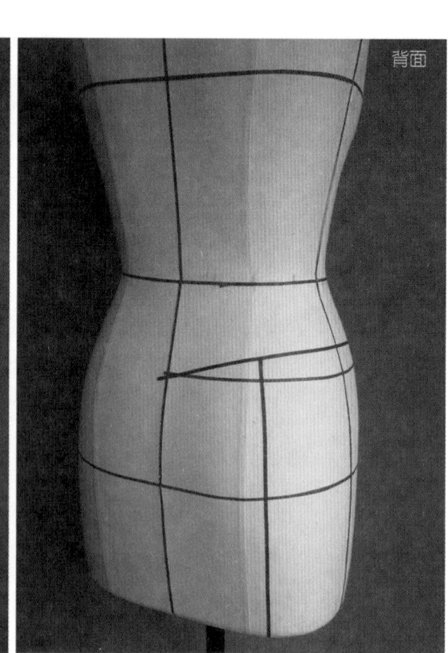

▲ 图3-2-2

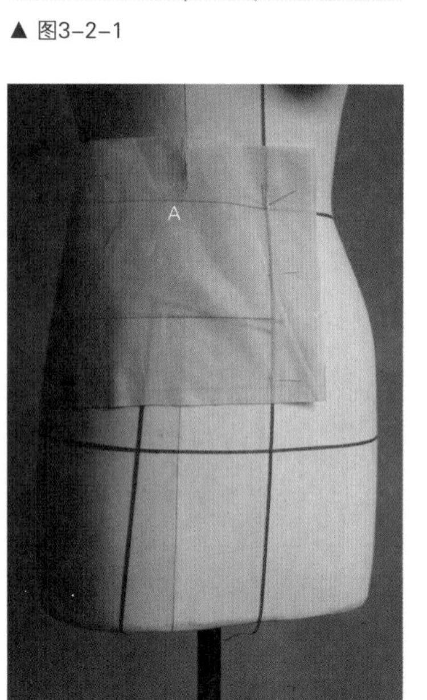

▲ 图3-2-3

三、别样，见图3-2-3~图3-2-14

（1）先把育克部分面料前中心线与人台的前中心线对齐，腰围线腹围线与人台对应的线对齐，在腰部A点垂直打剪口（见图3-2-3）。

（2）用手轻轻向左下方抚平，腰部自然平伏（见图3-2-4）。

（3）用标志带沿着人台的款式线贴出育克的造型，并剪去多余的量（见图3-2-5）。

（4）将裙子前片与人台前中心线对齐，透过人台款式线用标志带标出褶的位置与育克衔接的位置线（见图3-2-6）。

（5）拆下前裙片，如图，作出褶量（见图3-2-7）。

（6）对折用熨斗烫平，作出活褶（见图3-2-8）。

（7）重新上人台，并沿着标志带方向将育克与前裙用大头针固定。别合，前片完成。注意只别布，不要将大头针别到人台上。侧缝描点（见图3-2-9）。

（8）将前片从侧缝线向前中心线翻起，以便于制作后片（见图3-2-10）。

（9）同样的方法制作后片，侧缝描点（见图3-2-11）。

（10）前后片在侧缝沿着一开始描的点对合（见图3-2-12）。

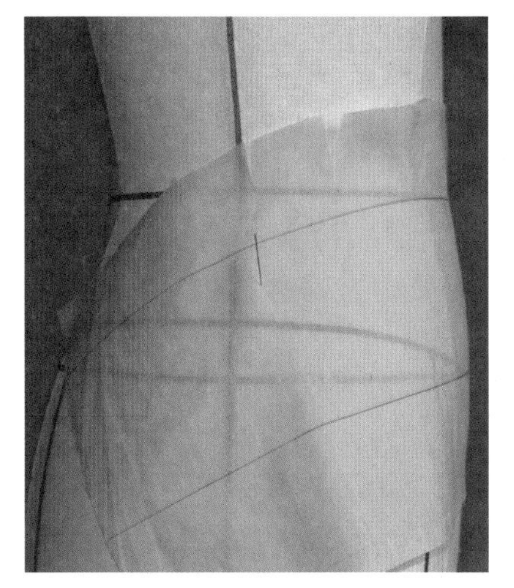

▲ 图3-2-4

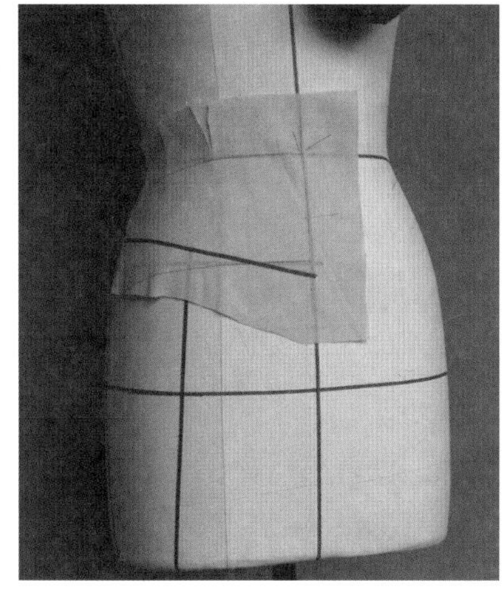

▲ 图3-2-5

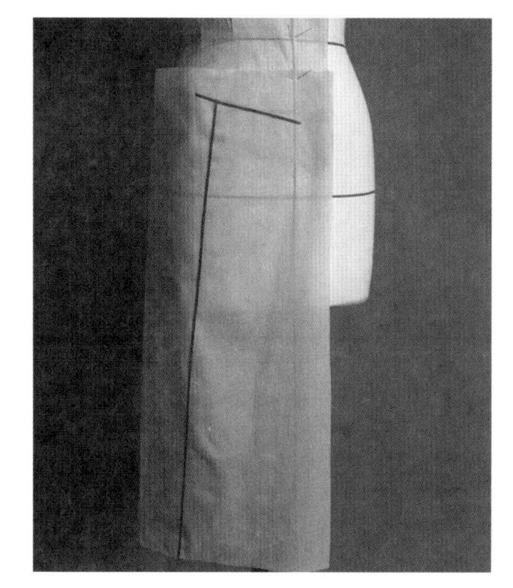

▲ 图3-2-6

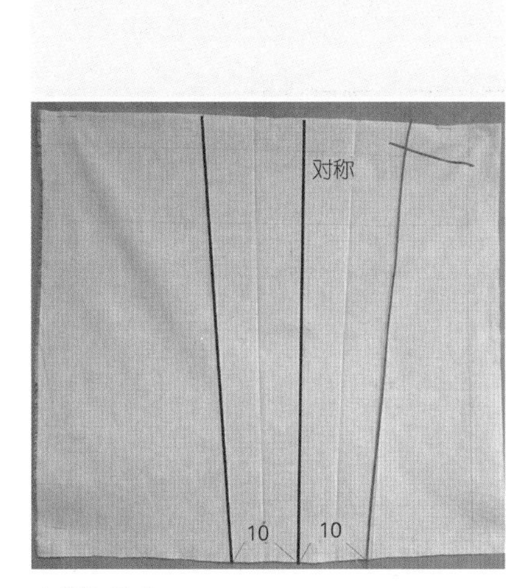

▲ 图3-2-7

▲ 图3-2-8

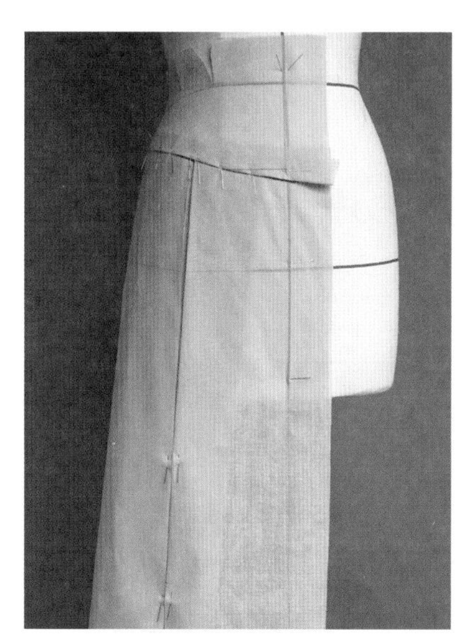

▲ 图3-2-9

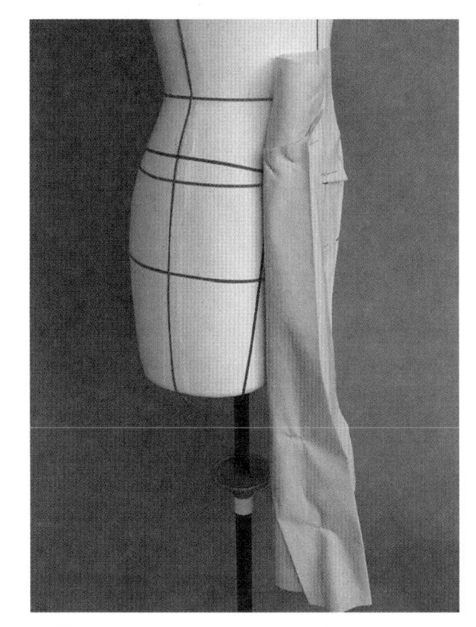

▲ 图3-2-10

▲ 图3-2-11

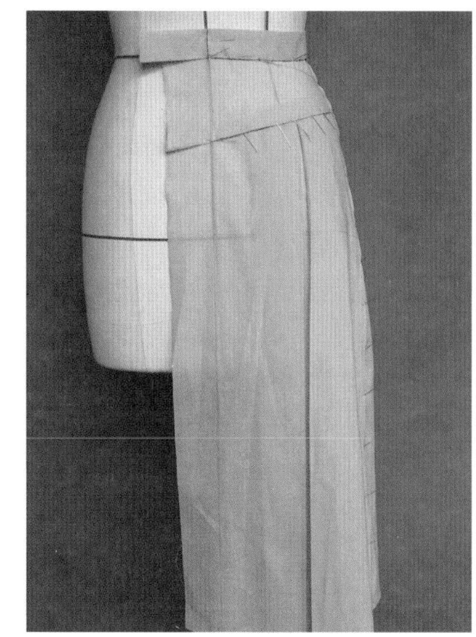

▲ 图3-2-12

（11）拆开修正，重新别合，观察裙片的平衡关系（见图3-2-13）。

（12）完成效果（见图3-2-14）。

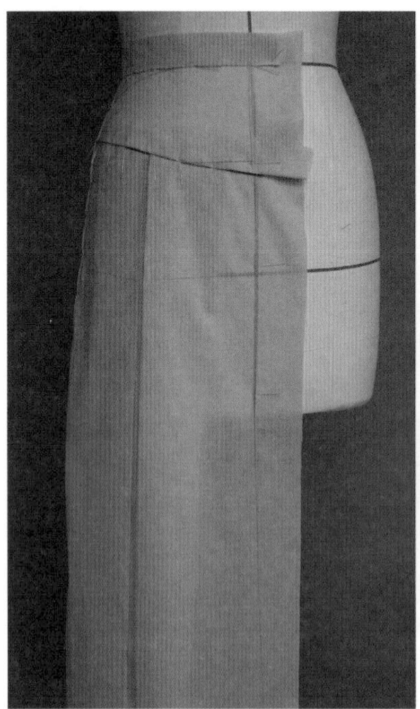

▶ 图3-2-13

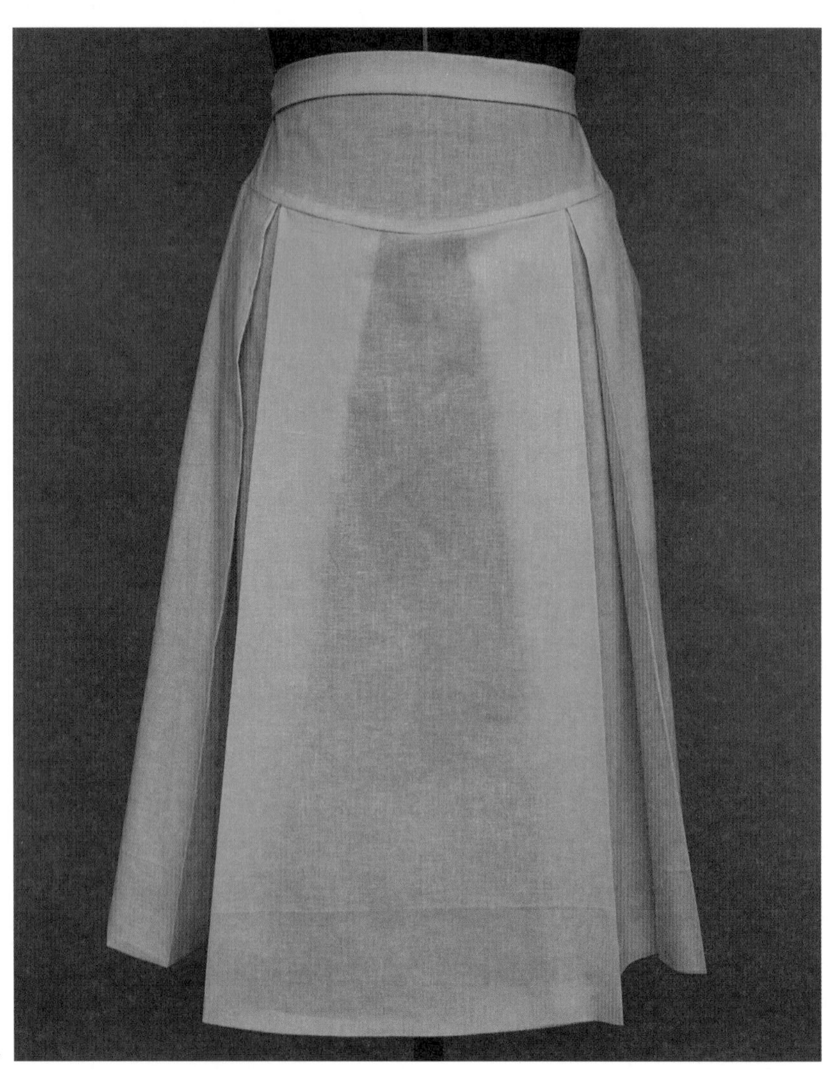

▶ 图3-2-14

四、拓样，见图3-2-15

将获得的布样转换成纸样。

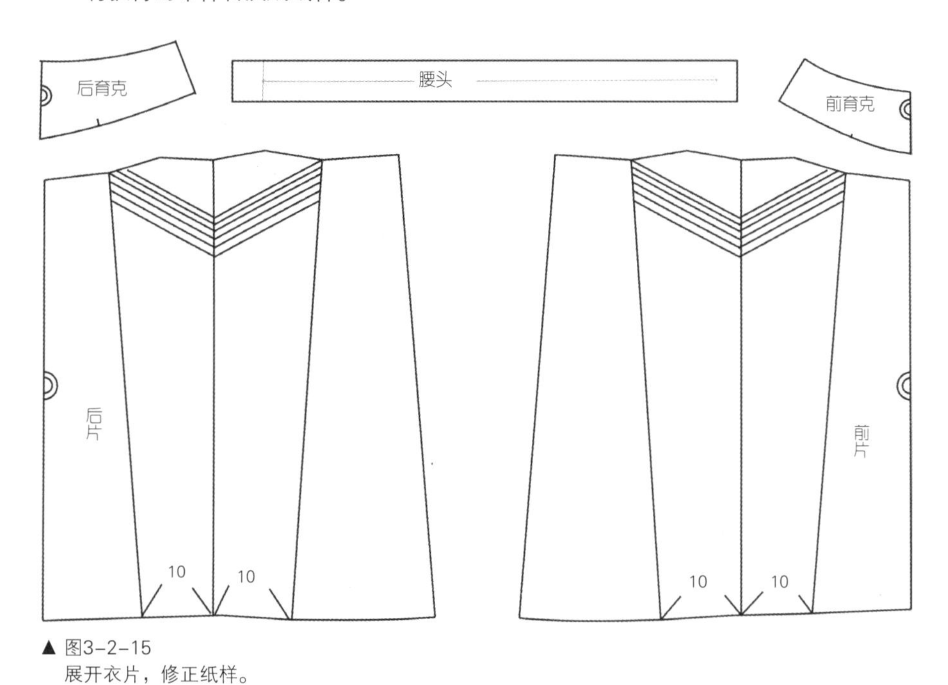

▲ 图3-2-15
展开衣片，修正纸样。

第三节 连衣裙

一、款式描述

连衣裙为上衣与裙子连接的款式，变化丰富。

本款式上身为连领插肩褶袖，裙子为环浪褶皱裙，造型合体（图3-3-1）。

▲ 图3-3-1

二、人台准备与材料准备，见图3-3-2

（一）贴款式线

在人台上贴附标志带，标记出上衣的轮廓以及重要的结构线所在位置。

（二）面料准备

需要布料3.5m，根据款式图的需要，准备布料，整烫后画前后中心线、三围线。

前衣长备料40cm×32cm，后衣长备料50cm×30cm，袖子备料45cm×55cm，裙子备料100cm×85cm。

▲ 图3-3-2

三、别样

（一）衣身别样，见图3-3-3~图3-3-6

（1）固定前片。按照结构线的位置将粗裁好的前衣片布料在前中心线及胸高点处固定好（见图3-3-3）。

（2）掐出省量。从BP点下2cm处沿款式线捏出省量，胸围线水平纱向保持不变，固定侧缝上点，腰部保留足够余量后在腰部固定侧缝（见图3-3-4）。

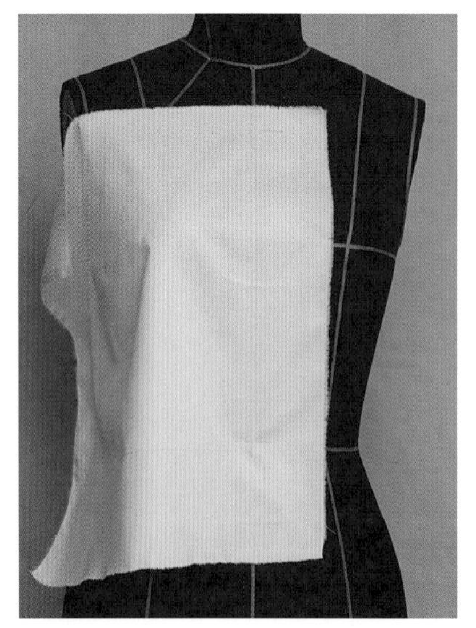
▲ 图3-3-3

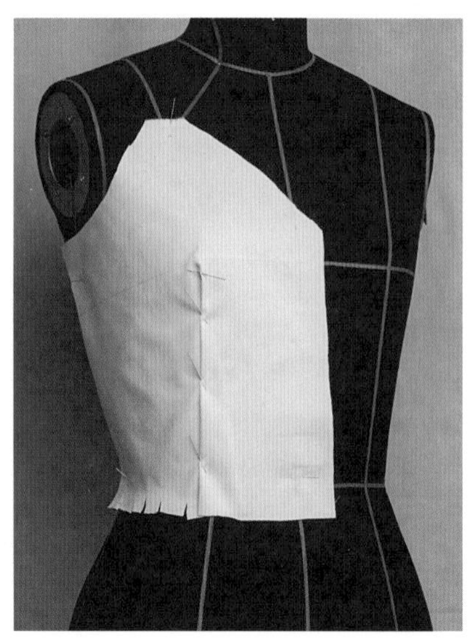
▲ 图3-3-4

（3）完成后片。用同样的方法完成后片，省位于公主线处（见图3-3-5）。

（4）前后片在侧缝用大头针固定，衔接要圆顺（见图3-3-6）。

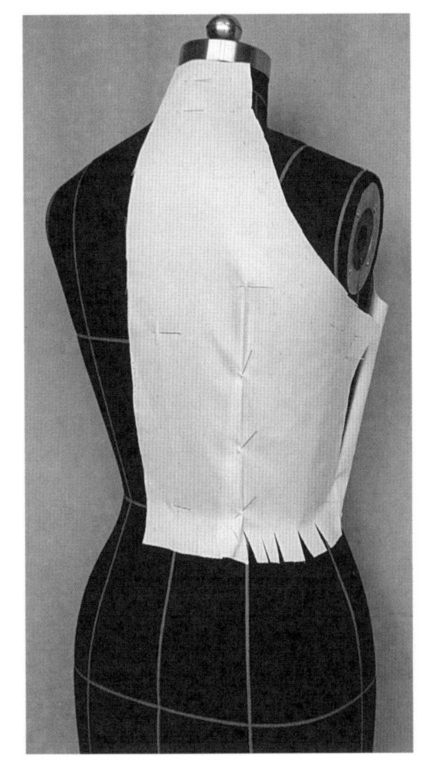

▲ 图3-3-5

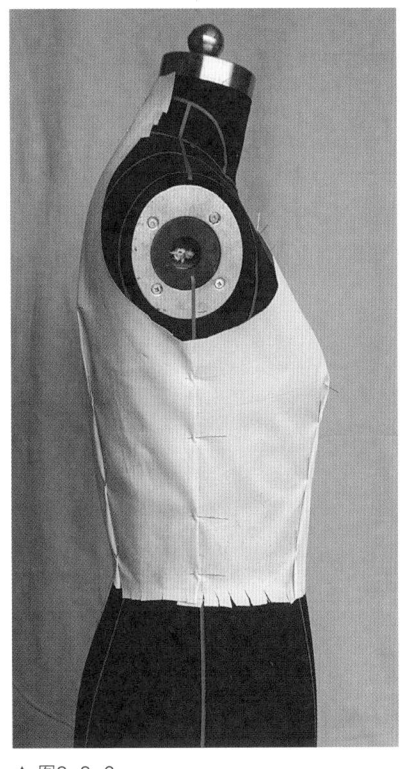

▲ 图3-3-6

（二）袖子别样，见图3-3-7~图3-3-11

（1）取长60cm x 40cm方布做袖子，将袖片面料沿中心线对折，在端部缝合一个三角区折出两个环浪褶的量（见图3-3-7）。

（2）将袖片反过来作，缝份朝里，扣在肩上观察前后平衡（见图3-3-8）。

（3）折出两个环浪褶的量，把袖子粗裁的布片放在肩部，在肩头部位做出两个环浪褶（见图3-3-9）。

（4）固定插肩袖的前后造型线的位置及袖隆底，标明袖片与衣片分界线，并沿线折别固定，保持连立领的圆顺，将袖片与衣身袖窿下部的曲线对合并顺势沿肩部造型线推平，使面料在肩部保持平伏（见图3-3-10）。

（5）固定插肩袖的前后造型线的位置及袖窿底（见图3-3-11）。

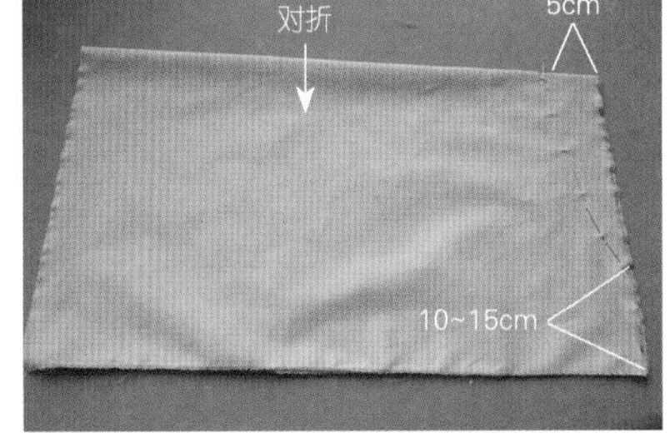

▲ 图3-3-7

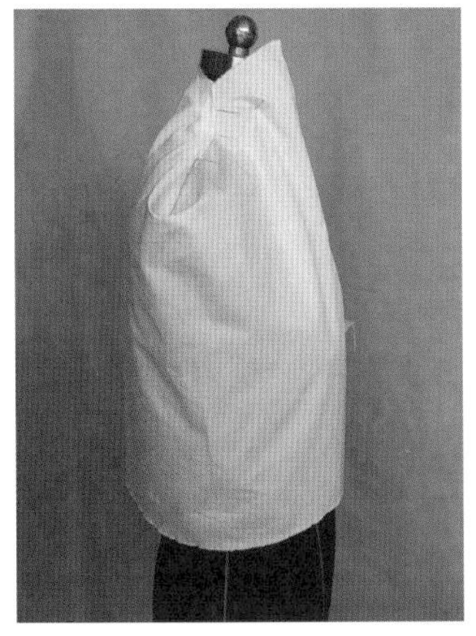

▲ 图3-3-8

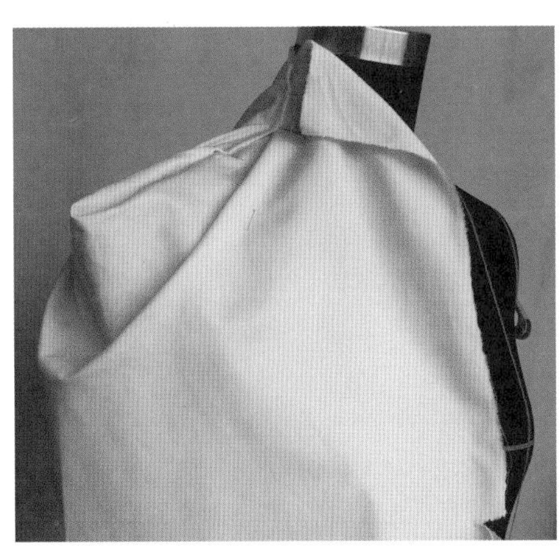

▲ 图3-3-9

▲ 图3-3-10

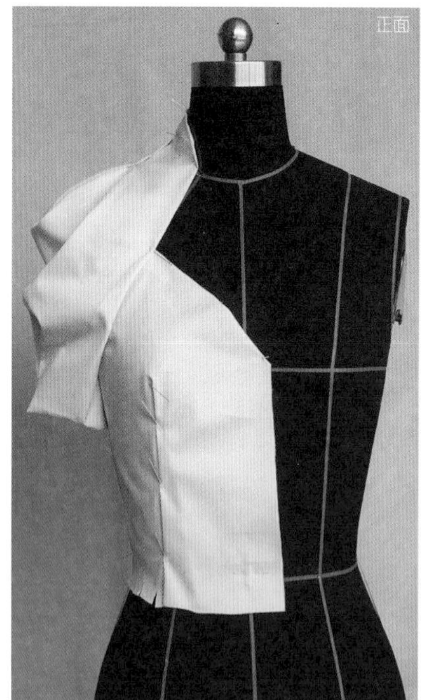

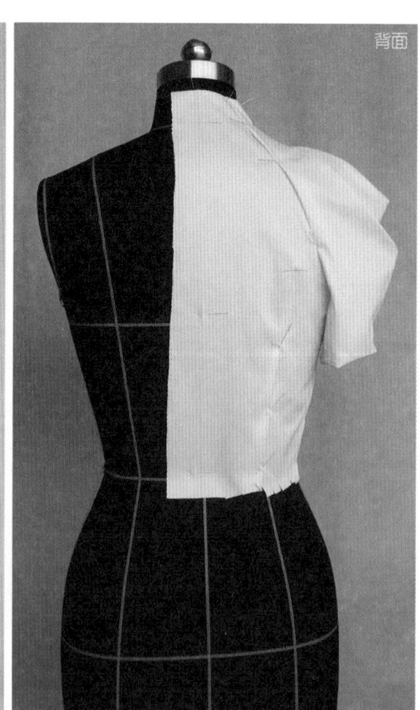

▲ 图3-3-11

（三）裙子别样，见图3-3-12~图3-3-16

（1）将裙片前后中心线固定在人台，留出余量，在腰以上留出足够余量（见图3-3-12）。

（2）做环浪褶。在侧缝位置掐出5个环浪的褶，褶量的疏密要美观平伏（见图3-3-13）。

（3）细节。观察褶的疏密，在腰部用折合法固定（见图3-3-14）。

（4）留倒褶量。在前中和后中分别做出倒褶，每个倒褶留约4cm的折量（见图3-3-15）。

▲ 图3-3-12

▲ 图3-3-13

▲ 图3-3-14

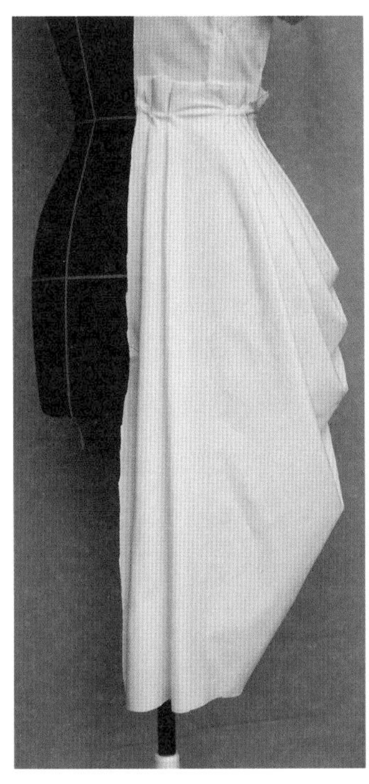

▲ 图3-3-15

▲ 图3-3-16

（5）观察整体造型，别合腰线。将做好的上衣与裙子在腰部断开的部位拼合完好。折净各处的毛边，修剪好下摆，完成整体造型（见图3-3-16）。

四、展开拓样

取下全部衣片，对各结构线进行调整，得到裁片，确认后拷贝纸样备用（见图3-3-17~图3-3-19）。

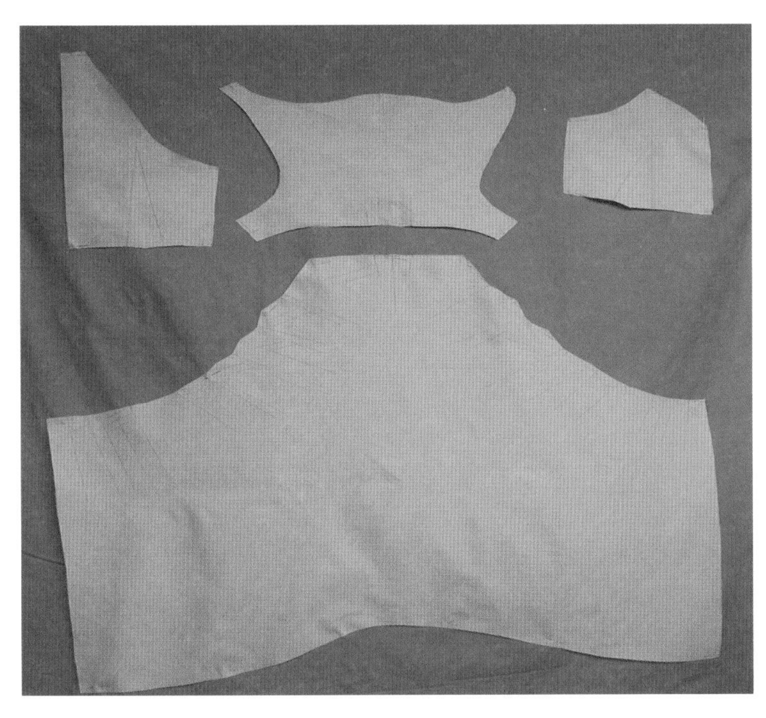

◀ 图3-3-17
展开布样，进行轮廓修正。

▲ 图3-3-18
完成效果。

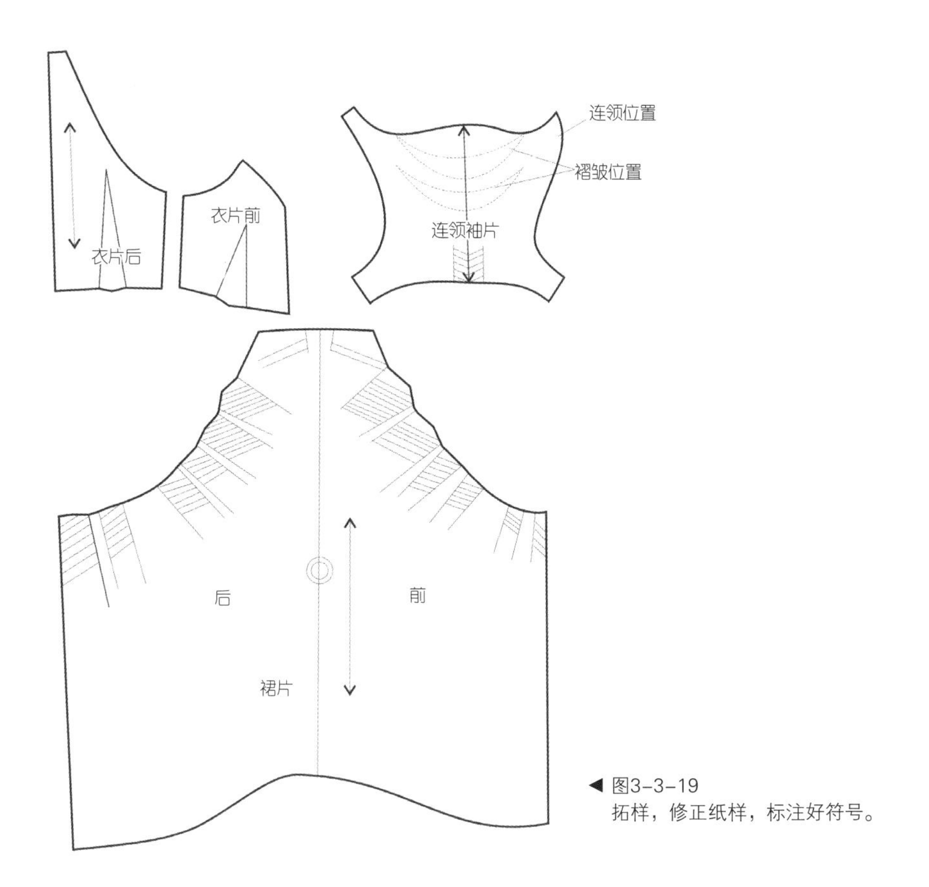

◀ 图3-3-19
拓样，修正纸样，标注好符号。

第四节　女西裤

一、款式描述

女裤的款式变化丰富，合体度要求越来越高，采用立体裁剪的方法也越来越多（图3-4-1）。

本节介绍女裤基本款式的立体裁剪方法。

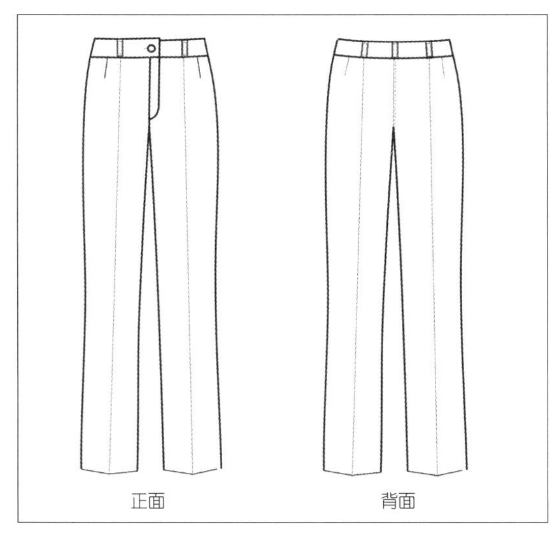

◀ 图3-4-1

二、坯布的准备

画出主要的结构线，根据人台的尺寸，画出腰围线、臀围线、腹围线、立裆深线、中裆线、前后烫迹线。确定中档及裤口的尺寸大小，以便于立体裁剪操作（图3-4-2）。

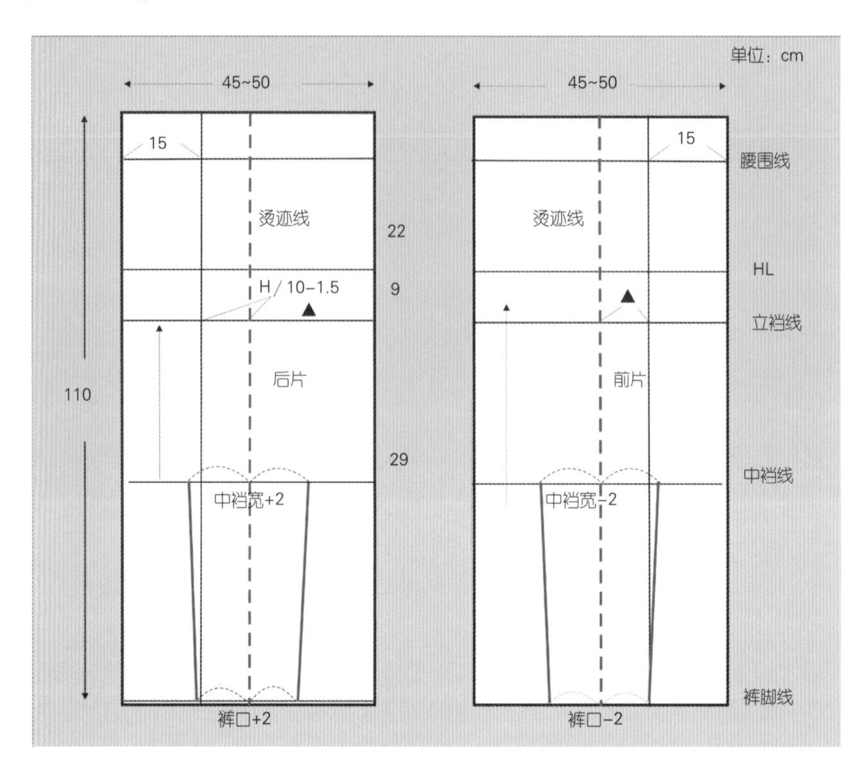

▶ 图3-4-2

三、人台的准备

在人台上贴出分割线与基准线、腰围线、臀围线、腹围线、立裆深线、中裆线、前后烫迹线、侧缝线、内缝线（图3-4-3）。

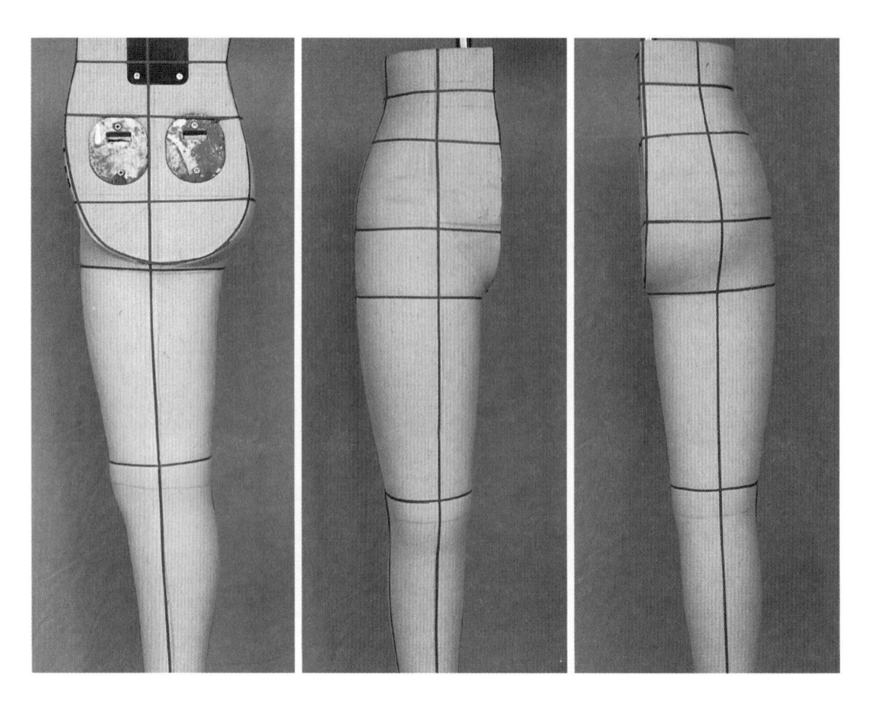

▶ 图3-4-3

四、别样，见图3–4–4~图3–4–14

（1）将前片布片的中心线对准人台的烫迹线，纱向保持垂直，用大头针沿着中心线固定（见图3–4–4）。

（2）在腰部侧缝打剪口，腰部多余的量在侧缝与前中心线之间距离1/2处捏出腰省（见图3–4–5）。

（3）用大头针折合固定前片腰省（见图3–4–6）。

（4）将坯布围过大腿根部，使裆部自然平伏，立裆处留出适当的松量（见图3–4–7）。

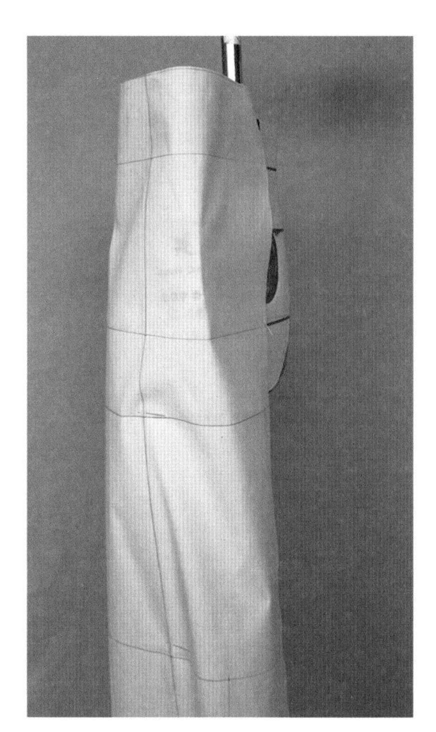

▲ 图3–4–4

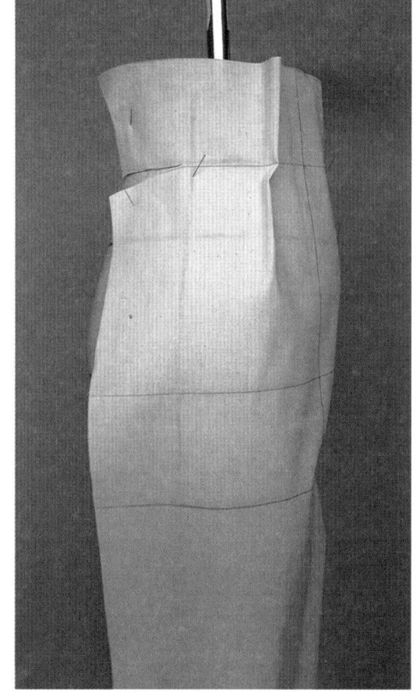

▲ 图3–4–5

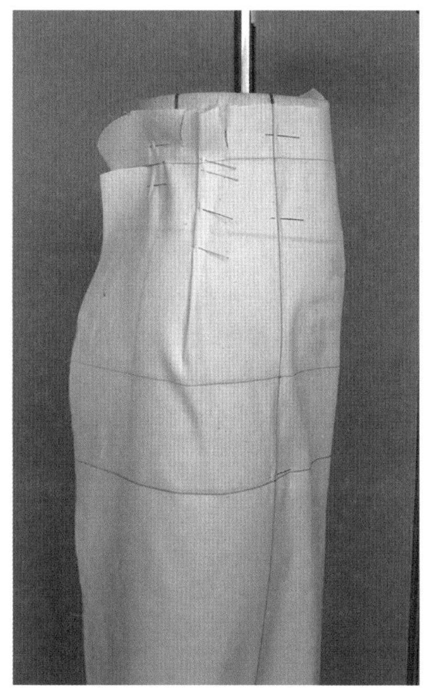

▲ 图3–4–6

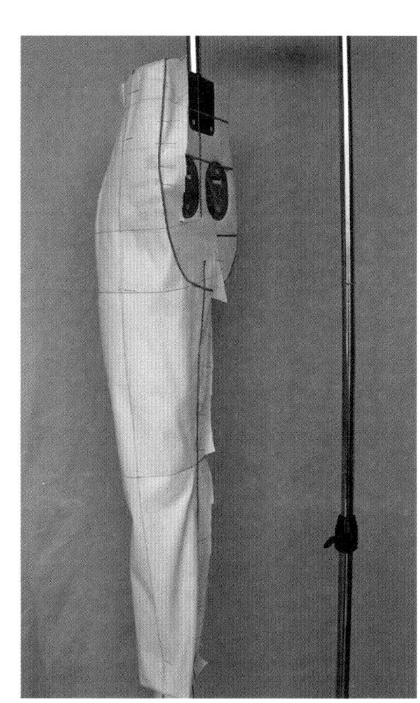

▲ 图3–4–7

（5）用标志带贴出侧缝线（见图3–4–8）。

（6）用标志带贴出内侧线与小裆弯线（见图3–4–9）。

（7）做后片，后片中心线对准人台的后烫迹线，用大头针固定好，注意经纱与地面保持垂直。做法同前片（见图3–4–10）。

（8）内裆缝别合，注意辅助线的位置要对合。用标志带贴出后裆缝线。与前裆缝对接圆顺，有适当松量（见图3–4–11）。

（9）拆下裤片进行修正，腰线部位省道在闭合的状态下进行修正。（见图3–4–12）

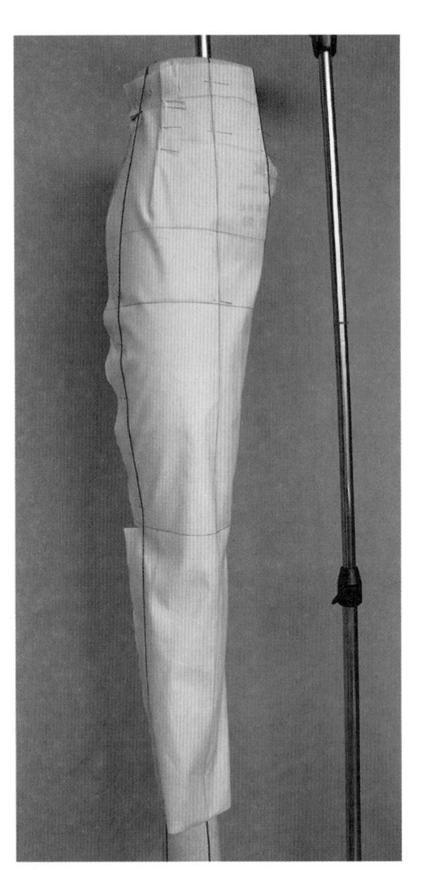

▲ 图3–4–8

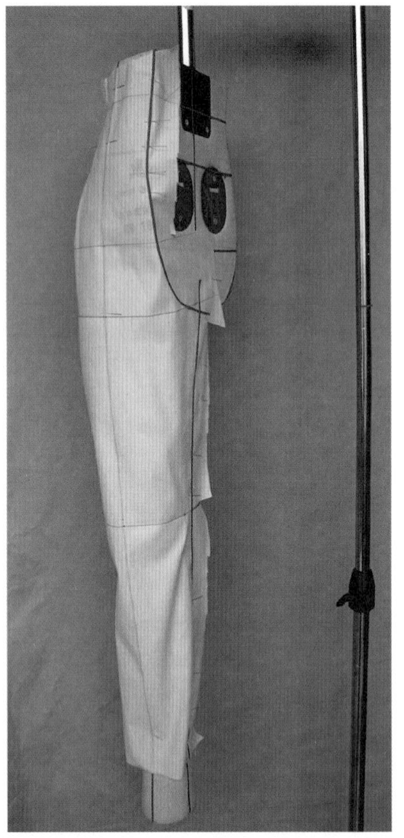

▲ 图3–4–9

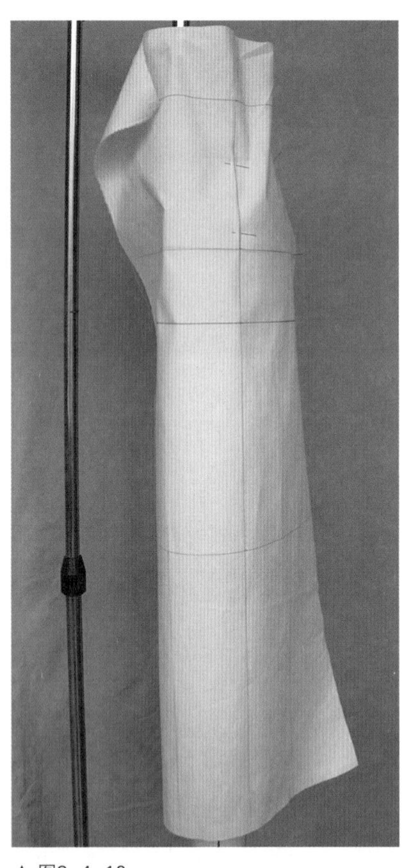

▲ 图3–4–10

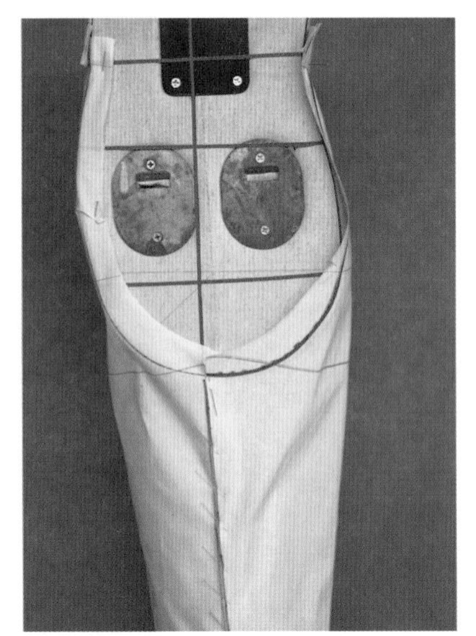

▲ 图3–4–11

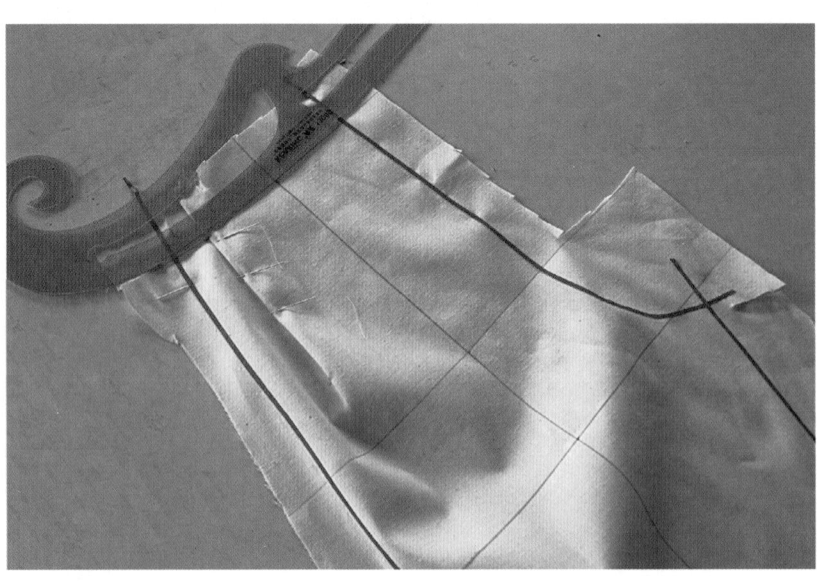

▲ 图3–4–12

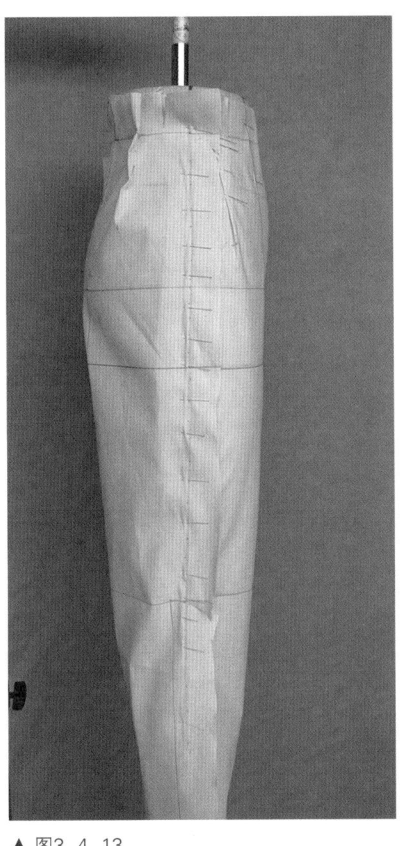

▲ 图3-4-13

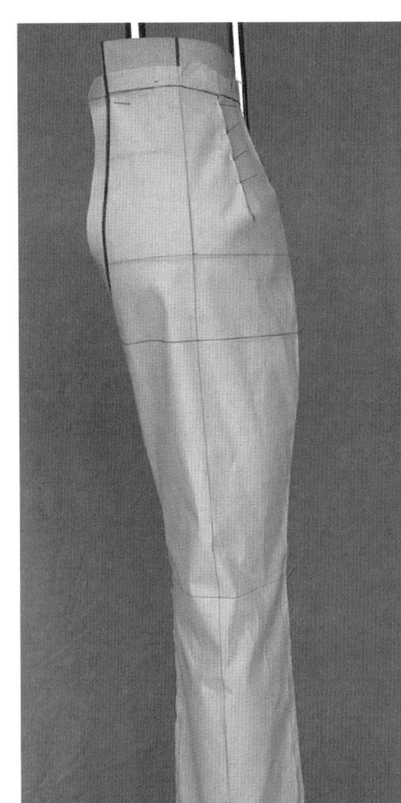

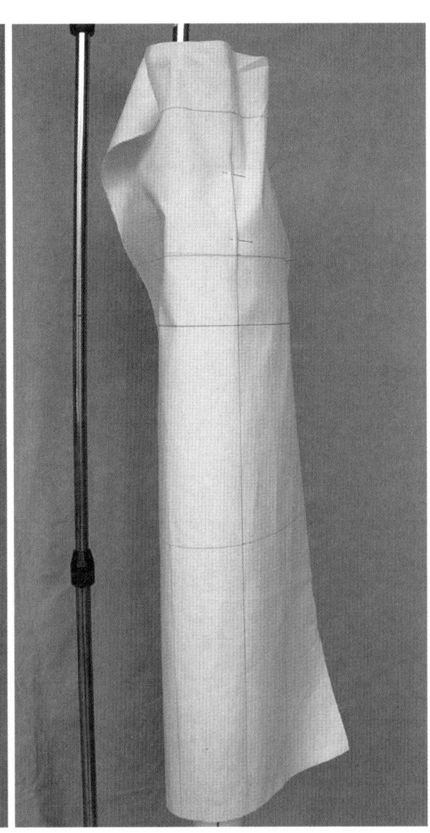

▲ 图3-4-14

（10）参考坯布开始预留的中裆与裤口的尺寸，前后侧缝搭接，用大头针搭接固定，剪去多余的缝份（见图3-4-13）。

（11）扎坯别样。重新把布片上架别合，观察整体效果，再进行局部调整，最后进行描点。注意关键的对合点的位置。裁制3cm宽的腰头，与裤子腰片接合（见图3-4-14）。

五、展开拓样

坯样确认后，将得到最终的样片，按照轮廓线描图得到纸样（图3-4-15、图3-4-16）。

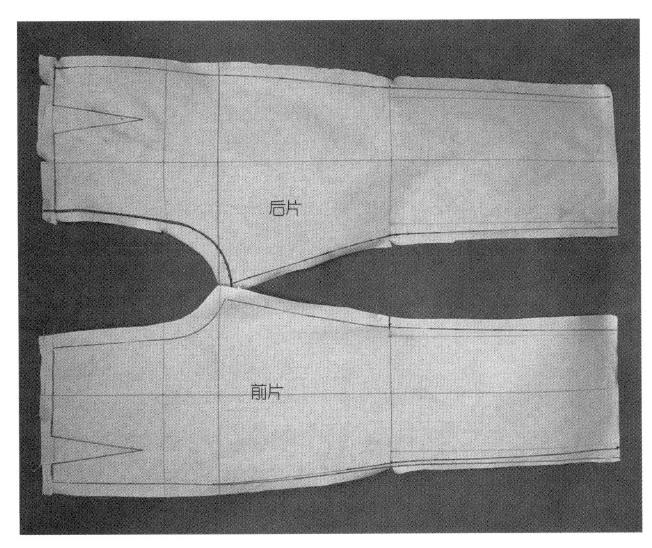

◀ 图3-4-15
坯布展开，进行修正。

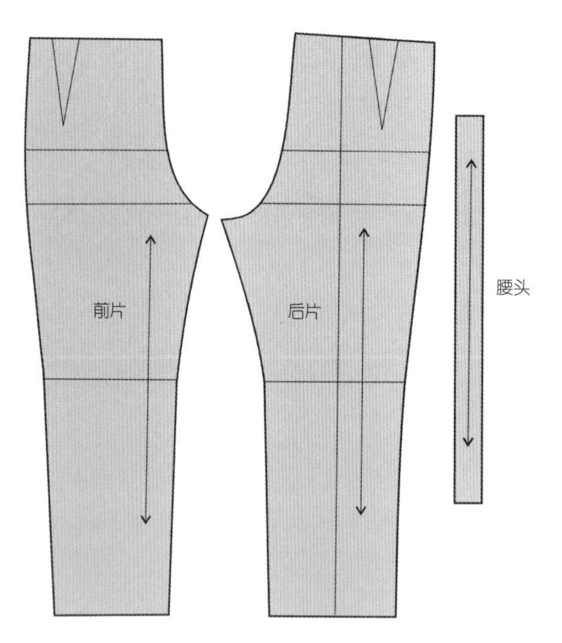

◀ 图3-4-16
拓样，得到纸样图。

思考题

1. 对比平面裁剪与立体裁剪得到裤子纸样的外形区别。
2. 认识裤子立体裁剪的难点，拓展立裁一款裤子造型。

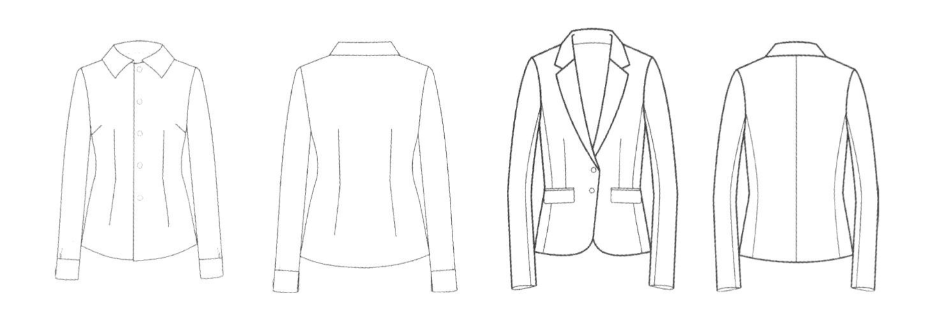

第四章

衬衣与西服立体裁剪

学习目标

1. 学会基本女衬衣，三开身、四开身女西服衣身结构的立体裁剪技巧及松量控制方法
2. 掌握翻领、立领与驳领的立体裁剪技法
3. 理解袖子的变化，特殊造型袖子的坯布准备与立裁方法
4. 深入掌握立体裁剪与工业纸样的对接与纸样修正

第一节　女衬衣

一、款式描述

这是一款基本的合体女衬衫，强调了腰身的曲线，前片有腋下省、腰省，后片有腰省。装袖带袖克夫，翻领（图4-1-1）。

此款训练基本款式省与松量的处理以及翻领的制作方法。

二、别样，见图4-1-2~图4-1-21

（1）前衣身的中心线与人台的中心线对准，胸围线水平对准，确认垂直，水平度。领窝沿中心打剪口（见图4-1-2）。

（2）整理领围线，领围线要盖住锁骨，稍稍有点松量。将胸围线保持平衡。肩部余量临时固定（见图4-1-3）。

（3）在腰部打剪口，腰围处稍稍吸进，避免省过于紧。确定省尖位置，整理出腰省，用抓合法固定，沿着上部方向用大头针固定（见图4-1-4）。

（4）将肩部的余量放下来，转移到腋下，在胸宽线处固定大头针，剪掉胸宽多余量（见图4-1-5）。

（5）固定腋下省，描点。侧缝线，袖窿线沿净线描点（见图4-1-6）。

（6）将前片完成后，侧缝附近的布向前折转，轻轻用大头针固定，以方便做后片（见图4-1-7）。

（7）后衣身中心线对准人台中心线，胸围线、腰围线、臀围线与肩胛骨标志线分别对准，确认水平，在后领中心处打剪口（见图4-1-8）。

（8）向侧颈点方向把布料纱向正确捋平，整理出领围线，做出包覆肩胛骨的松量。使布水平覆在人台上，将布轻轻地从下往上捋到肩端点，肩端点处加入松量，将肩线多余量捏出肩省。观察省的位置、方向、省尖的平衡，向肩胛骨方向捏出肩省。后背宽处加入松量，侧边保持垂直状态。保证臀围的松量，剩余量用抓合针法固定，做出腰省（见图4-1-9）。

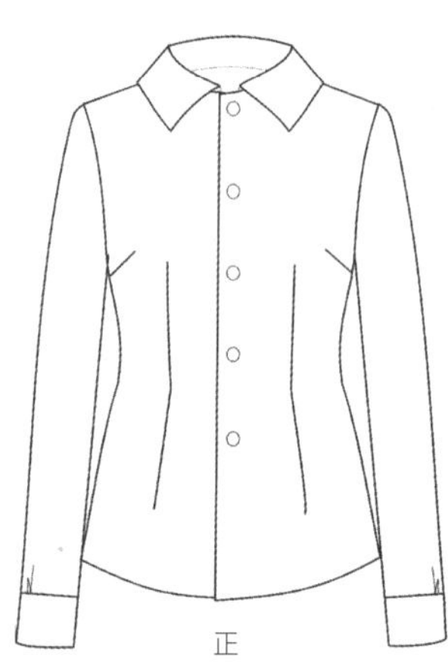

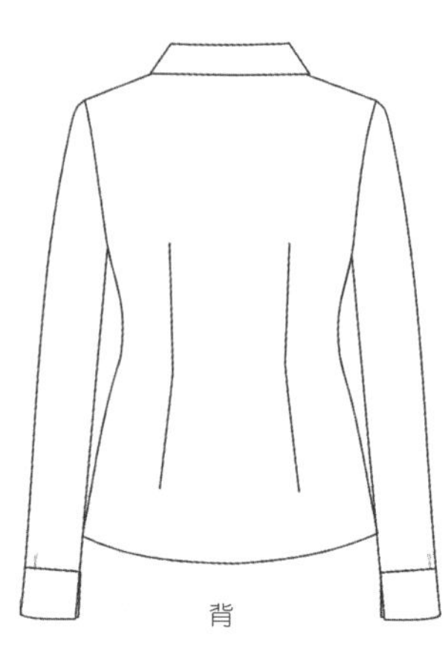

▲ 图4-1-1

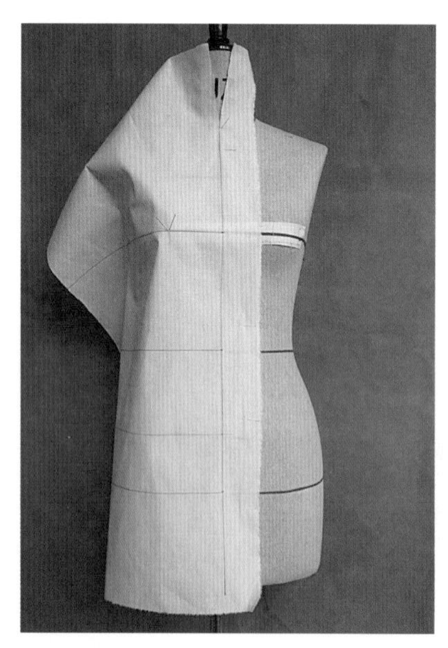

▲ 图4-1-2

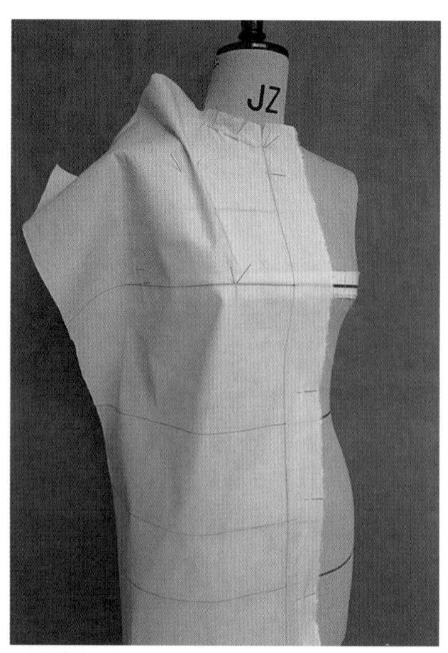

▲ 图4-1-3

（9）观察省的位置，后中心无缝的情况下很好的设计平衡。侧缝吸进1.5cm左右，固定侧缝，注意观察整体松量。剪去侧缝与袖窿多余的量，沿着人台侧缝线在布片上描点（见图4-1-10）。

（10）将前片复位，前后侧缝沿着记号对合，肩部对合，参考适当调整衣身松量（见图4-1-11）。

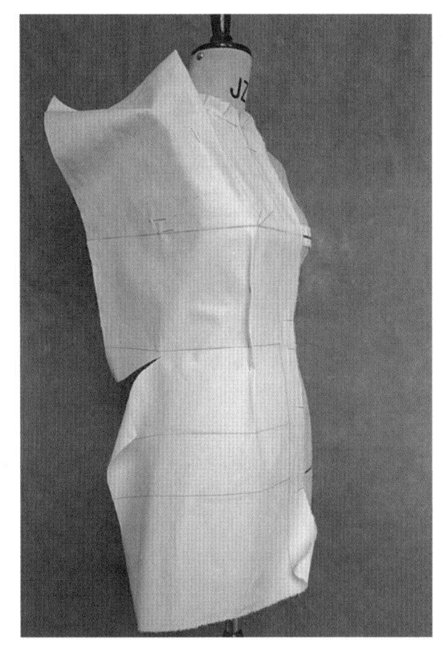

▲ 图4-1-4

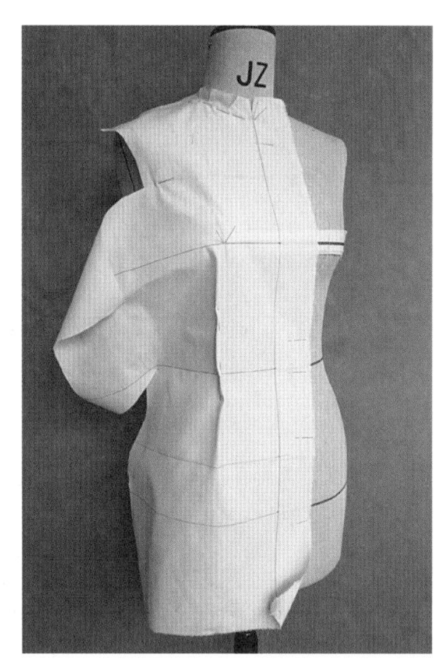

▲ 图4-1-5

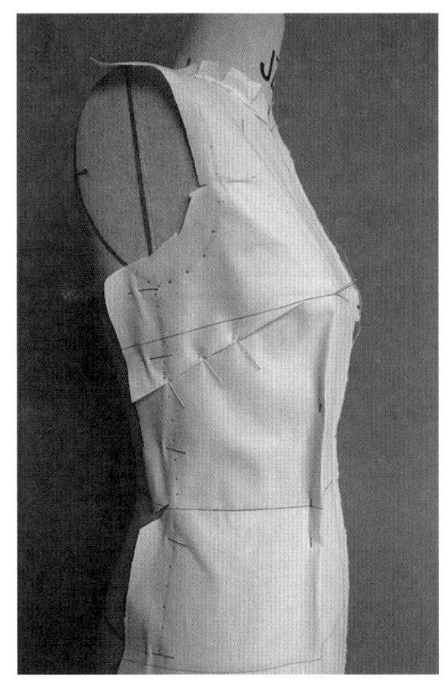
▲ 图4-1-6

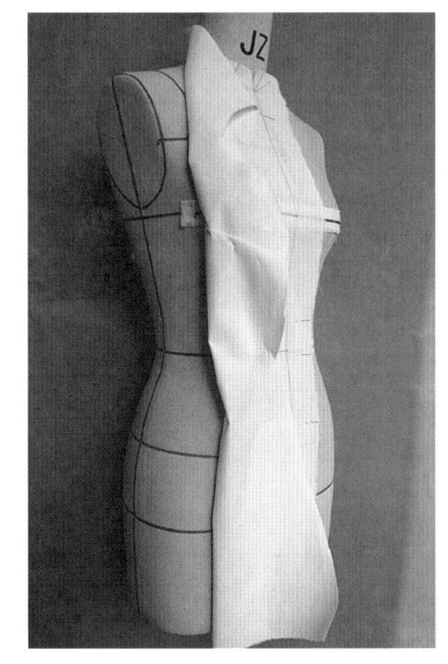

▲ 图4-1-7

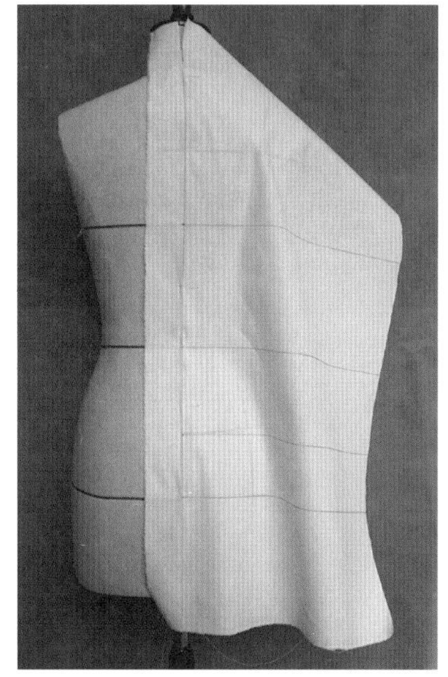
▲ 图4-1-8

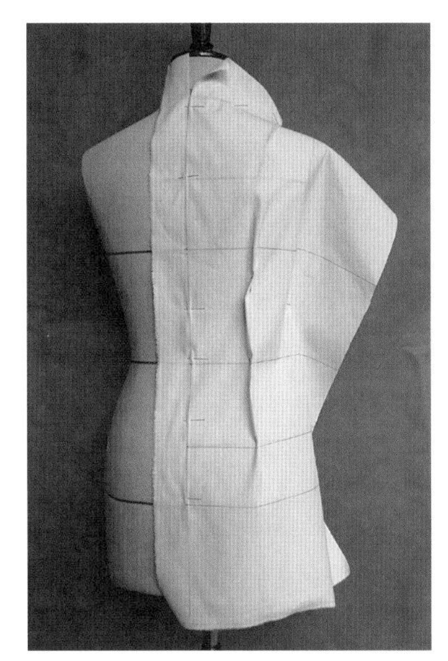
▲ 图4-1-9

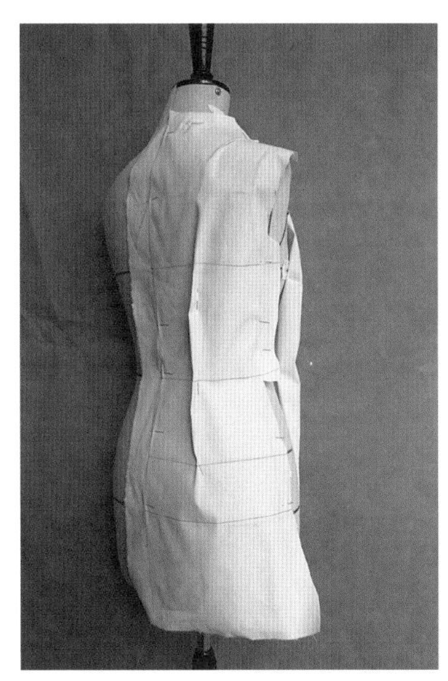
▲ 图4-1-10

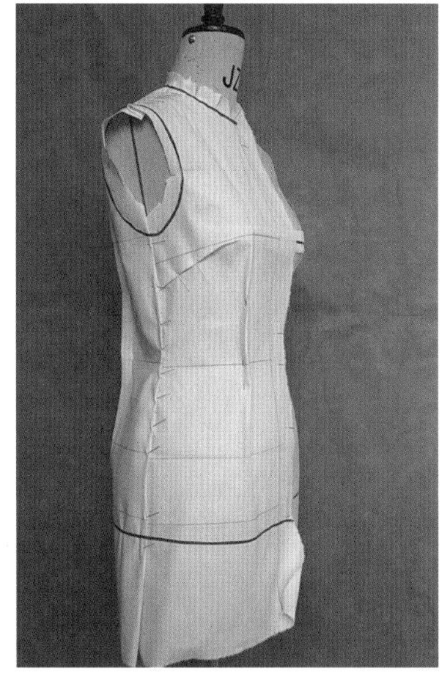
▲ 图4-1-11

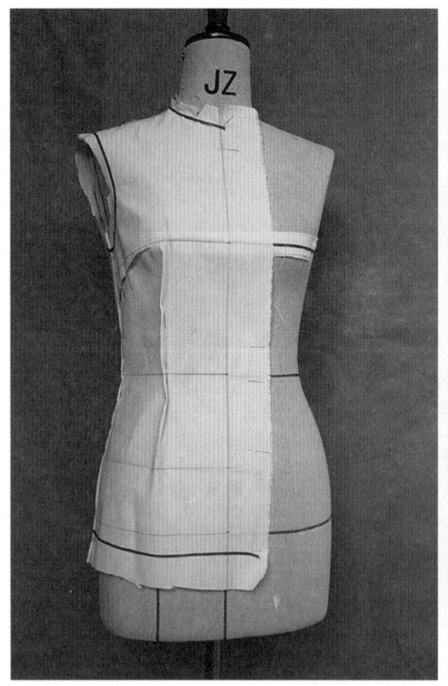

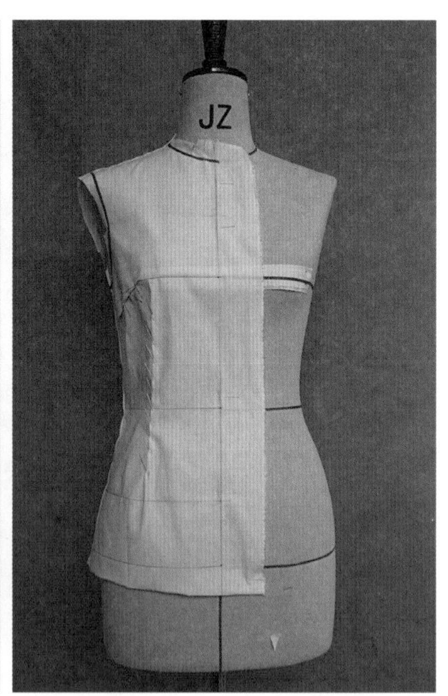

▲ 图4-1-12

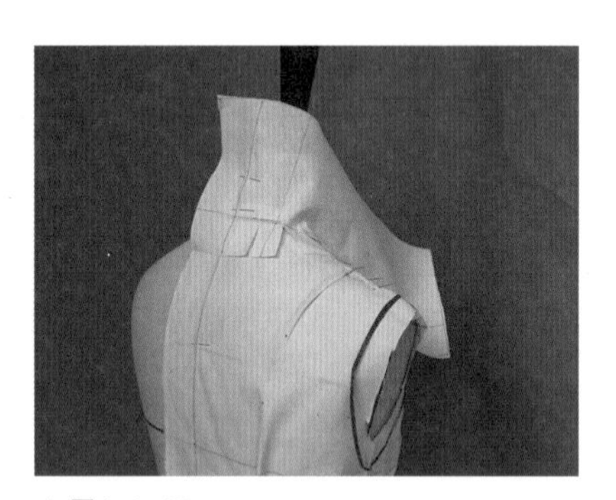

▲ 图4-1-13

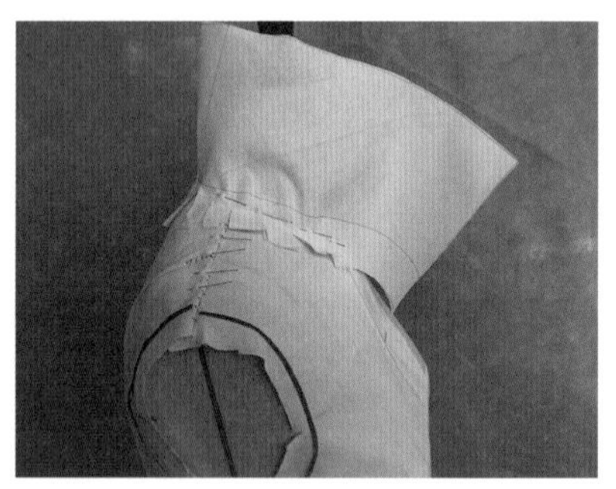

▲ 图4-1-14

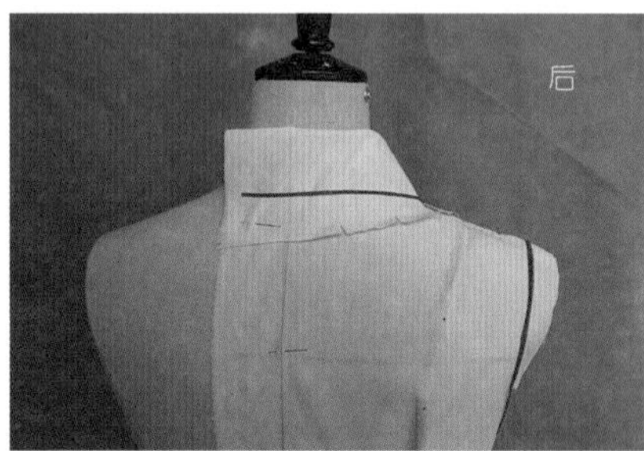

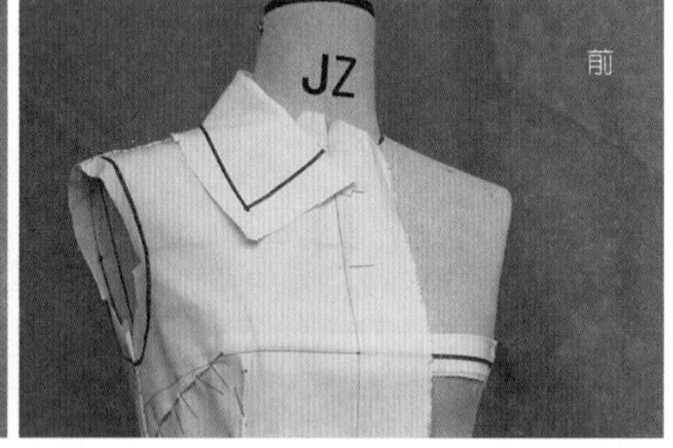

▲ 图4-1-15

（11）修剪下摆，描点修正样片，重新上架，用折合针法固定成型，用标志带贴出领窝与袖窿的位置（见图4-1-12）。

（12）装领：后衣身与衣领中心线对准，在领围线上将衣领的标志水平对准，打剪口。将布往前绕，用大头针固定（见图4-1-13）。

（13）领子外口增大，呈花盆形状。领子内口用大头针固定（见图4-1-14）。

（14）将领子反折过来，观察领子外口松量，在肩部位置将弧线拉伸，确认领外弧线长度是过量还是不足，并整理好。确认好造型，用标志带贴出形状（见图4-1-15）。

（15）再次确认领子与脖子间的松量，整理缝份确认领型效果（见图4-1-16）。

（16）袖子用平面裁剪的方法绘制，袖长55cm，袖头6cm，袖口为手腕围加

8cm松量（见图4-1-17）。

（17）做出袖子的造型，缝合袖子内缝（见图4-1-18）。

（18）在袖窿底部前后2~3cm固定（见图4-1-19）。

（19）肩点与袖山重合后，观察袖子的角度，前后宽给予适当的厚度，用大头针固定，吃势均匀（见图4-1-20）。

（20）完成效果（见图4-1-21）。

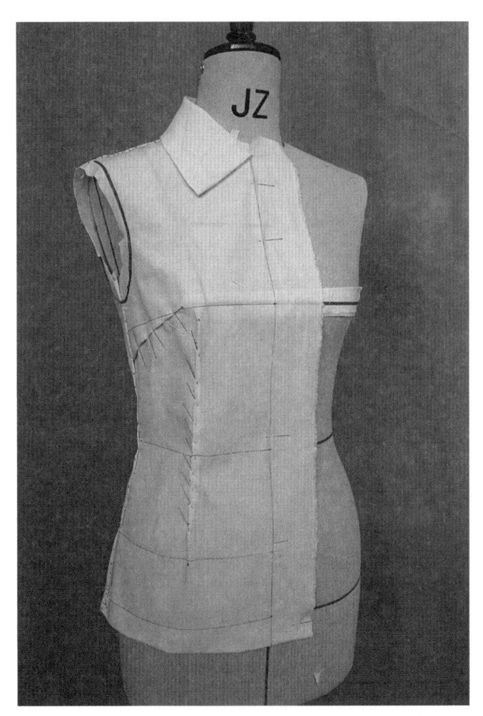

▲ 图4-1-16

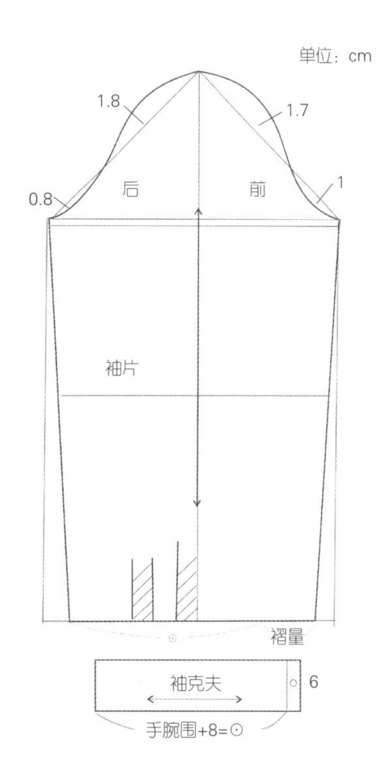

▲ 图4-1-17

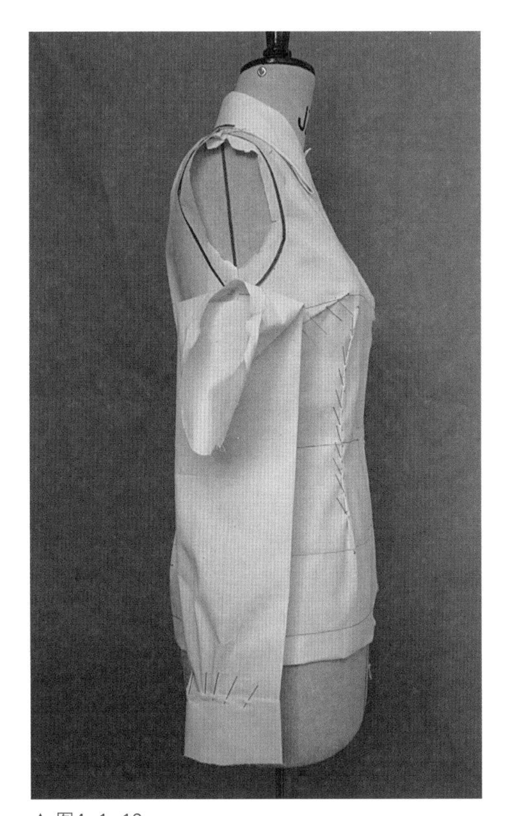

▲ 图4-1-19

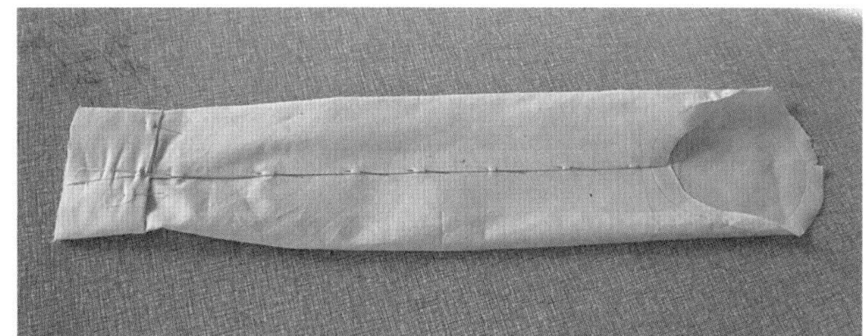

▲ 图4-1-18

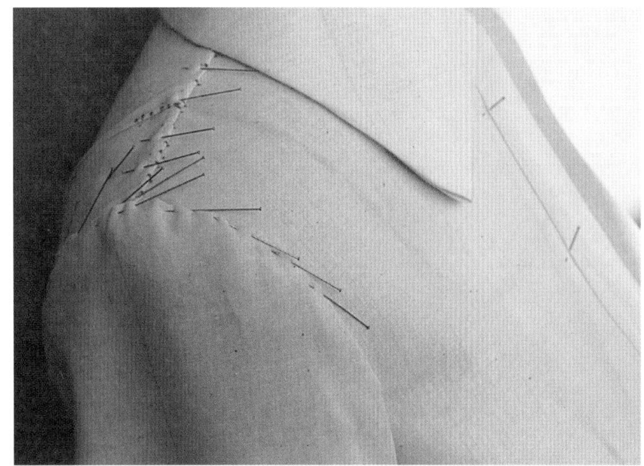

▲ 图4-1-20

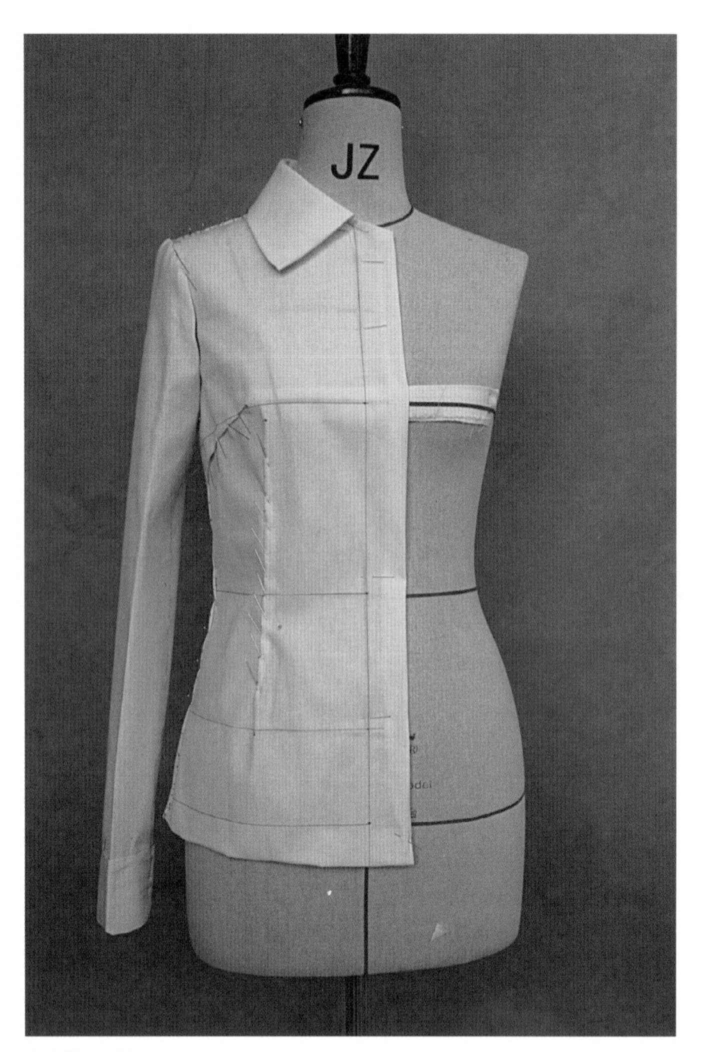

▲ 图4-1-21

三、展开拓样，见图4-1-22

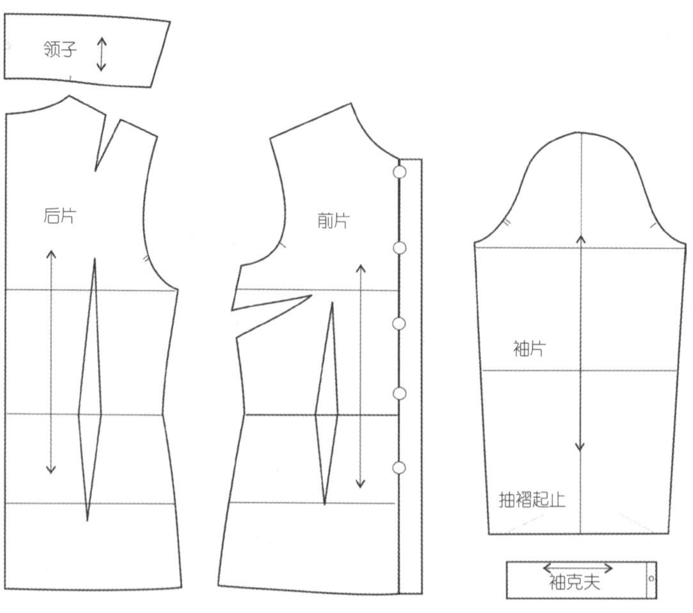

▲ 图4-1-22
拆开衣片，修正得到纸样。

第二节 腰部抽褶女衬衣

一、款式描述

本款服装无袖，前后腰部抽褶。采用立翻领的造型（图4-2-1）。

本款训练立翻领的做法，衣身褶的追加处理方法。

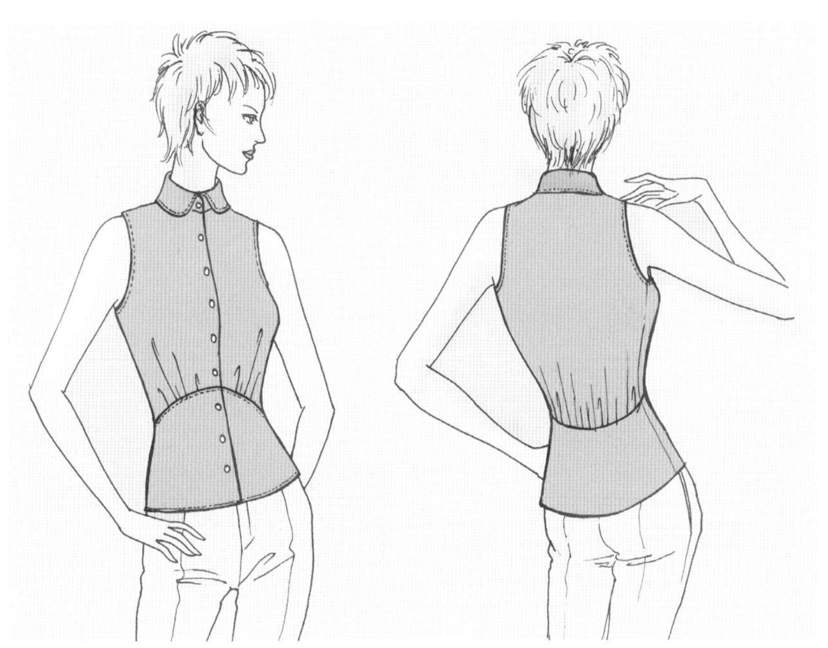

▲ 图4-2-1

二、人台准备

观察效果图，在人台上完成款式线的贴制（图4-2-2）。

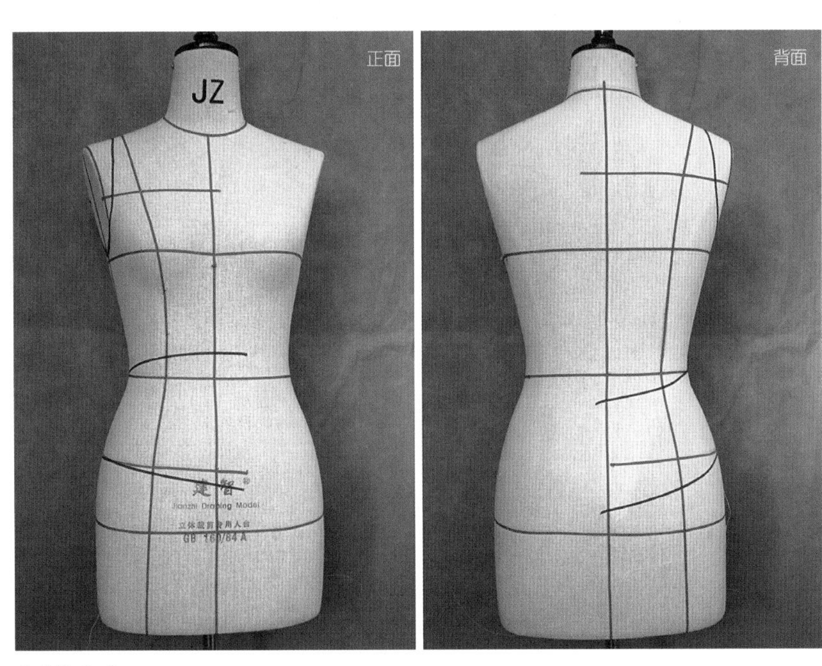

▲ 图4-2-2

三、别样，见图4-2-3~图4-2-21

（1）衣片的前中心线对准人台前中心线。在领前中心线处固定，打剪口（见图4-2-3）。

（2）固定肩线，在前宽处打剪口。剪掉袖窿多余的面料。但注意剪口不要剪过，留下2cm缝份。将省转移到腰部，固定侧缝（见图4-2-4）。

（3）将分割处的省量做成细褶，在距离分割线2~3cm处用大头针固定。沿着人台透过的分割标志带线，贴上分割线，留出缝份量，剪去多余的面料（见图4-2-5）。

（4）将下片前中心线与人台相应成重合并固定，在分割中心位置打剪口，用一只手将坯布向左下移动，让腰部自然平伏（见图4-2-6）。

（5）前片与下片对合，确定底摆长度，修剪下摆余量（见图4-2-7）。

（6）后衣片中心线与人台中心线垂直对合，固定领围，在领口处打剪刀口（见图4-2-8）。

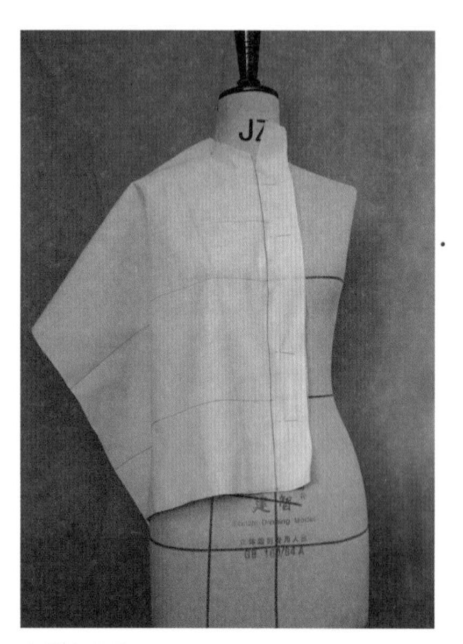

▲ 图4-2-3

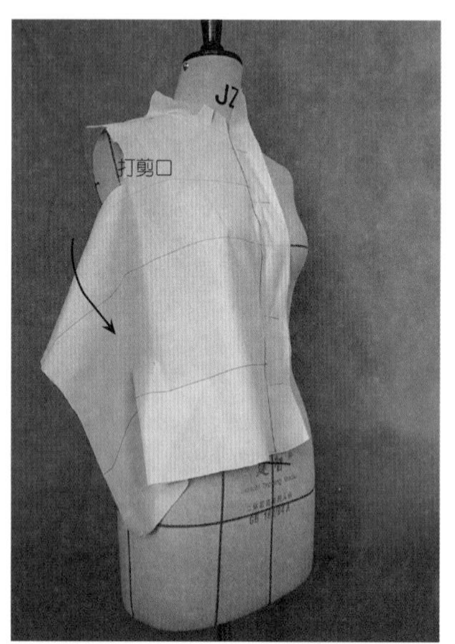

▲ 图4-2-4

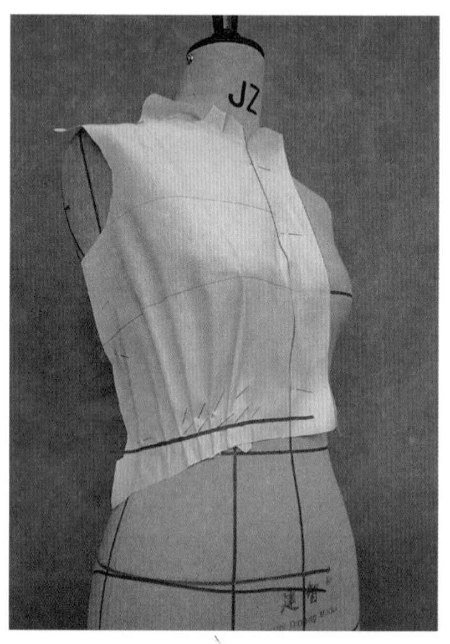

▲ 图4-2-5

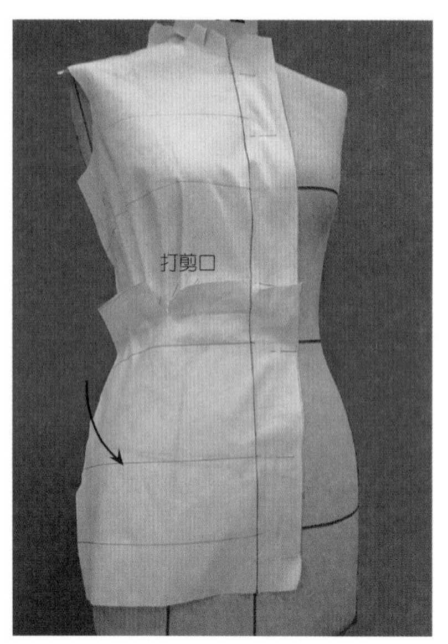

▲ 图4-2-6

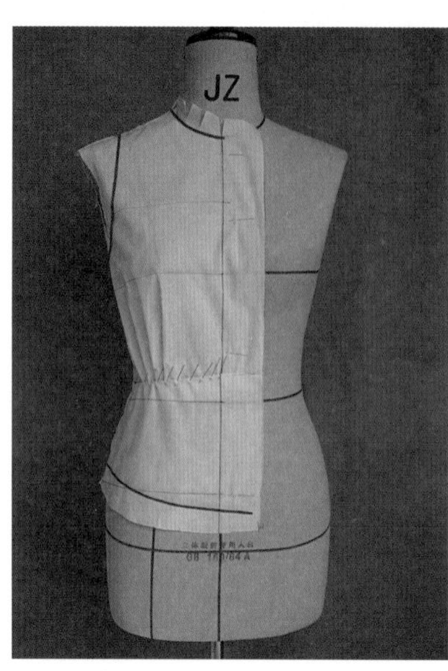

▲ 图4-2-7

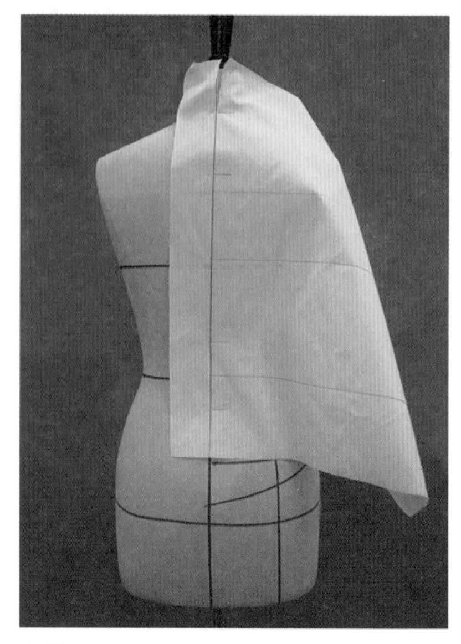

▲ 图4-2-8

（7）将肩省量转移到腰部，为了加大腰部的余量，在肩线的中心位置打一个剪口，轻轻转动坯布向右下方移动。裁去肩部多余的量（见图4-2-9）。

（8）将分割处的省量做成细褶，一个一个做，调整形象与方向，使其自然（见图4-2-10）。

（9）在距离分割线2~3cm处用大头针固定，沿着人台透过的分割标志带，贴上分割线，留出缝份量，剪去多余的面料（见图4-2-11）。

（10）同前片的步骤，将后下片对准前后中心线并固定，在分割位置打两个剪口，用一只手将坯布向右下移动，让腰部自然平伏（见图4-2-12）。

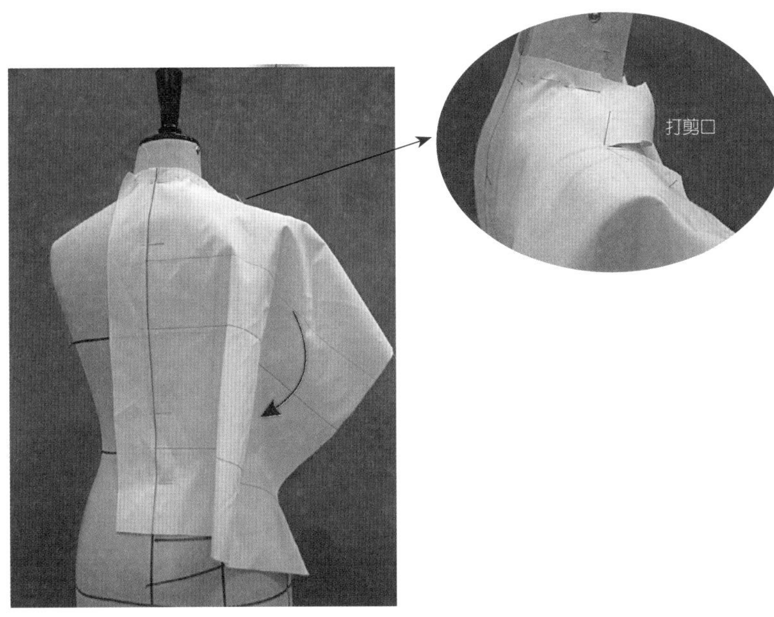

▲ 图4-2-9

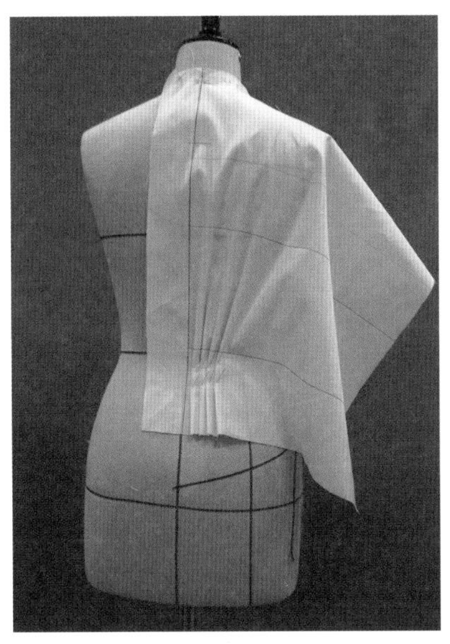

▲ 图4-2-10

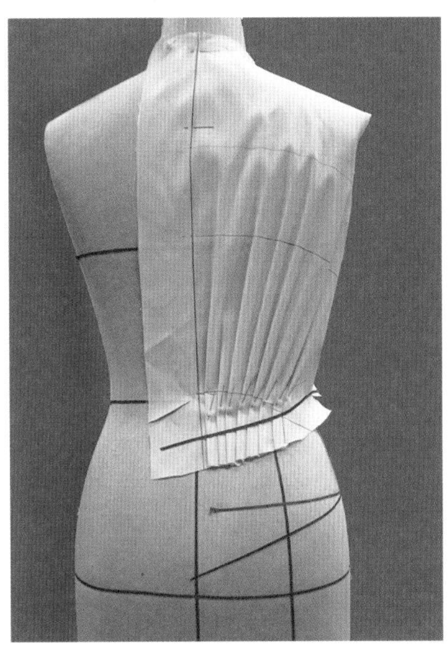

▲ 图4-2-11

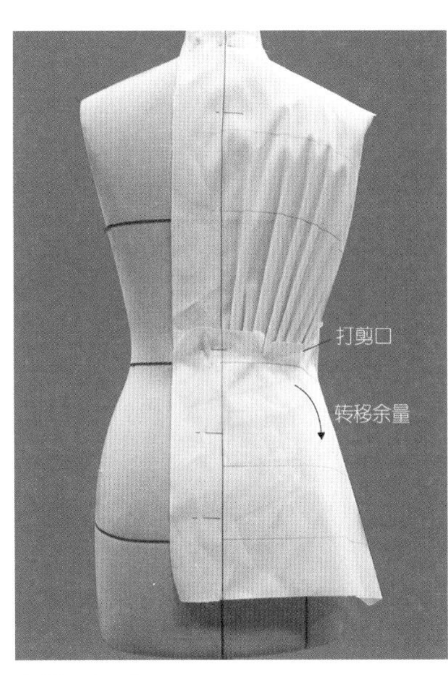

▲ 图4-2-12

（11）前片与下片对合，修剪下摆（见图4-2-13）。

（12）领子坯布与后中心线吻合后水平插入大头针（见图4-2-14）。

（13）一边在颈部装上大头针，一边把布往前绕（见图4-2-15）。

（14）确认立领颈部的空隙状况，用标志带确定领子的形状。用铅笔标出衣片领窝弧线，领子下领围线（见图4-2-16）。

（15）取下修正，重新别上固定成形（见图4-2-17）。

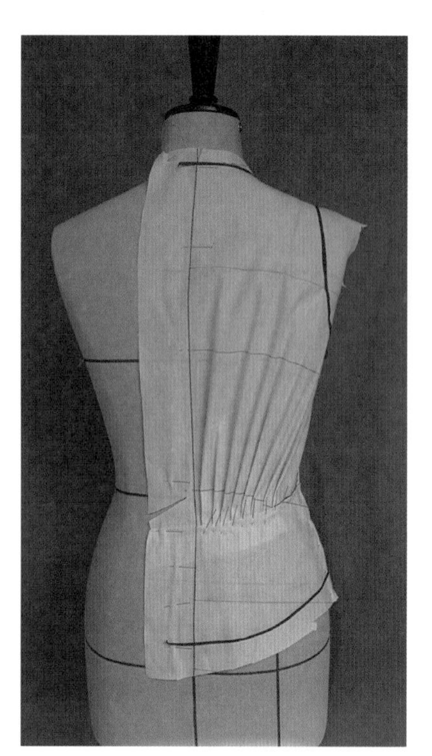

▲ 图4-2-13

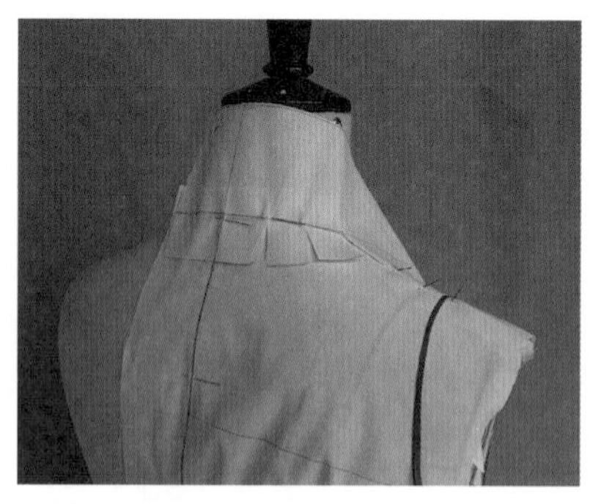

▲ 图4-2-14

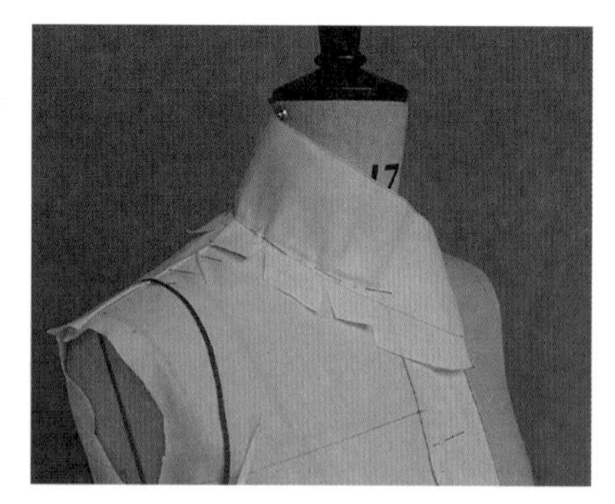

▲ 图4-2-15

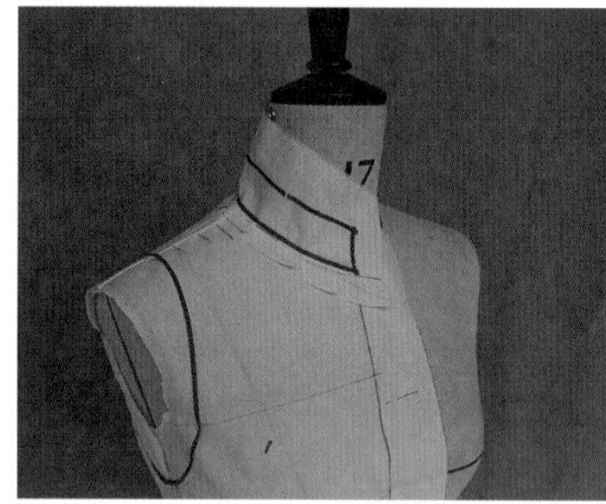

▲ 图4-2-16

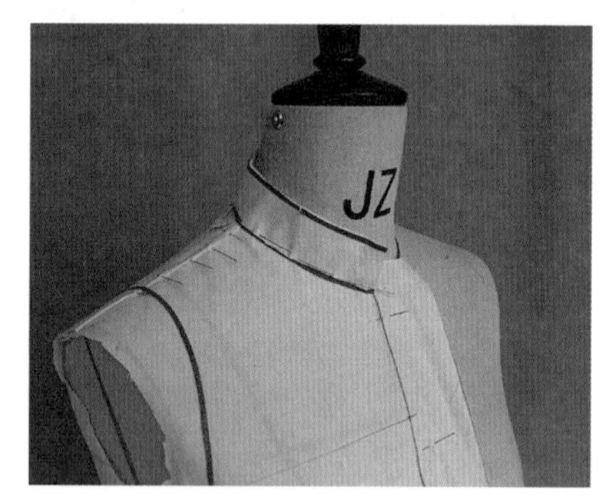

▲ 图4-2-17

（16）将剪好的领片固定在领座上，在侧面转折处打剪口（见图4-2-18）。

（17）前面略微上抬，使外领口的围度增大（见图4-2-19）。

（18）翻下领子，看看效果。确定领子的形状，用标志带贴出领子的宽度。剪去多余量（见图4-2-20）。

（19）完成效果（见图4-2-21）。

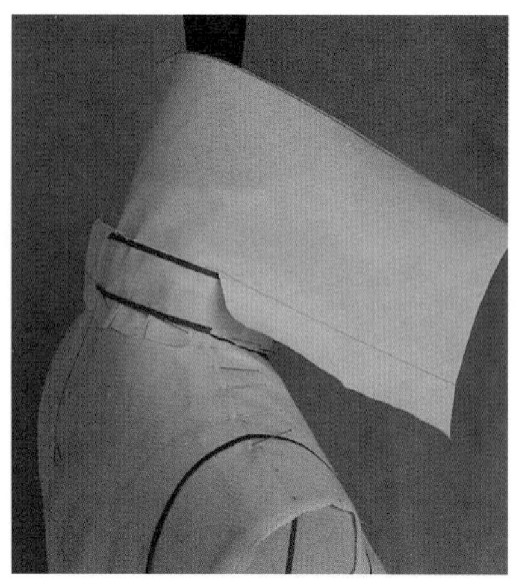

▲ 图4-2-18

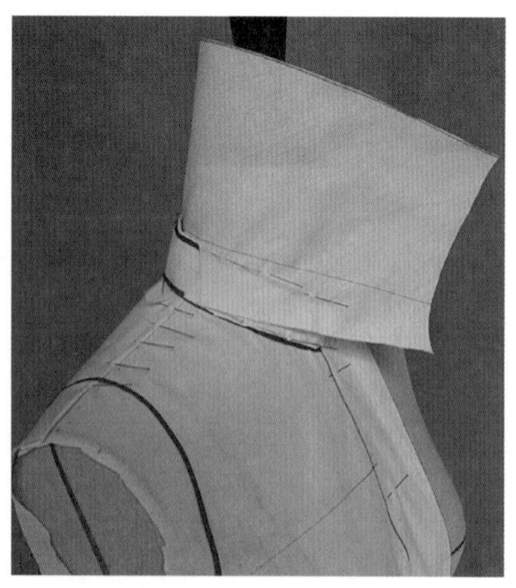

▲ 图4-2-19

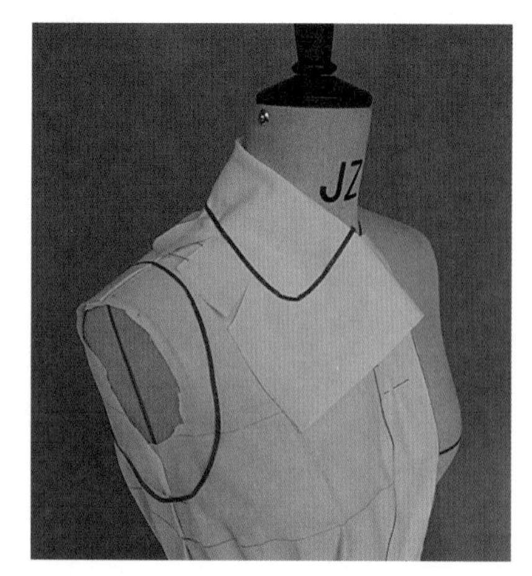

▲ 图4-2-20

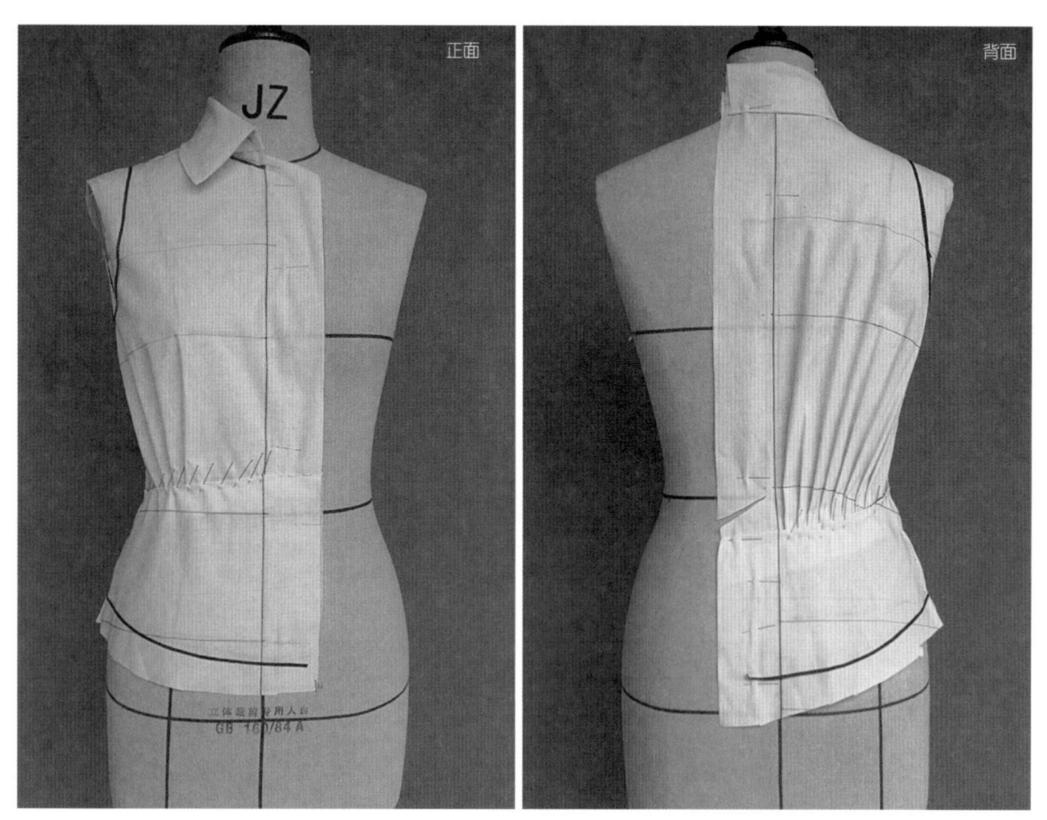

▲ 图4-2-21

四、展开拓样，见图4-2-22

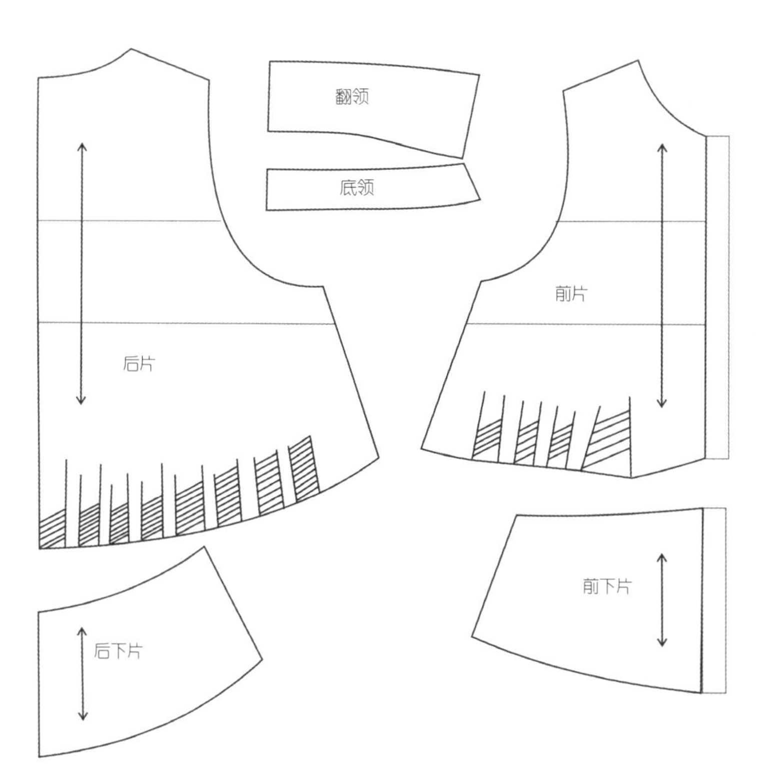

▲ 图4-2-22
描图并处理纸样。

第三节　三开身女西服

一、款式分析

三开身西服是比较传统的造型，经常用于男装造型。女西服采用三开身结构的也很多，会显得合体与干练。本款女西服采用三开身造型结构，平驳头2粒扣，通过本款式训练三开身结构的立体裁剪方法及纸样处理方法（图4-3-1）。

▲ 图4-3-1

二、人台的准备

在肩头使用厚约1cm的垫肩，肩头略往外探出，观察效果图完成款式线的贴制（图4-3-2）。

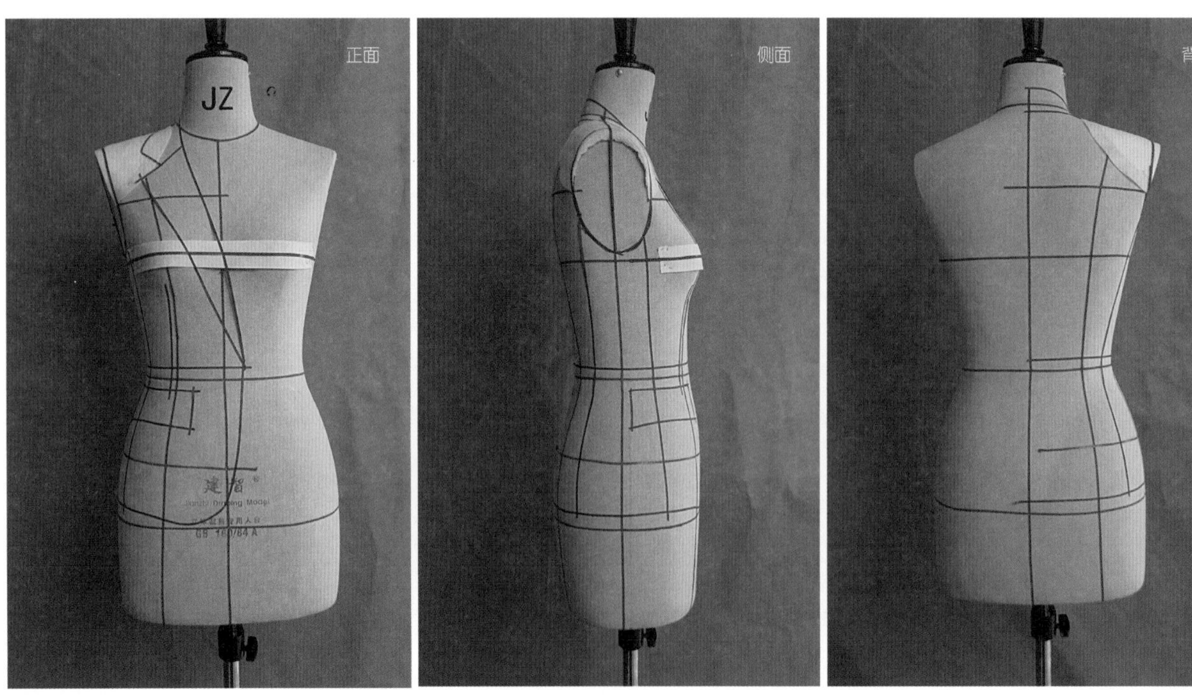

▲ 图4-3-2

三、别样，见图4-3-3~图4-3-23

（1）前衣身中心线对准人台的中心线，用大头针固定。前颈点靠近颈侧方向打剪口，注意是斜向打剪口，保证驳领的量不会被破坏（见图4-3-3）。

（2）前宽折叠1cm的余量，在侧面打剪口，轻轻按压腰部，使腰部吸附自然，在腰部垂直做省。右侧缝沿胸围线处做一个小小省（见图4-3-4）。

（3）前片剪去多余的量，用标志带贴出造型（见图4-3-5）。

（4）让后衣片中心垂直，水平放置背宽方向的基准线，将布轻放在人台上，整理腰部产生的余量，在后腰部位收了一个省。在领围打剪口（见图4-3-6）。

（5）在腰部打剪口，轻轻按压腰部，使面料自然贴伏，确认腰部的松量，以人台的标志线为目标粗裁，裁掉多余的量（见图4-3-7）。

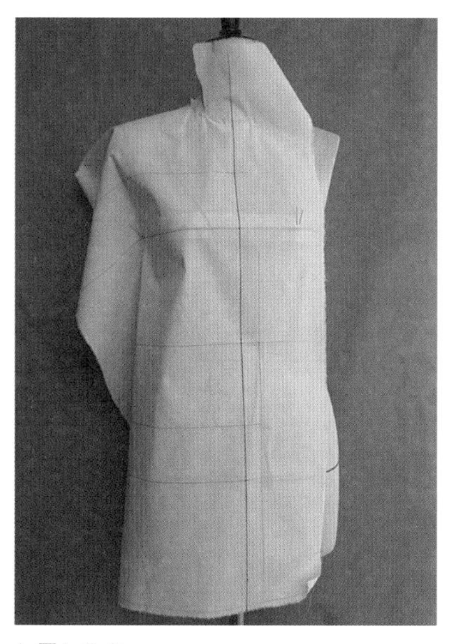

▲ 图4-3-3

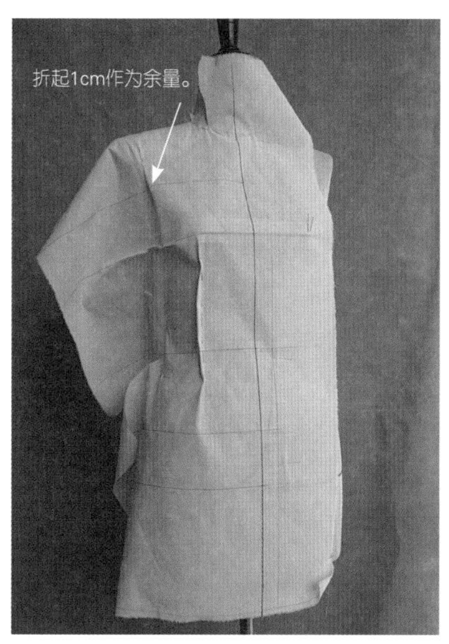

▲ 图4-3-4

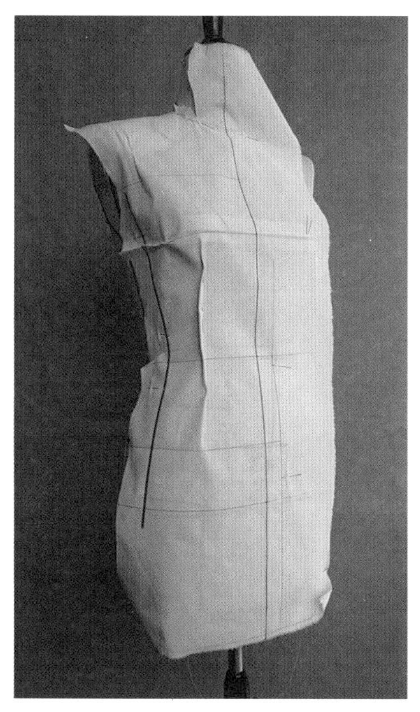

▲ 图4-3-5

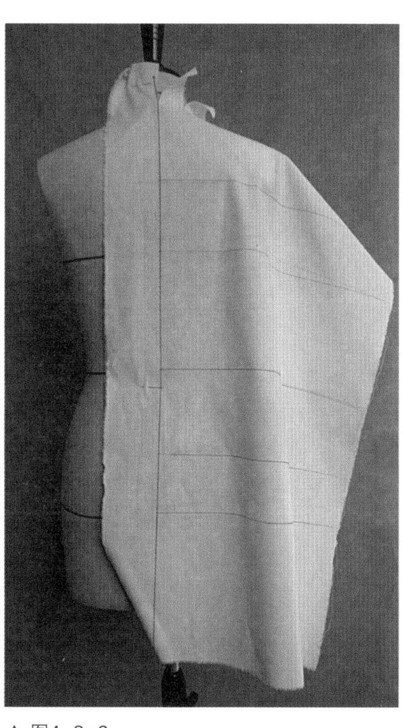

▲ 图4-3-6

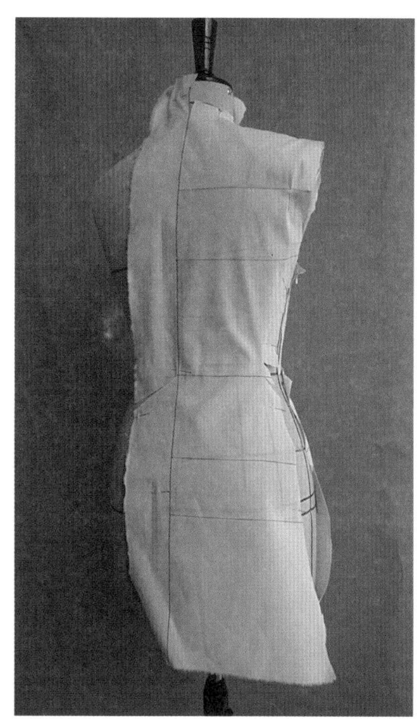

▲ 图4-3-7

（6）用重叠法将前后肩线对合（见图4-3-8）。

（7）准备侧片，坯布，侧片沿着中心线对折，用大头针折缝0.5cm，作为将来衣片的活动松量，备用（见图4-3-9）。

（8）把侧片上架，折叠的中心线垂直于地面（见图4-3-10）。

（9）粗裁多余的量，用大头针固定前后侧缝，用标志带贴出前后侧缝的位置（见图4-3-11）。

（10）做驳领，在翻领止口处打上剪口，人台沿着驳领线翻折，用标志带贴出驳领的宽度（见图4-3-12）。

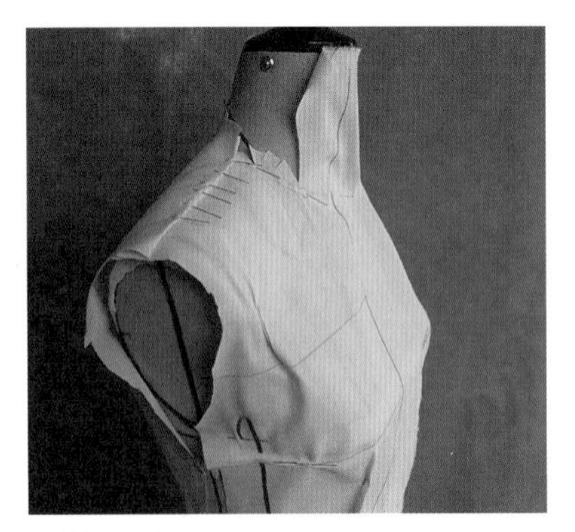

▲ 图4-3-8

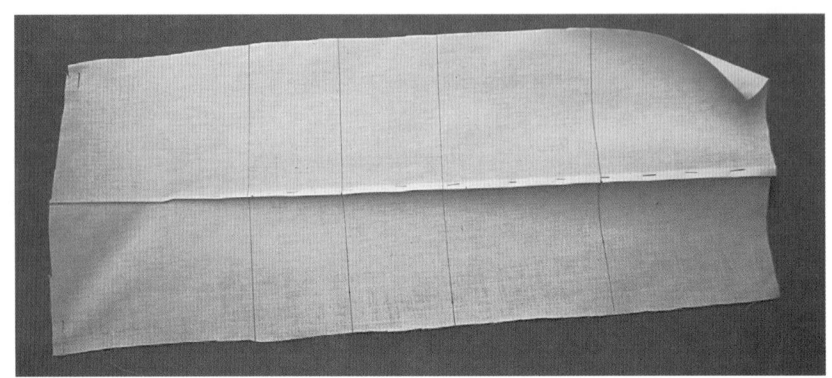

▲ 图4-3-9

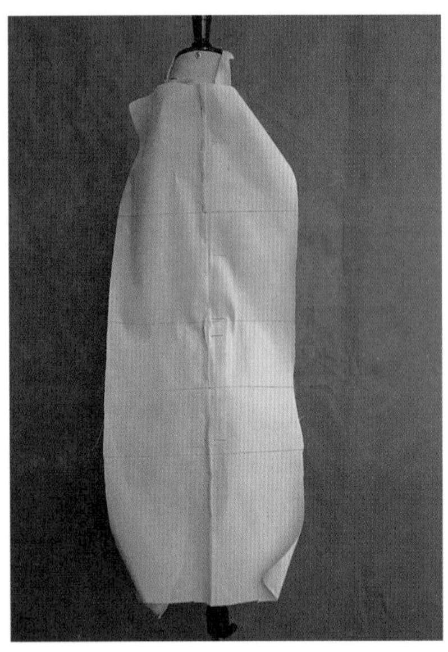

▲ 图4-3-10

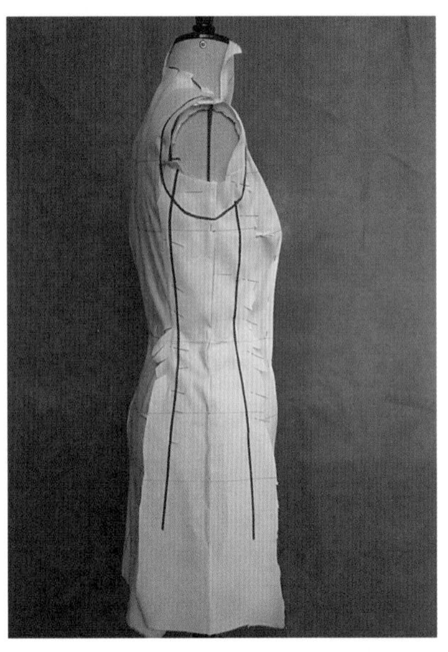

▲ 图4-3-11

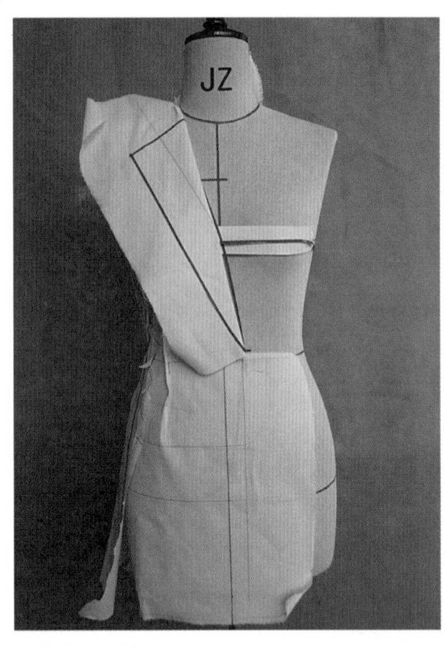

▲ 图4-3-12

（11）整理缝份，用标志带贴出下摆的造型，修剪多余的量（见图4-3-13）。

（12）做翻领。后领中心线与衣身后中心线垂直对准，用大头针固定。从后中心开始2~2.5cm沿水平方向固定，留出1cm缝份，剪去余布（见图4-3-14）。

（13）领片转向前身，一边打剪口，一边用大头针固定。一直到侧颈点。固定时要向上适当的拉提，保证与领部的空间量（见图4-3-15）。

（14）后领中心位置，确定并整理后领领座，用标志带贴出领座翻折线。领座的高度要比设计的翻领宽度少1cm（见图4-3-16）。

（15）将翻领翻起，整理领面的形状（见图4-3-17）。

（16）整体脱下衣身，沿着标志带进行描点，注意上下片都进行重合描点，描点方法参考图1-2-5（见图4-3-18）。

（17）重新别合上架（见图4-3-19）。

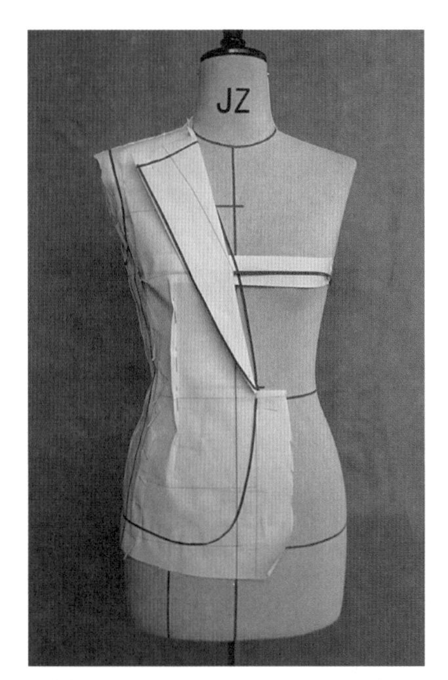

▲ 图4-3-13

▲ 图4-3-14

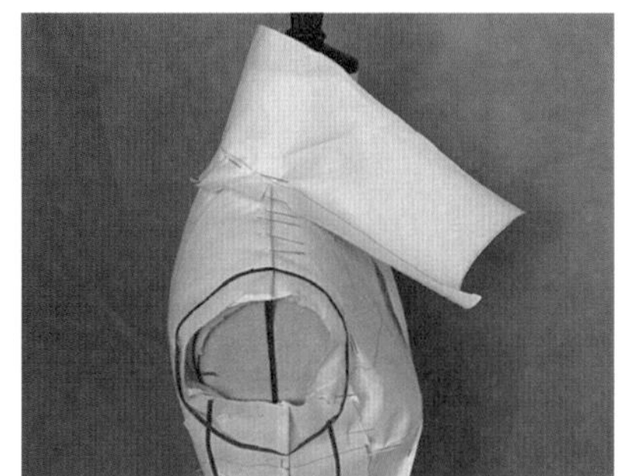

▲ 图4-3-15

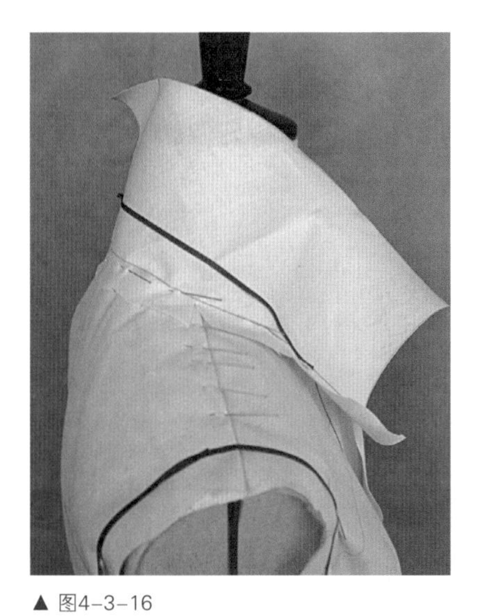

▲ 图4-3-16

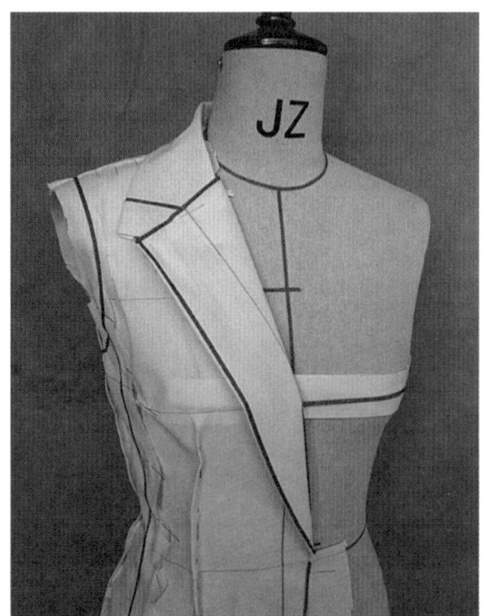

▲ 图4-3-17

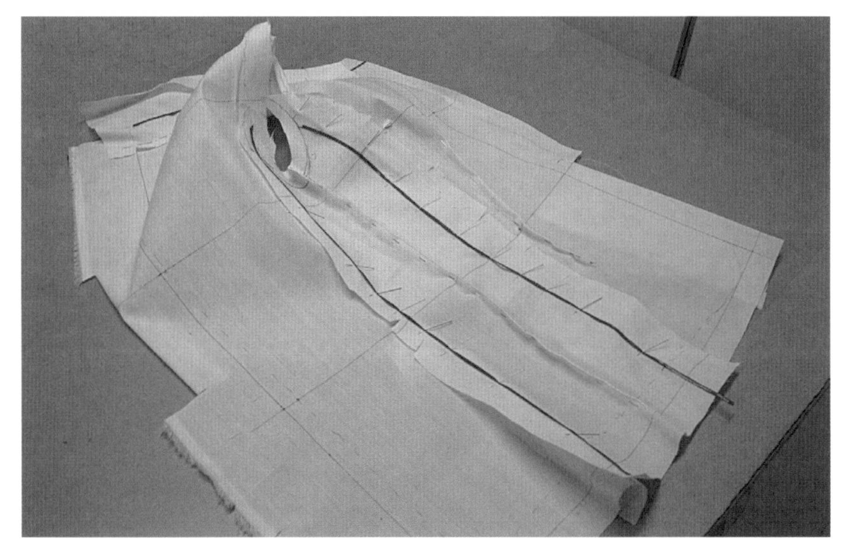

▲ 图4-3-18

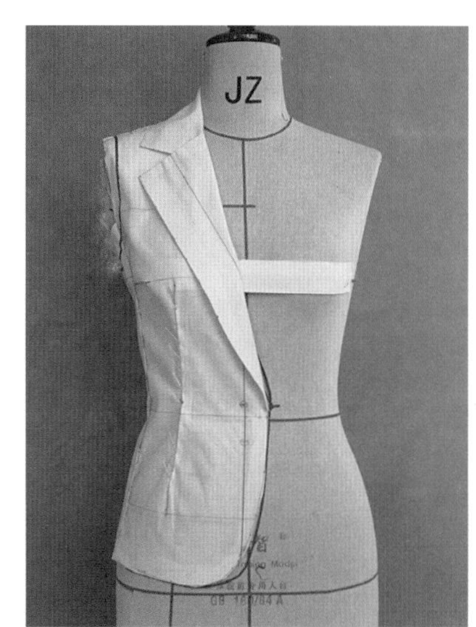

▲ 图4-3-19

（18）袖子采用平面制图的方法（见图4-3-20）。

（19）根据裁剪样板别合成袖筒型（见图4-3-21）。

（20）参考本章第一节上袖方法（见图4-3-22）。

（21）完成效果（见图4-3-23）。

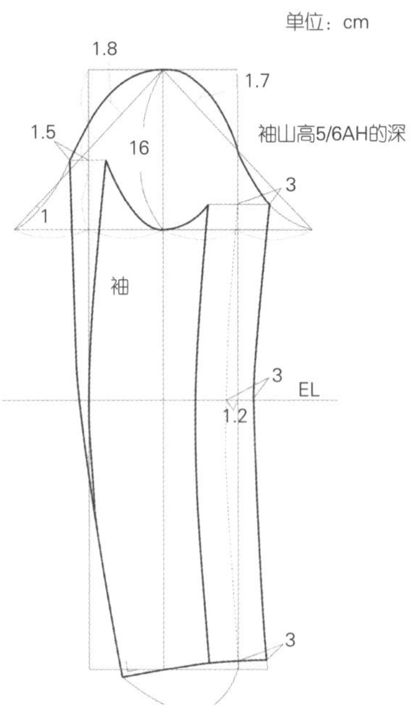

▲ 图4-3-20

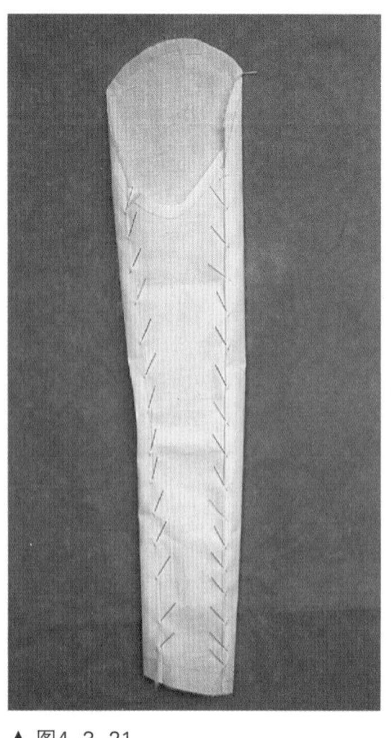

▲ 图4-3-21

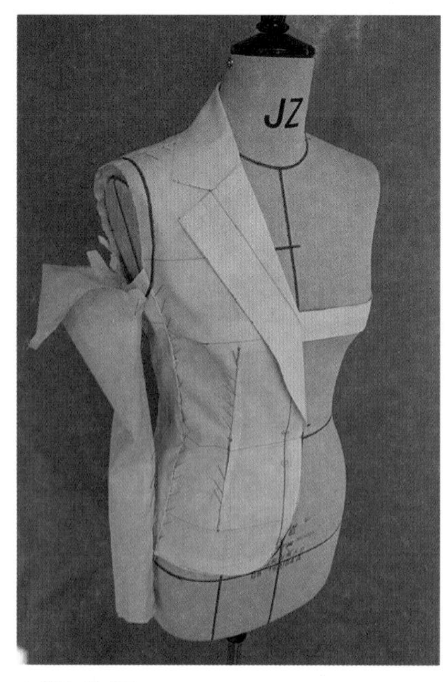

▲ 图4-3-22

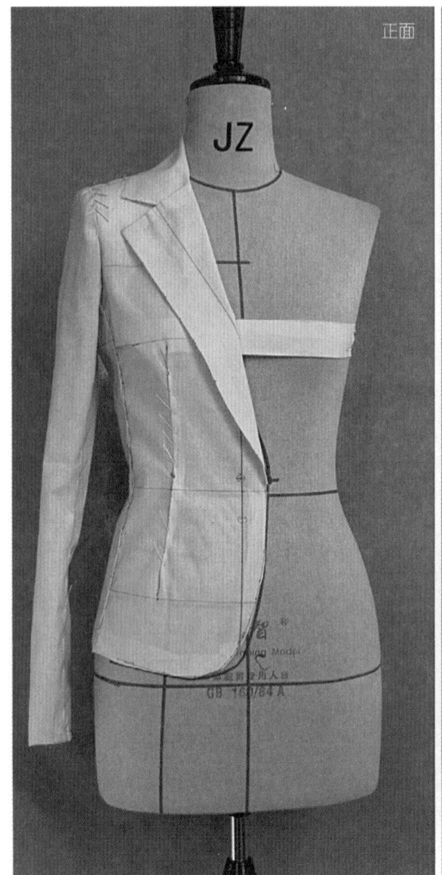

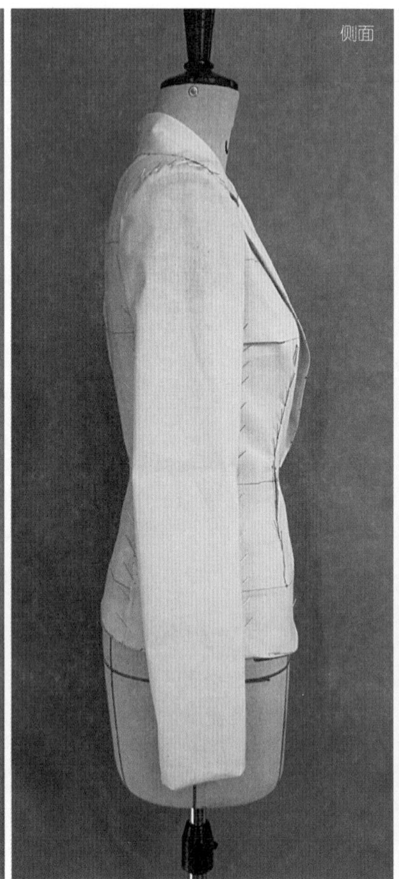

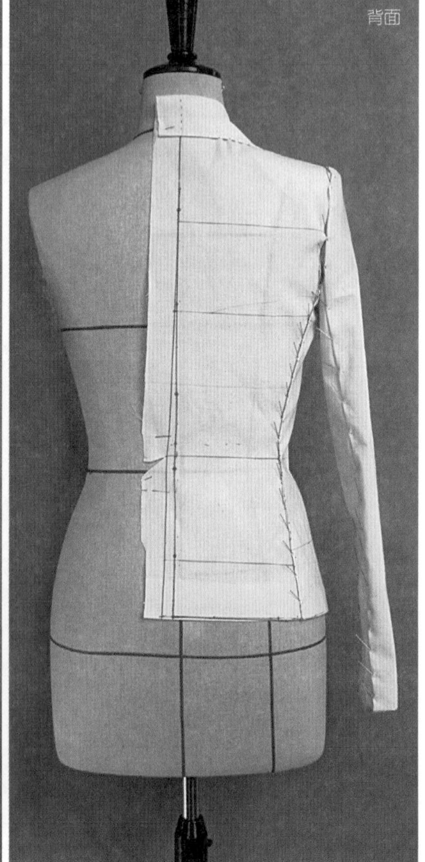

▲ 图4-3-23

四、展开拓样，见图4-3-24~图4-3-25

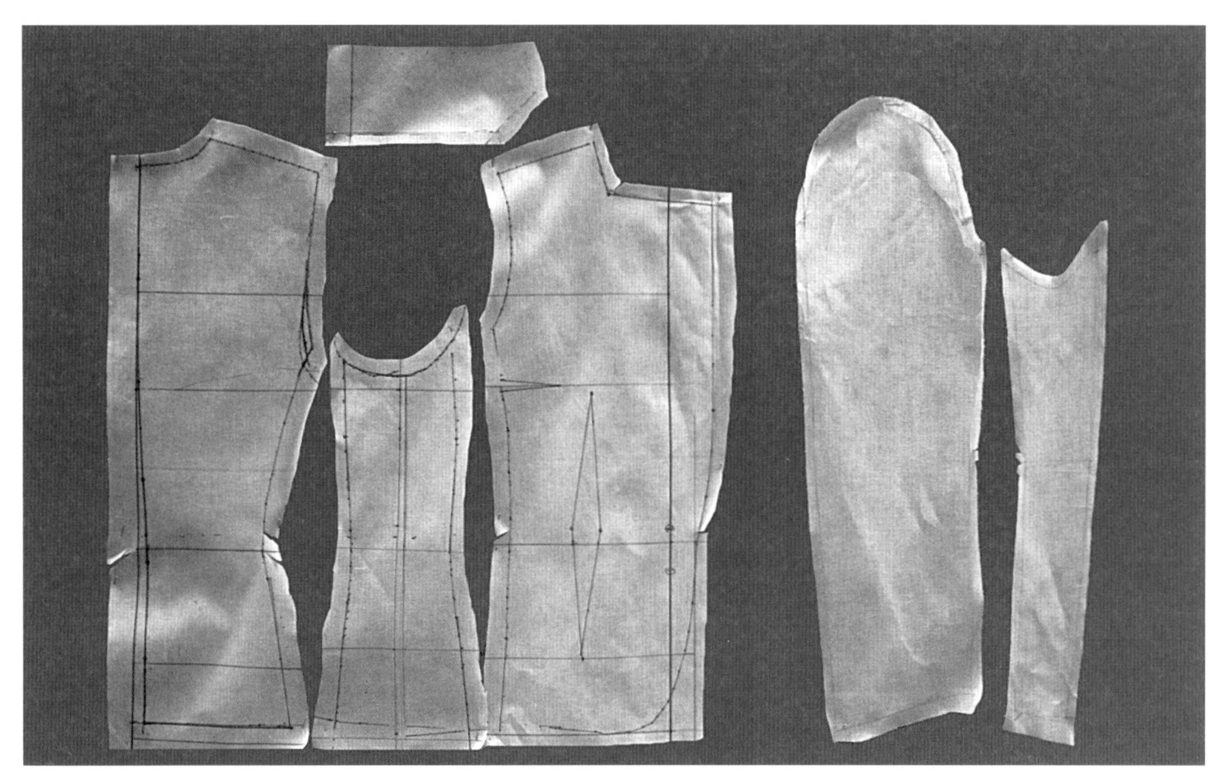

▲ 图4-3-24
拆开衣片，修正纸样。

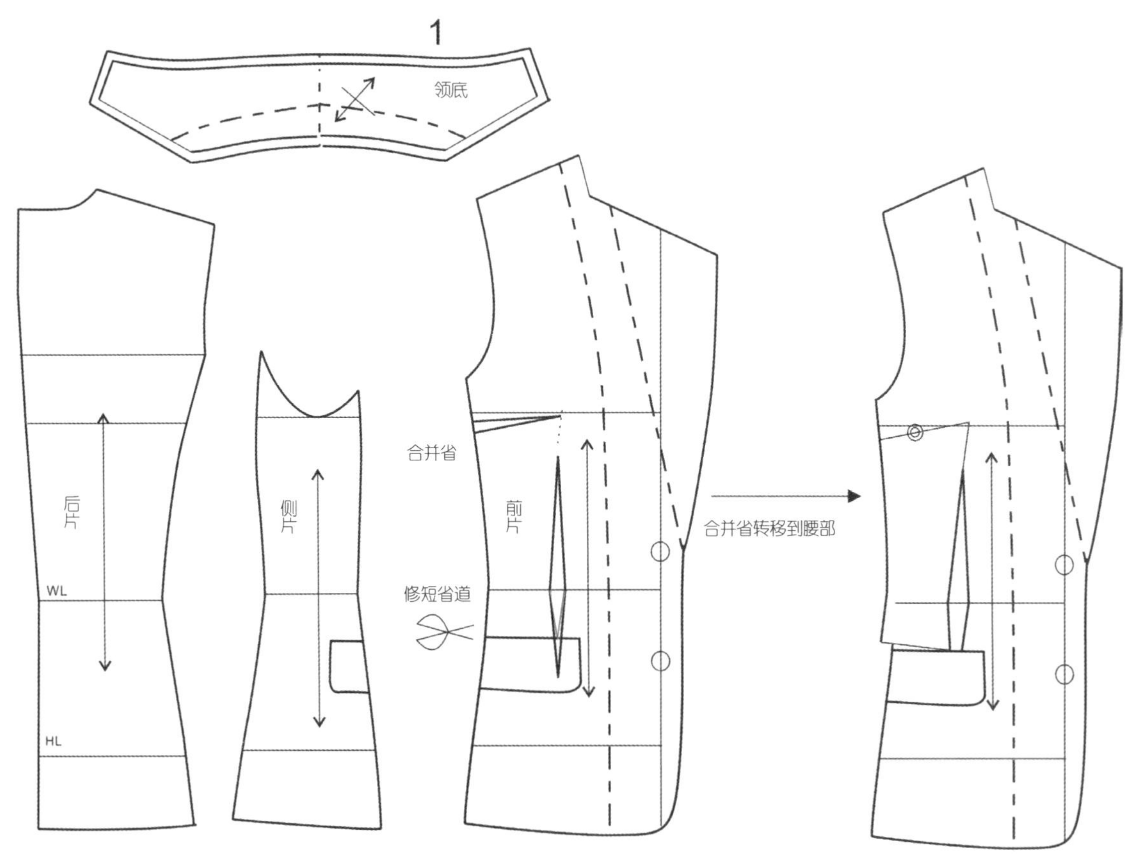

▲ 图4-3-25
描图并处理纸样，得到样板。

第四节　立驳领盒子袖女西服

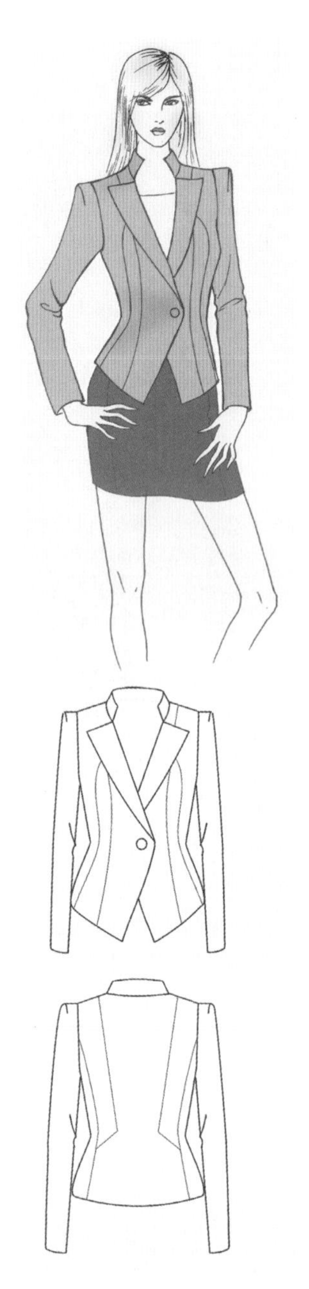

▲ 图4-4-1

一、款式描述

本款为立驳领。一片盒子袖造型，衣身为公主线造型，分割独特，造型合体（图4-4-1）。

本款训练盒子袖及复杂分割的立裁处理方法。

二、人台准备

观察效果图，分析款式分割的片数，根据比例完成款式线的贴制，根据衣片数准备坯布（图4-4-2）。

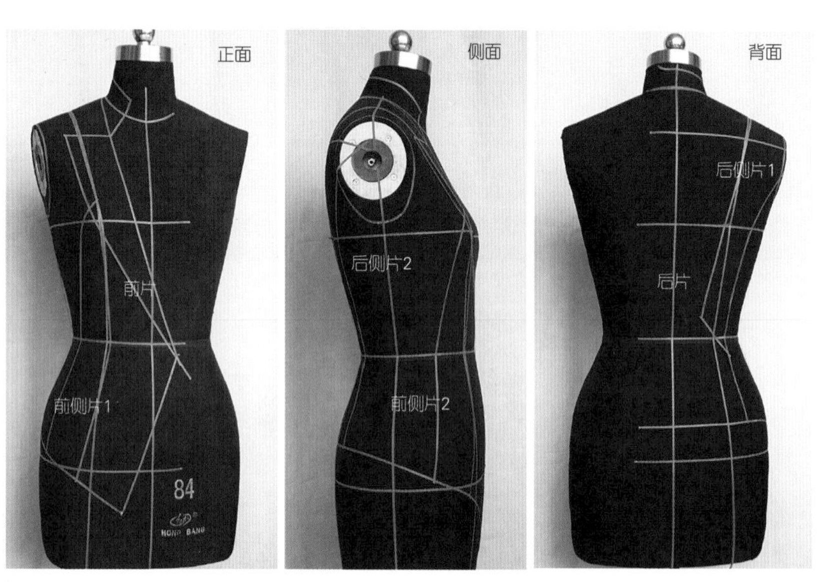

▲ 图4-4-2

▲ 图4-4-3

三、别样，见图4-4-3~图4-4-23

（1）前衣身中心线对准人台的中心线，胸围线水平对准，用大头针固定。前颈点靠近颈侧方向打剪口，注意是斜向打剪口，保证驳领的量不会被破坏（见图4-4-3）。

（2）在胸点位置将布径直垂直放下，确认腰部的松量，以人台的标志线为目标贴出分割线，确认分割线是否流畅（见图4-4-4）。

（3）放上侧片1，从人台斜前方看，侧片中心基准线要垂直。在胸宽位置放入松量，用重叠法固定前片分割线（见图4-4-5）。

（4）裁去多余的布，以人台的标志线为目标贴出侧片分割线，确认分割线是否流畅（见图4-4-6）。

（5）同样的方法做前侧片2（见图4-4-7）。

（6）让后衣片中心垂直，水平放置背宽方向的基准线，坯布轻放在人台上，整理腰部产生的余量，下摆垂直重新用铅笔描出后中心线，在后腰部位收了一个量。在领围打剪口，与前片一样，以人台的款式标志线为目标贴出分割线，确认分割线是否流畅（见图4-4-8）。

（7）放上后侧片2，中心线要垂直。检查胸部与腰部造型，确认造型贴出分割线（见图4-4-9）。

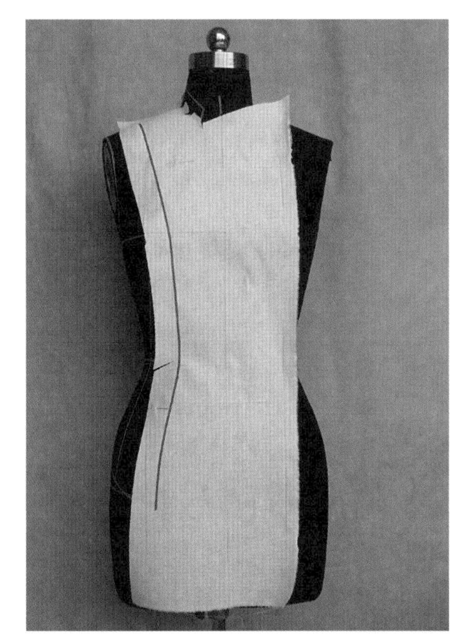

▲ 图4-4-4

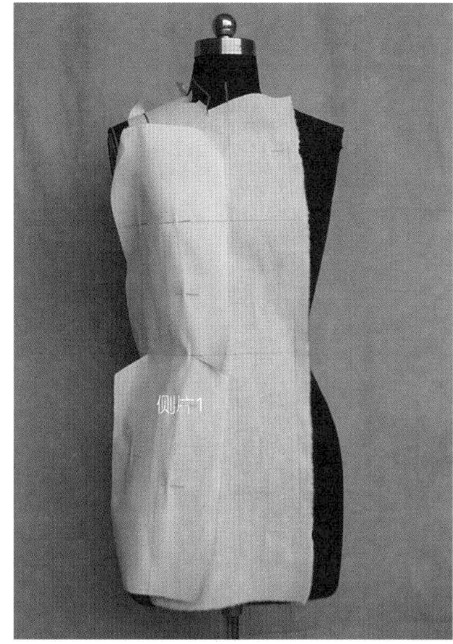

▲ 图4-4-5

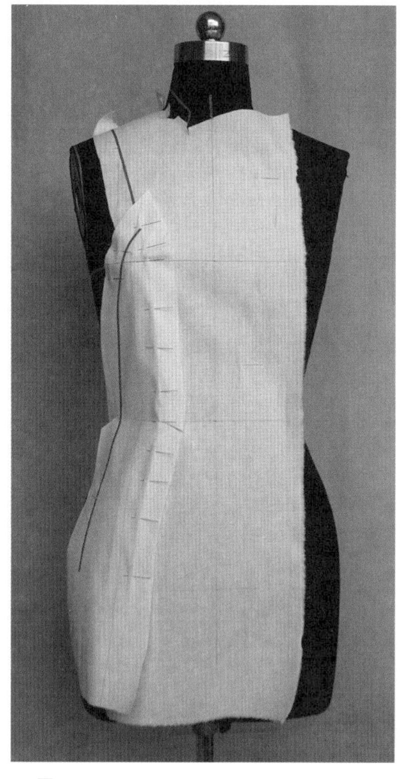

▲ 图4-4-6

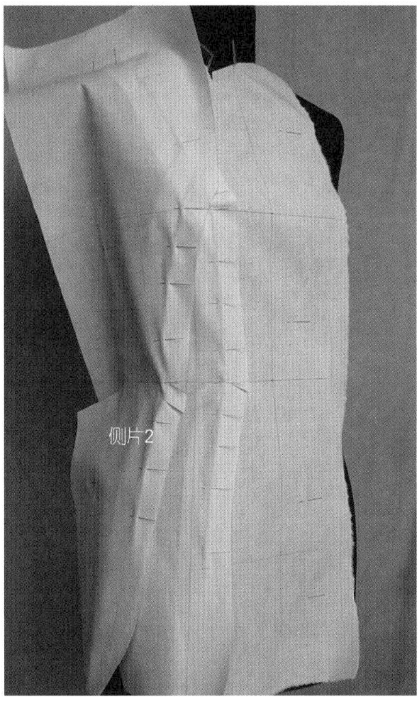

▲ 图4-4-7

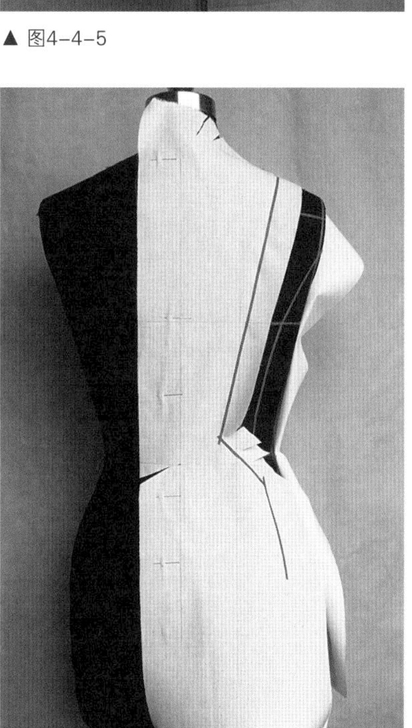

▲ 图4-4-8

▲ 图4-4-9

（8）放上后侧上片1，在背宽位置放入松量，裁去袖窿多余的量，保证布丝正确。检查衣身松量，用重叠针法固定分割线（见图4-4-10）。

（9）沿分割线描点，注意两层面料都要描上，描点方法参考图1-2-5（见图4-4-11）。

（10）摘下布片展开进行修正，袖窿与下摆暂且不管（见图4-4-12）。

（11）将修好的样片重新别合到人台上，贴出下摆与袖窿的位置。因为要做盒子袖，袖窿线往里贴一点，避免显得肩线太宽（见图4-4-13）。

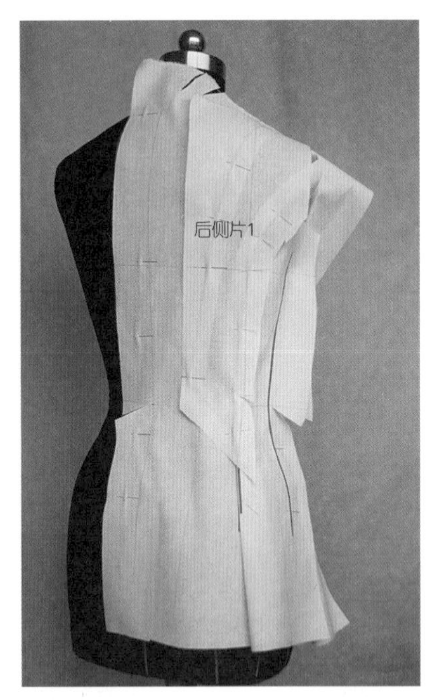

▲ 图4-4-10

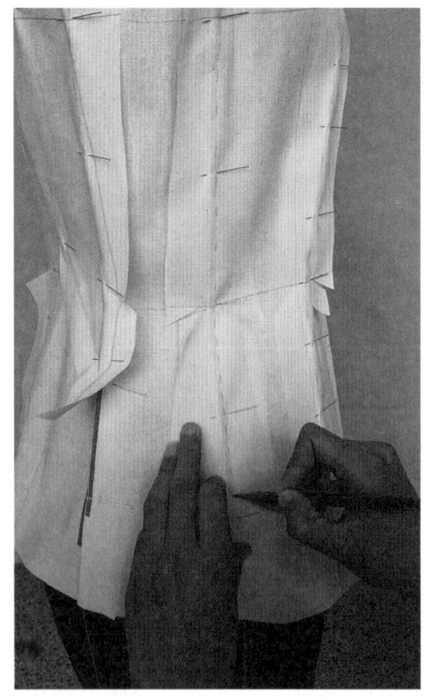

▲ 图4-4-11

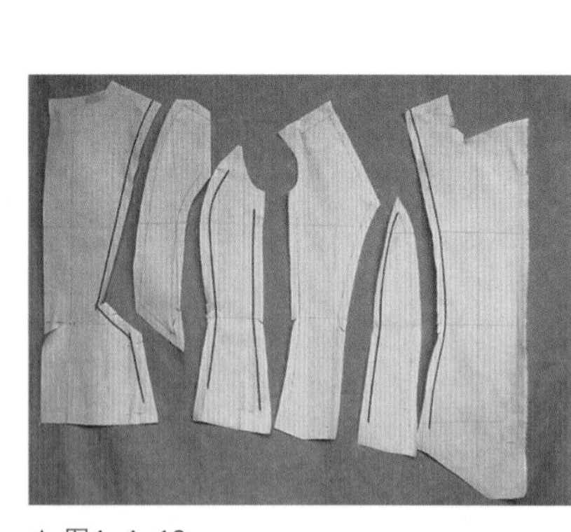

▲ 图4-4-12

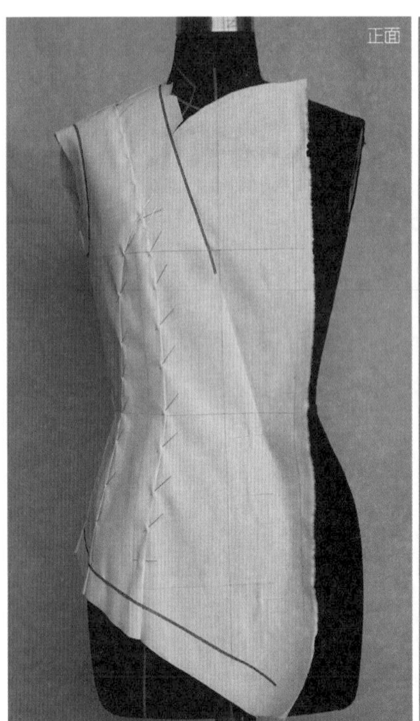

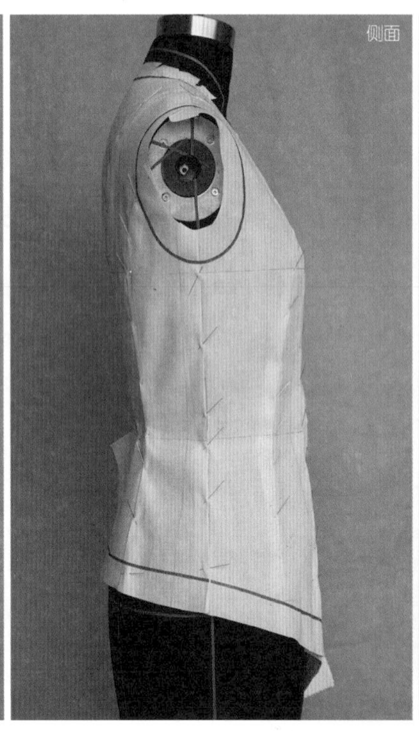

局部

2cm

▲ 图4-4-13

（12）袖子坯布准备方法（见图4-4-14）。

（13）把袖子底缝与袖窿缝合（见图4-4-15）。

（14）把袖子多余的量搭到肩上，两边产生褶量（见图4-4-16）。

（15）保证肩部平伏无褶，把前面余褶叠起来倒向肩缝，保证袖子的厚度（见图4-4-17）。

（16）后片也是一样，把后面的褶量倒向肩缝位置，与前褶量对合。用铅笔顺着透过来的袖窿弧线与肩缝描点（见图4-4-18）。

（17）领片与后领中心吻合后水平插入大头针，然后在右2~2.5cm位置水平插大头针（见图4-4-19）。

（18）一边在颈部装上衣片，一边插上大头针固定领型，布往前绕（见图4-4-20）。

（19）整理确认与颈部的空隙状况，用标志带贴出领子外围线（见图4-4-21）。

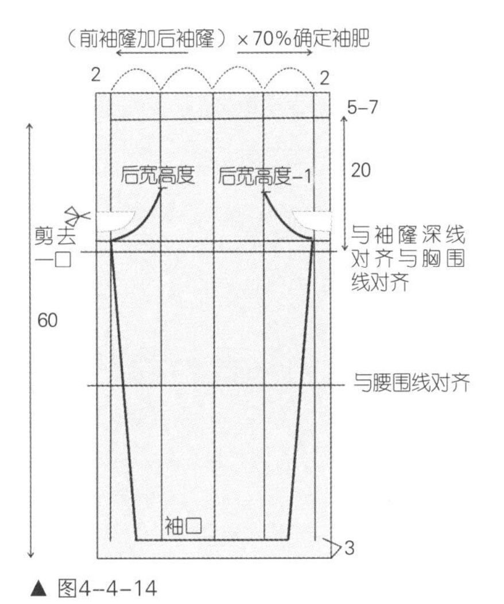

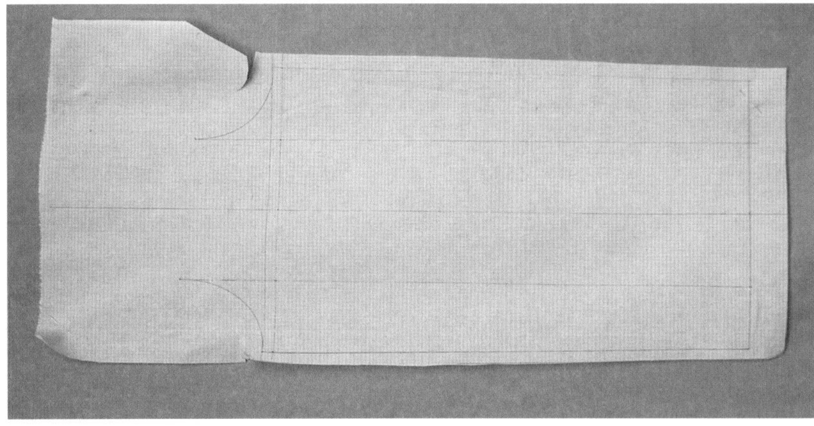

▲ 图4-4-14

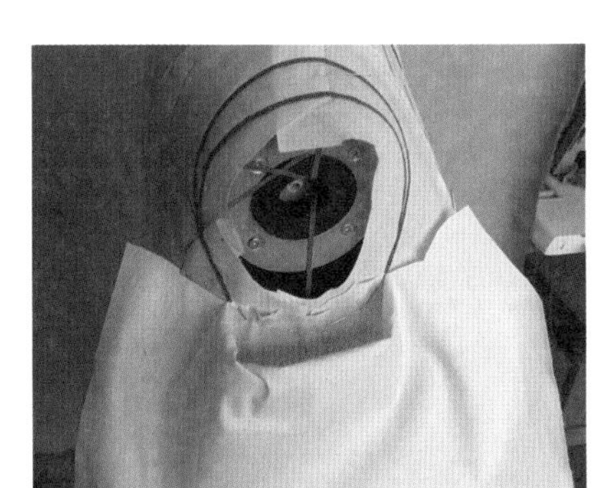

▲ 图4-4-15

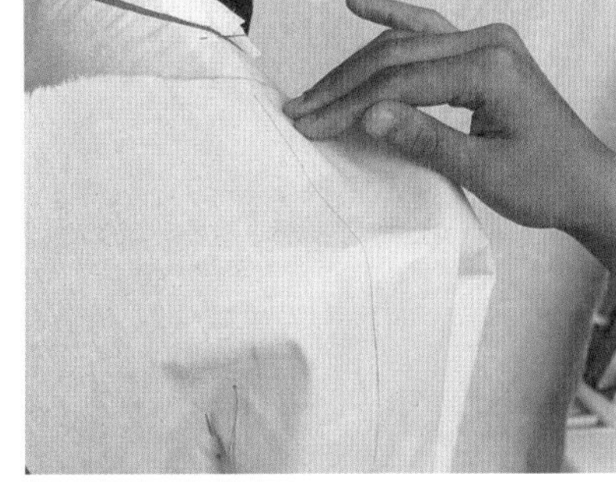

▲ 图4-4-16

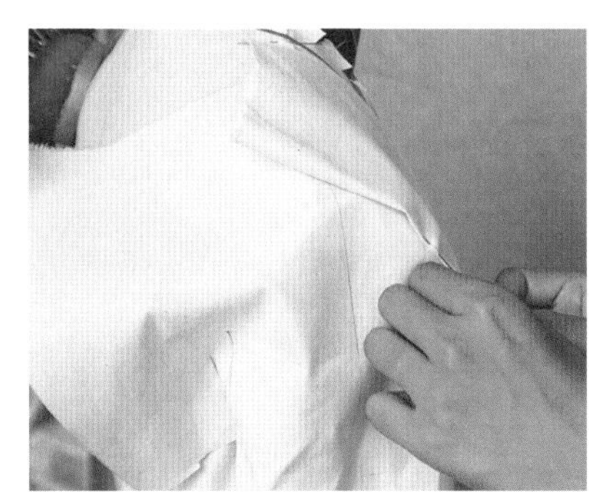

▲ 图4-4-17

▲ 图4-4-18

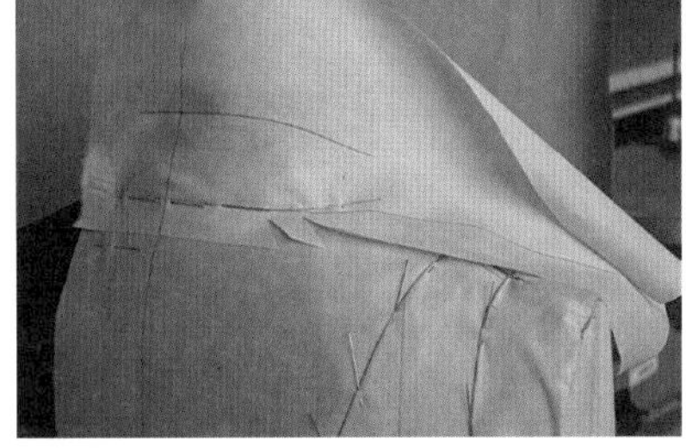

▲ 图4-4-19

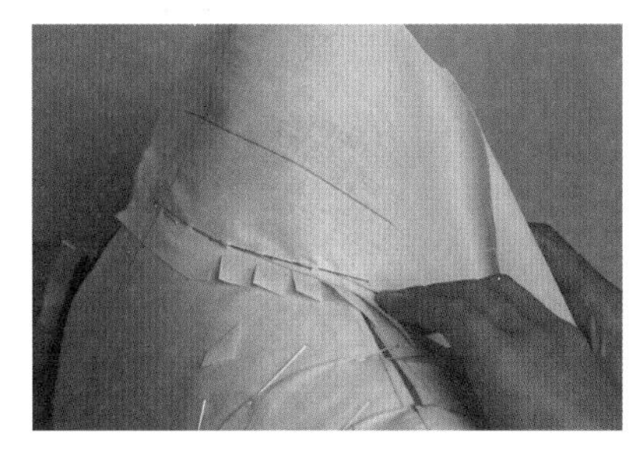

▲ 图4-4-20

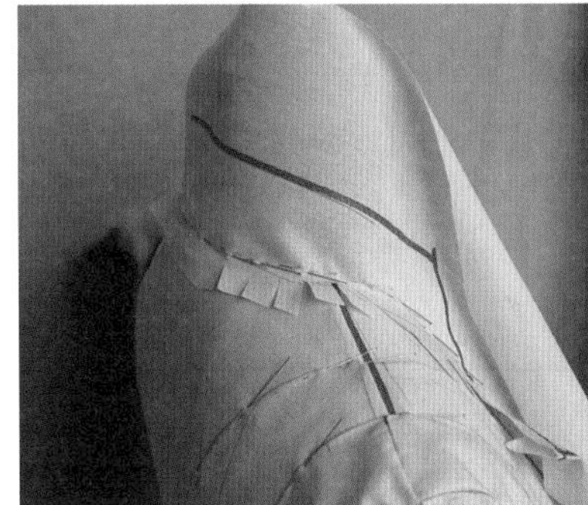

▲ 图4-4-21

（20）整理下摆及驳领的宽度，确认整体造型（见图4-4-22）。

（21）完成效果（见图4-4-23）。

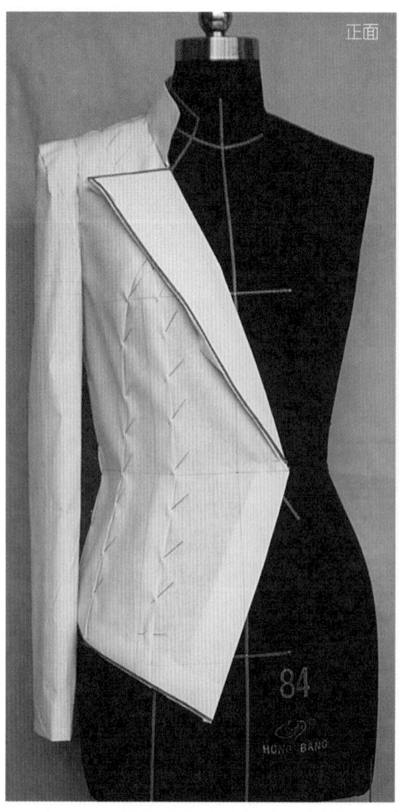

▶ 图4-4-22

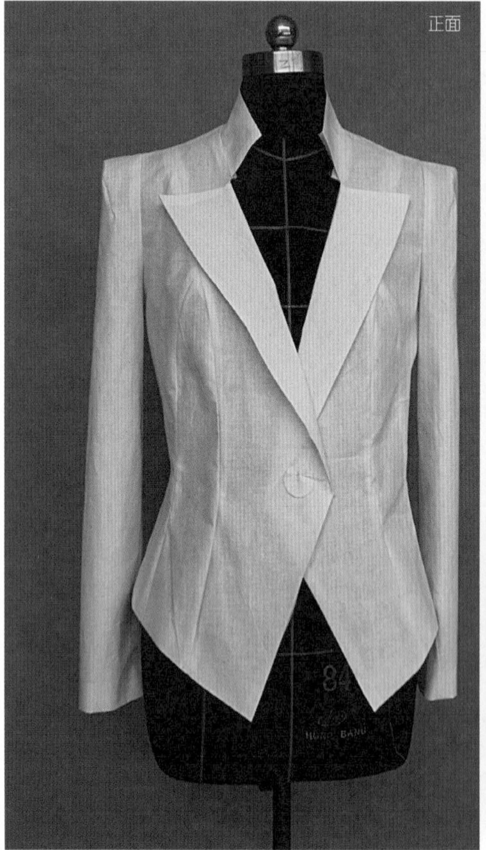

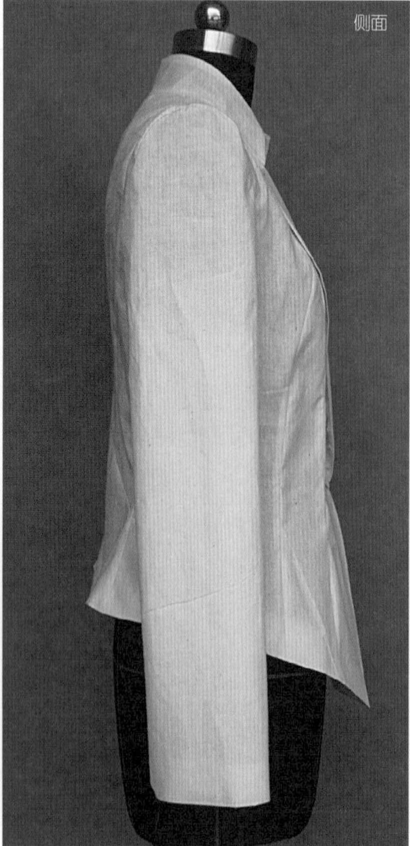

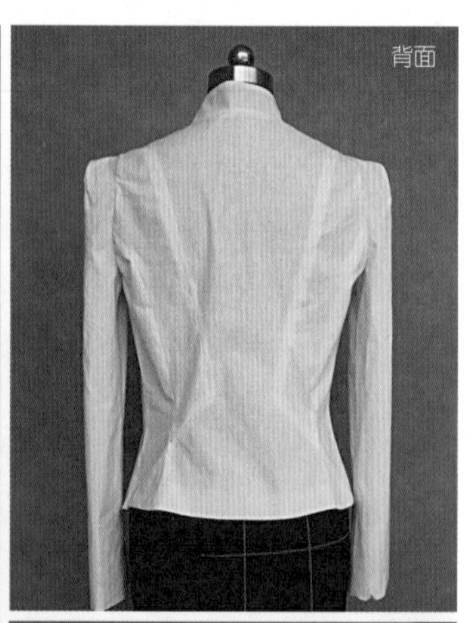

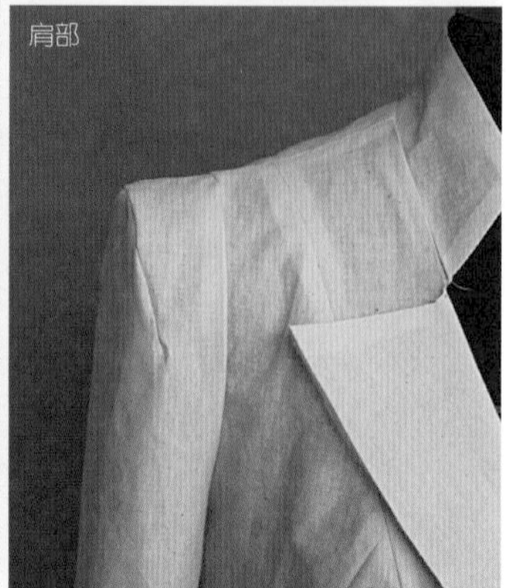

▲ 图4-4-23

四、展开拓样，见图4-4-24~图4-4-25

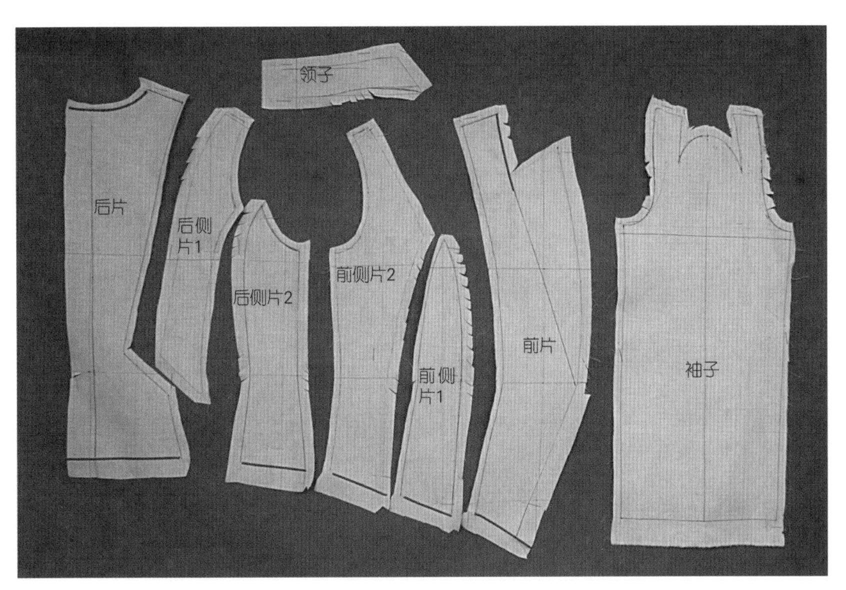

▲ 图4-4-24
样片展开整理，以备拓样。

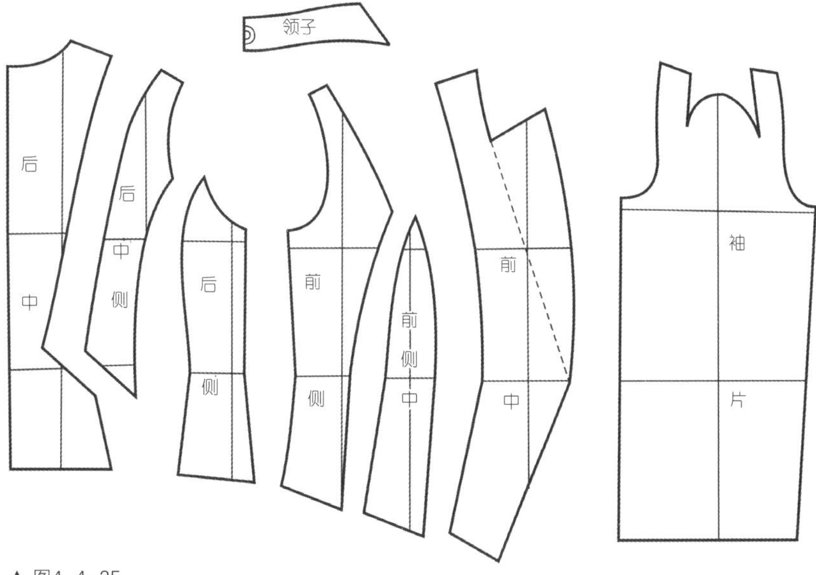

▲ 图4-4-25
描图并处理纸样。

思考题

1. 西服立裁中松量是如何处理的？
2. 灵活运用立裁的方法，完成一件西服上衣结构变化。

第三篇

高级立裁

第五章

时尚休闲品牌成衣立体裁剪

学习目标

1. 本章题目来自纺织服装教育学会高职高专服装制板与工艺技能大赛部分训练题目，款式与品牌流行对接，学生要学会平面与立体结合的方法，掌握衣身与领、袖配置
2. 掌握插肩袖与变化荷叶领的立体方法及平面纸样变化规律
3. 通过复杂款式的结构分割与审美训练，掌握准确的坯布准备与快速立裁方法

第一节　立驳领时尚休闲女装

一、款式分析

领子为立翻驳领，袖子上有立体倒褶。竖向分割线与省缝结合，使造型更加合体（图5-1-1）。

本款式训练袖子的变化、领子的变化以及多重分割线的处理。

▲ 图5-1-1

二、人台的准备，见图5-1-2

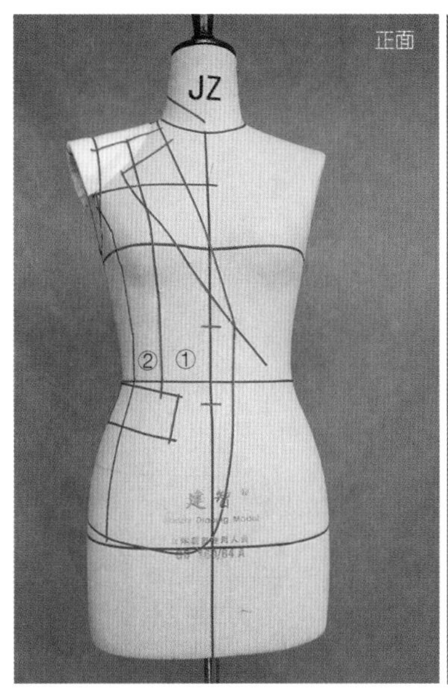

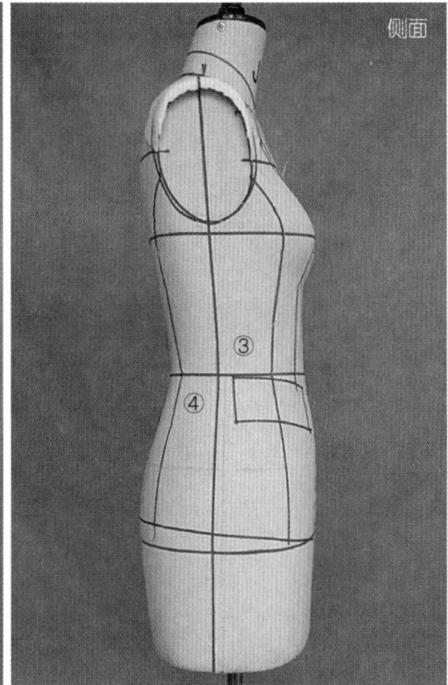

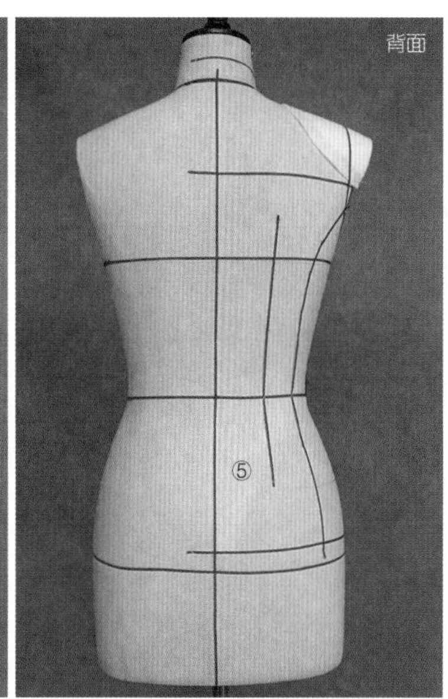

▲ 图5-1-2
人台上采用1cm的垫肩， 根据效果图贴出款式线，注意衣片的数量。

三、别样，见图5-1-3～图5-1-22

（1）前衣身中心线对准人台的前中心线，胸围线水平对准，用大头针固定。前颈点靠近颈侧方向打剪口，注意是斜向打剪口，保证驳领的量不会被破坏（见图5-1-3）。

（2）在胸点位置将布径直往下垂直放下，确认腰部的松量，以人台的标志线为目标贴出分割线，确认分割线是否流畅（见图5-1-4）。

（3）做前侧片，用重叠方法叠出服装的造型，沿分割线剪去多余的布（见图5-1-5）。

（4）同样的方法做前侧片（见图5-1-6）。

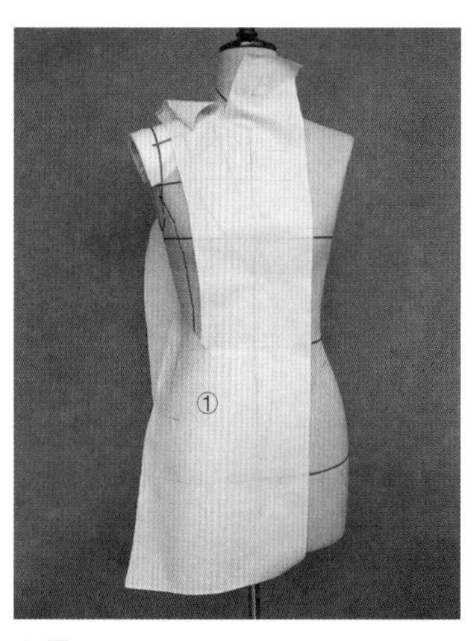

▲ 图5-1-3

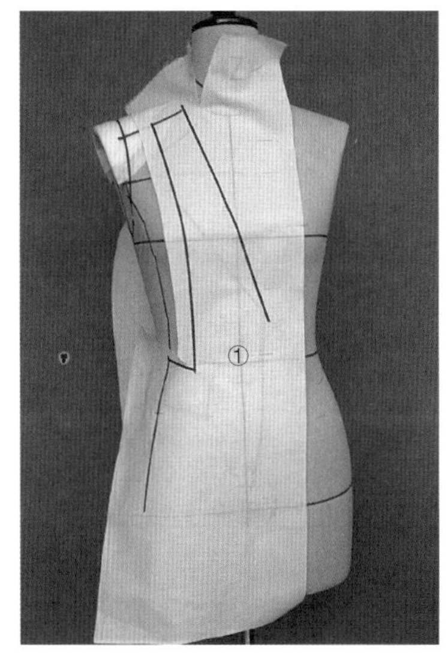

▲ 图5-1-4

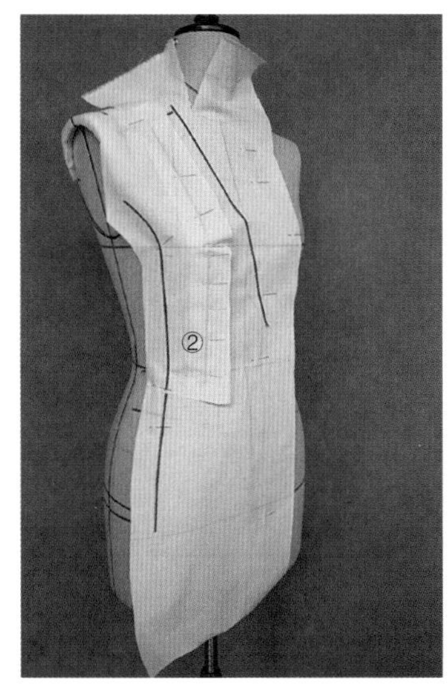

▲ 图5-1-5

▲ 图5-1-6

（5）让后衣片中心垂直，水平放置背宽方向的基准线，整理腰部产生的余量，在后腰部位收了一个省。在领围打剪口（见图5-1-7）。

（6）用标志带贴出分割线的造型，剪去多余的坯布（见图5-1-8）。

（7）放上后侧上片，在背宽位置放入松量，裁去袖窿多余的量，保证布丝方向正确。检查衣身松量，用重叠针法固定分割线（见图5-1-9）。

（8）沿着透过的分割线描点，注意上下层点的一致性（见图5-1-10）。

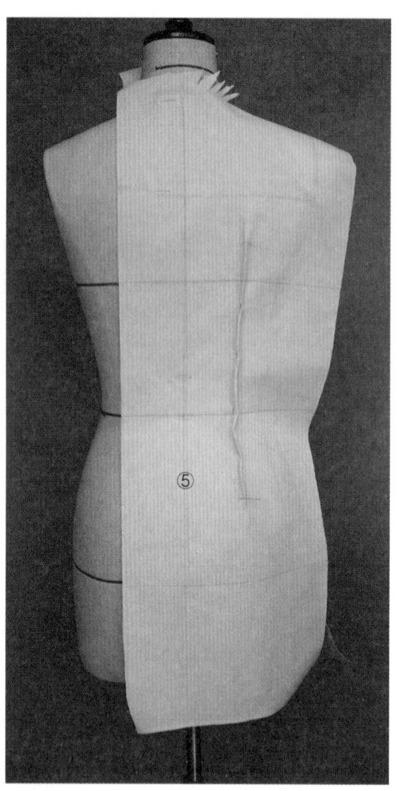

▲ 图5-1-7

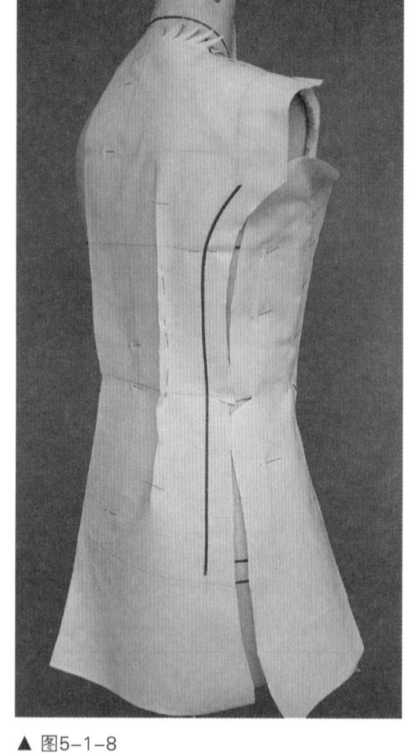
▲ 图5-1-8

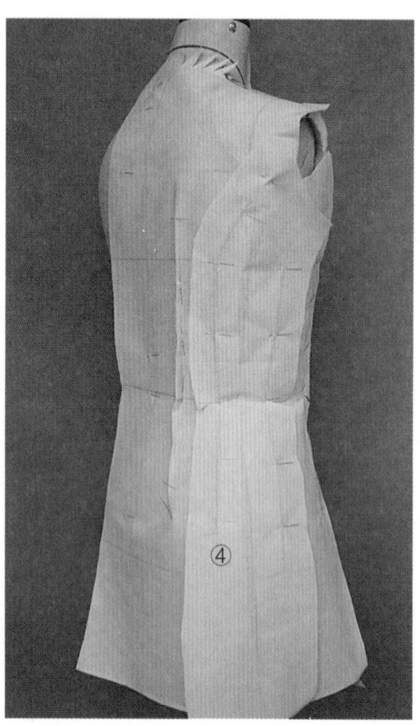

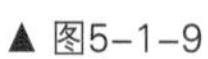
▲ 图5-1-9

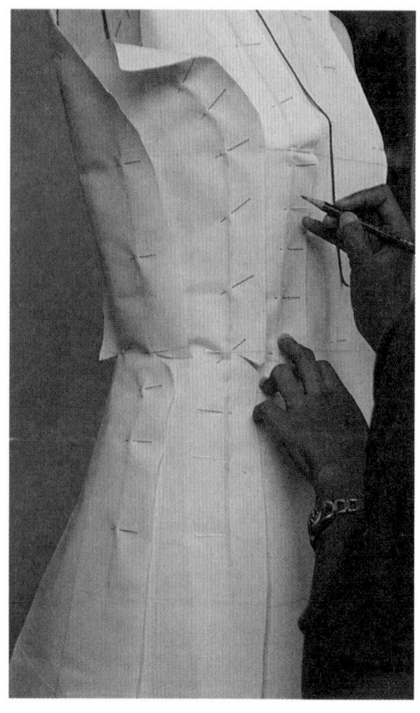
▲ 图5-1-10

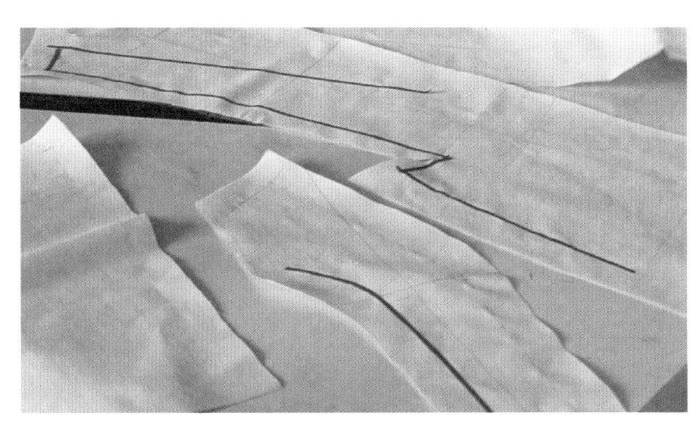

▲ 图5-1-11

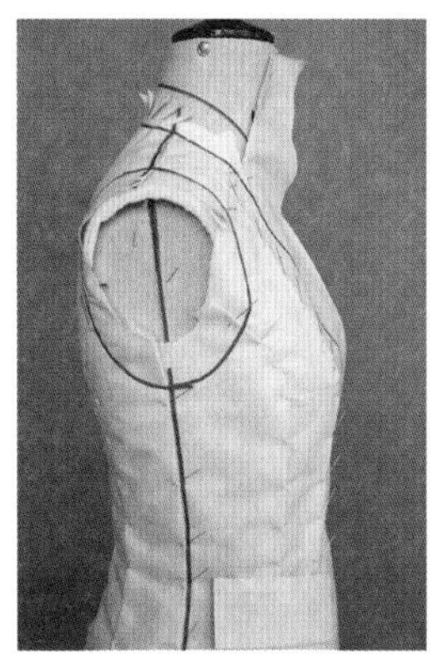

▲ 图5-1-12

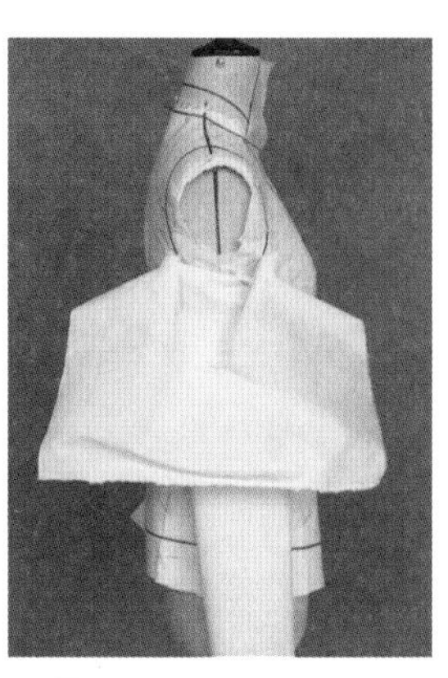

▲ 图5-1-13

（9）将衣片取下修正（见图5-1-11）。

（10）重新别合上人台，用标志带贴出袖窿线及下摆线（见图5-1-12）。

（11）参考第四章第三节做袖子的方法，准备好袖子坯布，将袖子底缝与袖窿缝合（见图5-1-13）。

（12）把袖子多余的量搭到肩上产生褶量倒向袖窿（见图5-1-14）。

（13）检查袖子的角度造型，固定成型（见图5-1-15）。

（14）领子坯布与后中心吻合后水平插入大头针（见图5-1-16）。

（15）一边在颈部装上大头针，一边布往前绕（见图5-1-17）。

（16）确认立领颈部的空隙状况，用标志带确定领子的形状。用铅笔标出衣片领窝弧线，沿着前翻折线做出翻领的造型（见图5-1-18）。

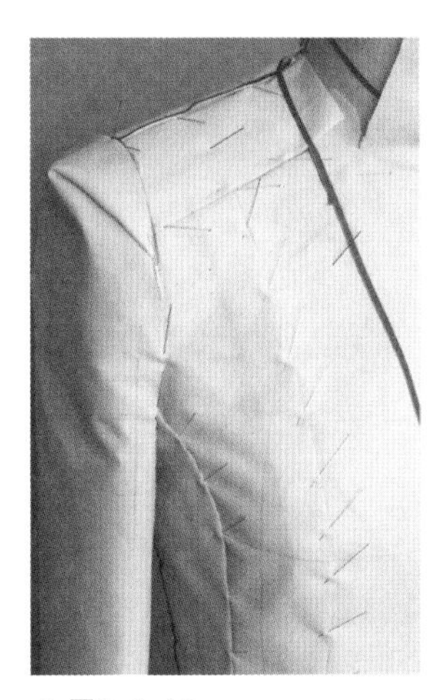

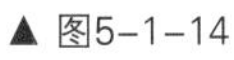

▲ 图5-1-14

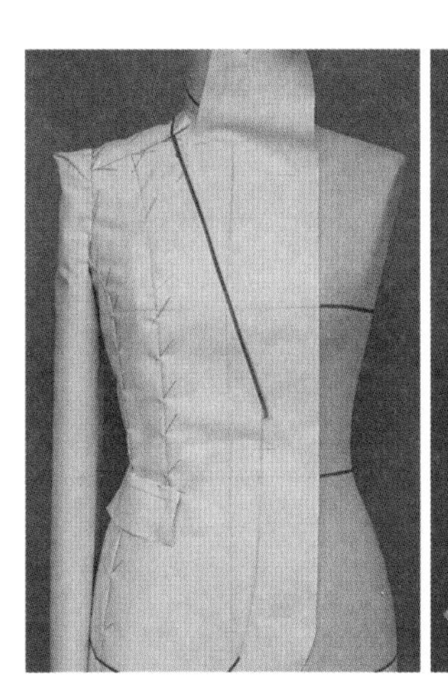

▲ 图5-1-15

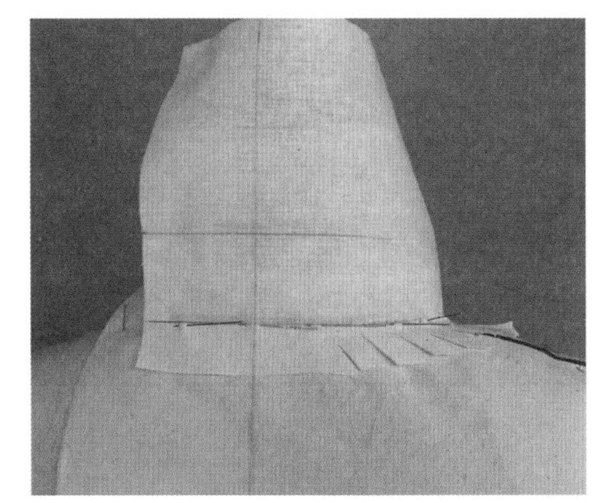

▲ 图5-1-16

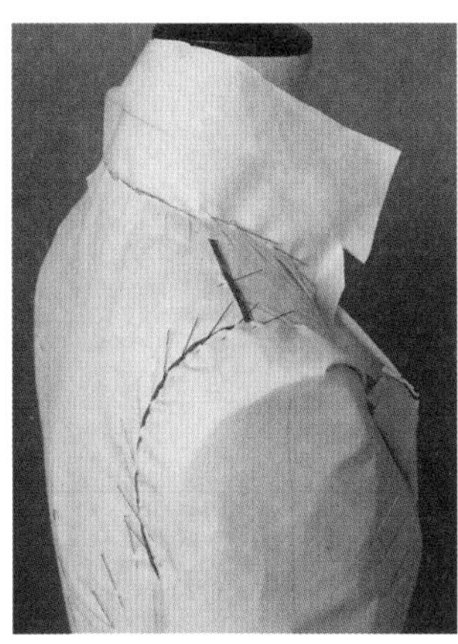

▲ 图5-1-17

▲ 图5-1-18

（17）将剪好的领片固定在领座上，在侧面转折处打剪口，前面略微上抬，使外领口的围度增大（见图5-1-19）。

（18）翻下领子，看看效果，确定领子的形状（见图5-1-20）。

（19）用标志带贴出翻领及驳领的外形（见图5-1-21）。

（20）完成效果（见图5-1-22）。

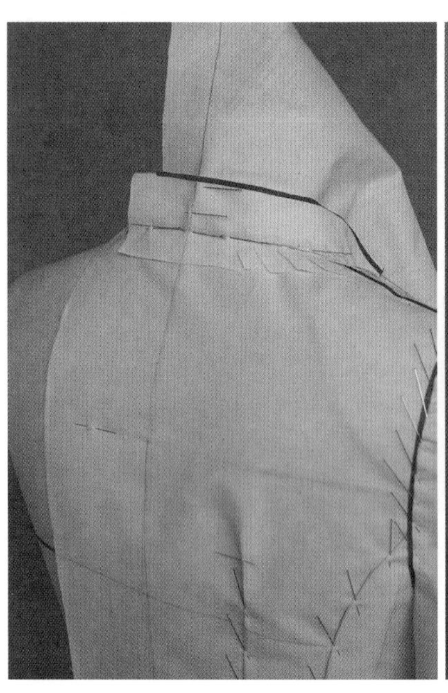

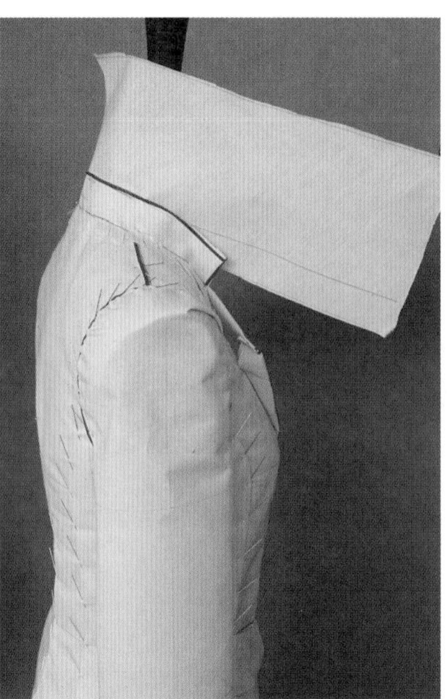

▲ 图5-1-19

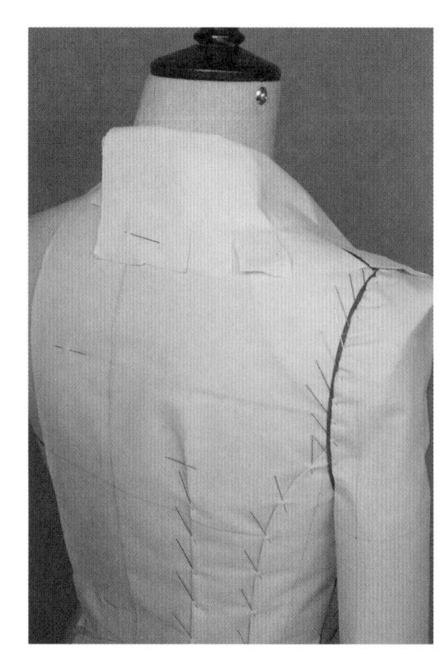

▲ 图5-1-20

▲ 图5--1-21

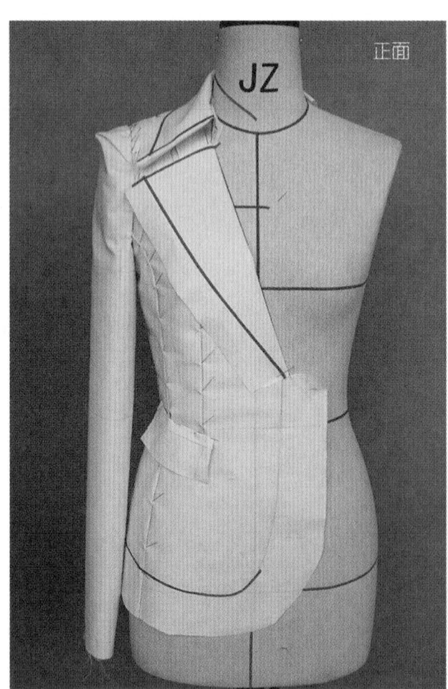

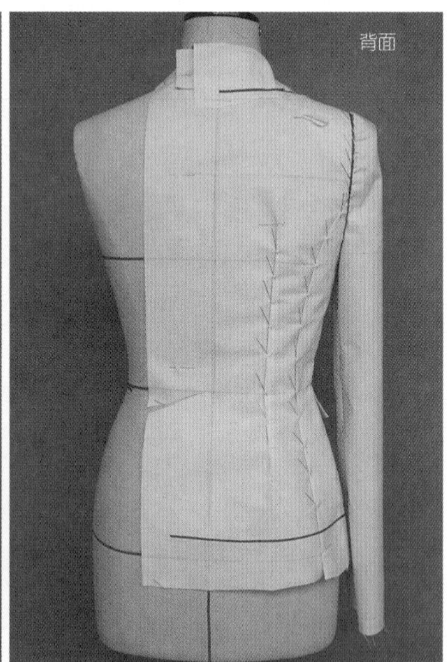

▲ 图5-1-22

四、展开拓样，见图5-1-23~图5-1-24

▲ 图5-1-23
拆开衣片，修正纸样。

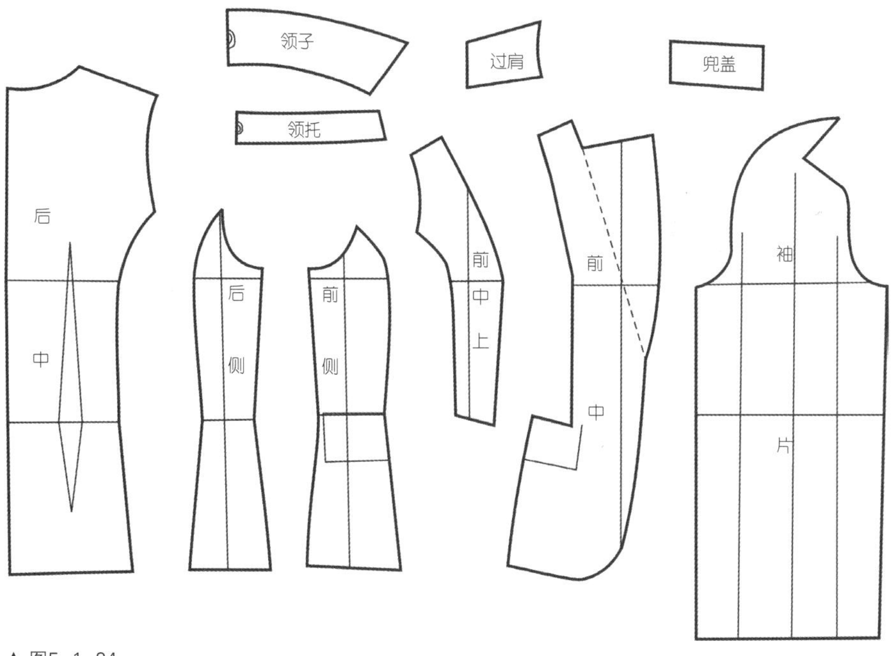

▲ 图5-1-24
描图并处理纸样。

第二节　荷叶领休闲女上衣

一、款式分析

衣身采用四开身合体公主线结构。领子采用荷叶领造型，袖子为一片盒子袖（图5-2-1）。

通过本款训练公主线衣身结构的立体裁剪方法，及荷叶领造型的原理与制作方法。

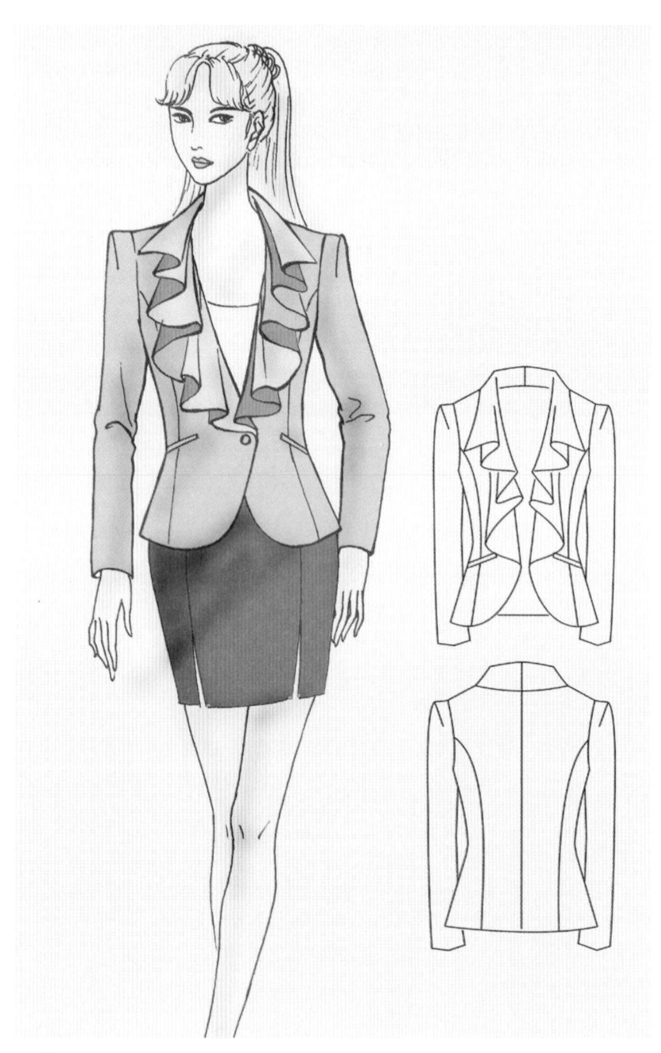

▲ 图5-2-1

二、人台准备

根据效果图在人台上贴出款式分割线，观察并确认整体的比例与效果。

采用厚1cm的垫肩固定在人台的右肩（图5-2-2）。

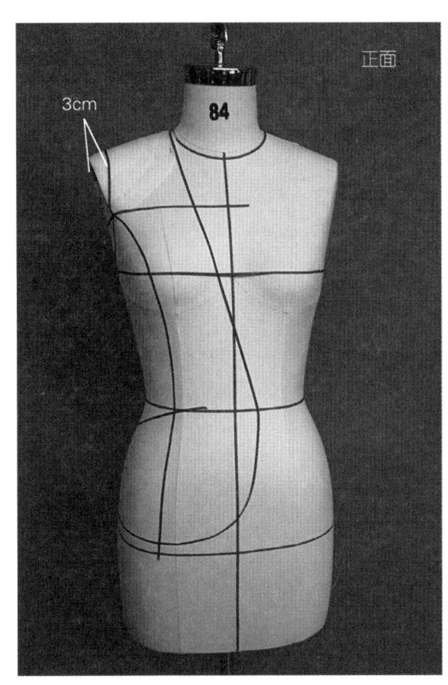

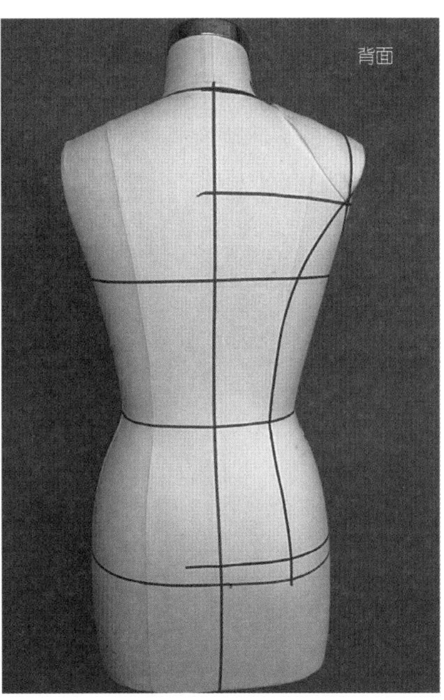

▲ 图5-2-2

三、别样，见图5-2-3~图5-2-16

（1）前衣身的中心线与人台的中心线对准，胸围线与人台的中心线重合，在BP点用大头针固定，在颈部打剪口（见图5-2-3）。

（2）用标志带沿着人台公主线贴制分割线，留出做缝，剪去多余的面料（见图5-2-4）。

（3）放上前侧片，前侧片的中心线与地面垂直（见图5-2-5）。

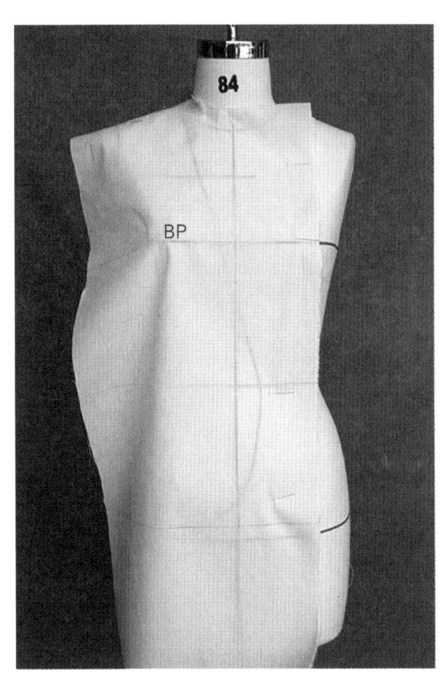

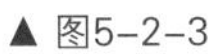
▲ 图5-2-3

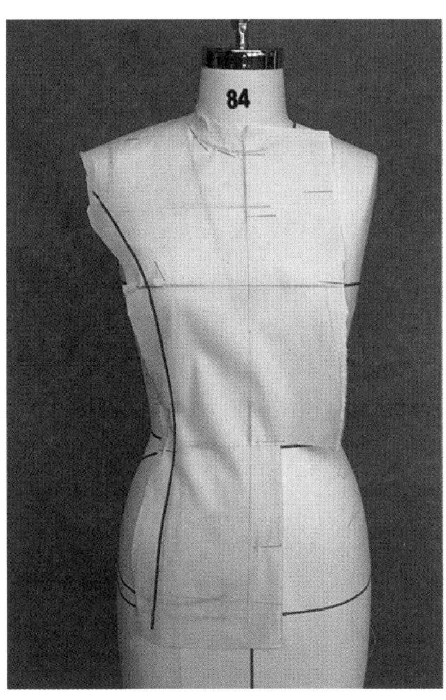

▲ 图5-2-4

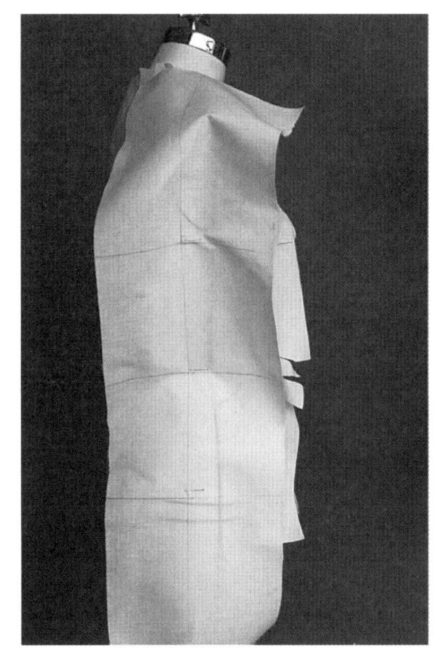

▲ 图5-2-5

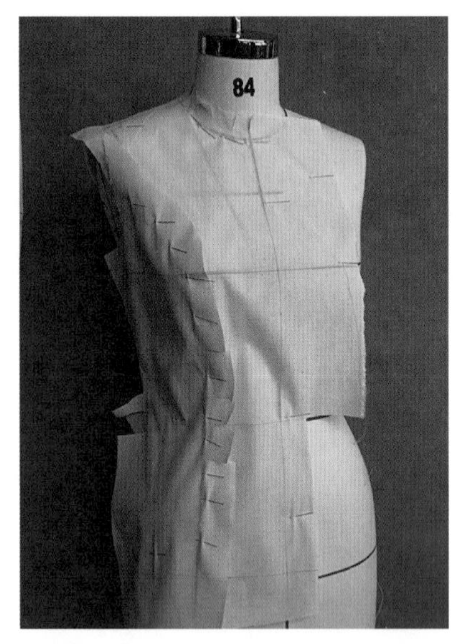

▲ 图5-2-6

（4）侧缝腰部打剪口，用重叠针法在公主线处固定，沿款式线留出缝份，剪去多余的面料（见图5-2-6）。

（5）后衣身中心线对准人台中心线，用大头针固定。胸围线、腰围线、臀围线与人台对应各线对齐，确认水平（见图5-2-7）。

（6）整理腰部产生的余量，至下摆垂直重新用铅笔描出后中心线，在后腰部位收了一个量。在领围打剪口，与前片一样以人台的标志线为目标描出分割线，确认分割线是否流畅（见图5-2-8）。

（7）放上后侧片，中心线要垂直。检查胸部与腰部松量，确认造型贴出分割线，用重叠针法固定分割线（见图5-2-9）。

（8）在背宽位置放入松量，保证布丝方向正确，用大头针固定侧缝（见图5-2-10）。

（9）描图、用折合法重新别合上人台，裁去袖窿多余的量，描点（见图5-2-11）。

（10）袖子的做法，参考第四章第四节的做法。也可以直接用平面的方法得到，在此省略（见图5-2-12）。

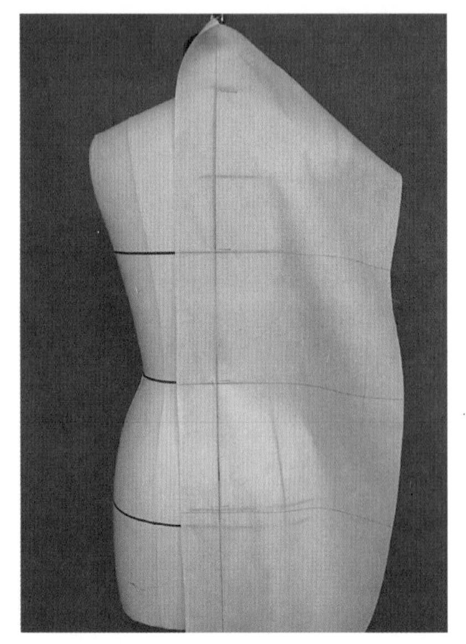

▲ 图5-2-7

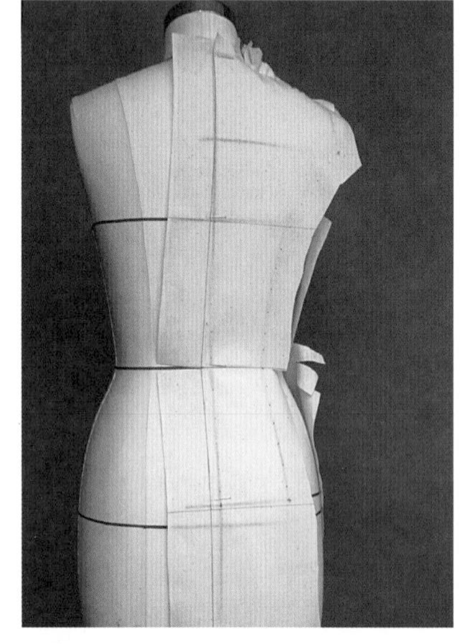

▲ 图5-2-8

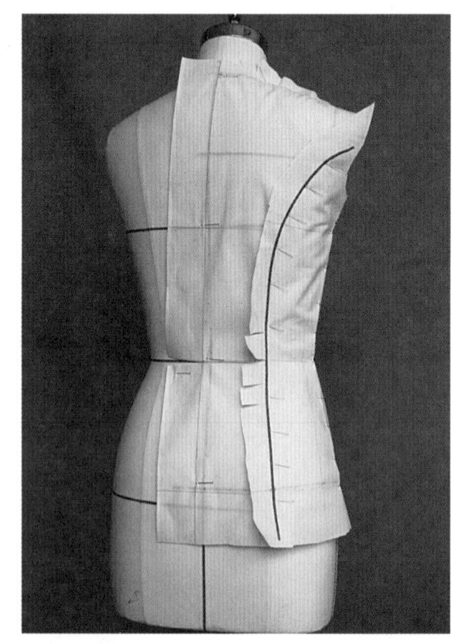

▲ 图5-2-9

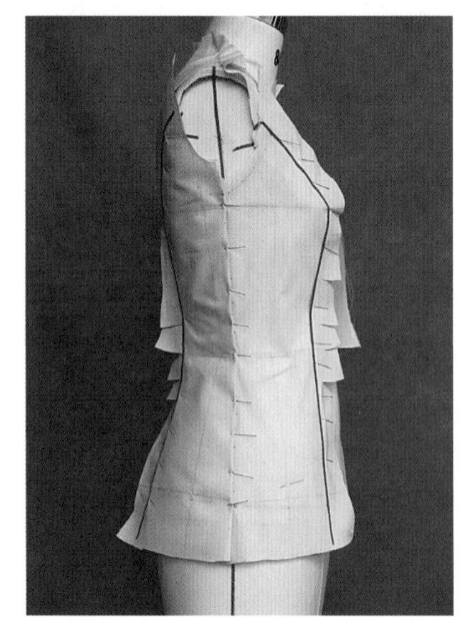

▲ 图5-2-10

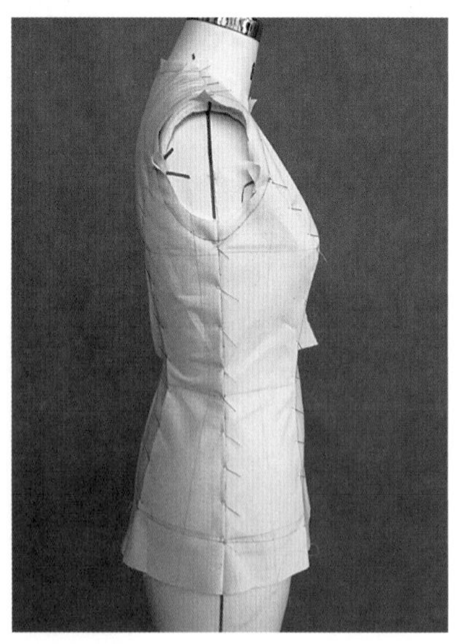

▲ 图5-2-11

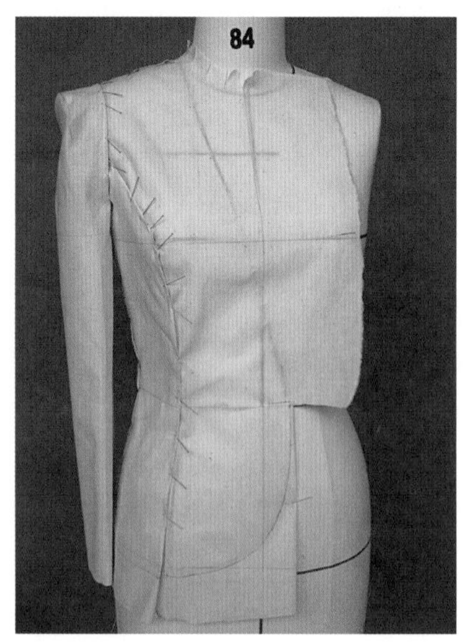

▲ 图5-2-12

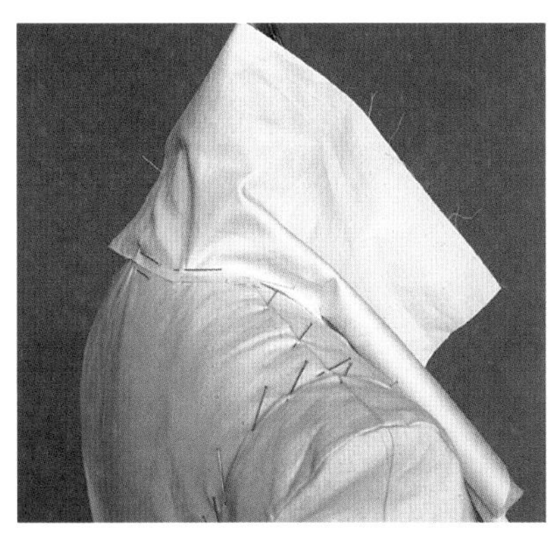

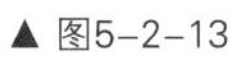
▲ 图5-2-13

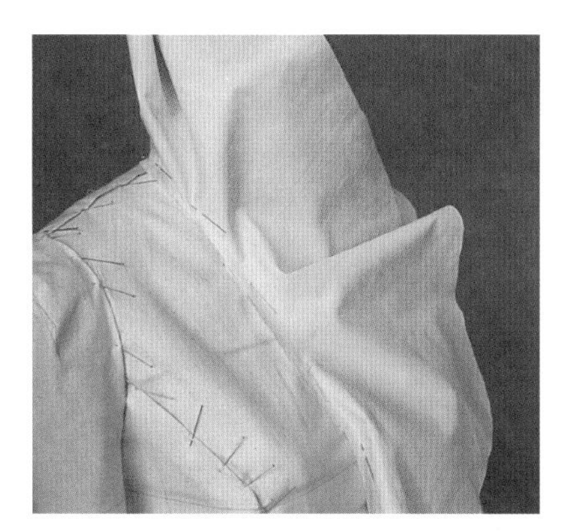

▲ 图5-2-14

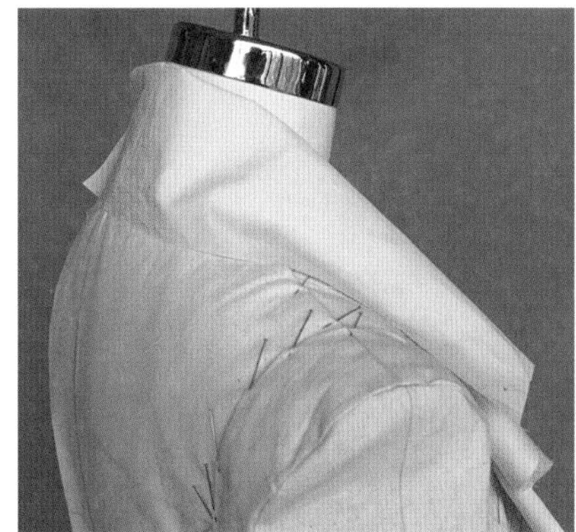

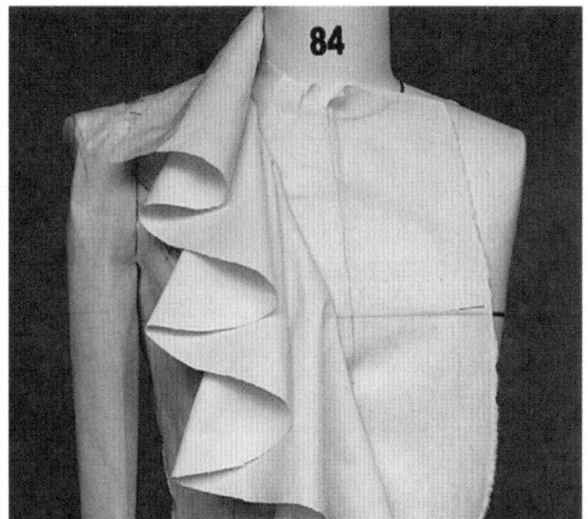

▲ 图5-2-15

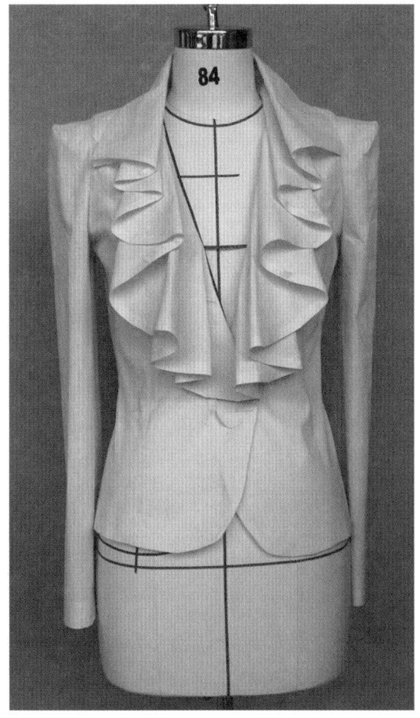

局部

▲ 图5-2-16

（11）固定领子与后中心线，保证外领口的松量（见图5-2-13）。

（12）将荷叶领顺着前领窝线与之固定。让外领口有充分的褶量（见图5-2-14）。

（13）翻下领子，检查效果，修剪外领的形状（见图5-2-15）。

（14）完成效果（见图5-2-16）。

四、展开拓样，见图5-2-17~图5-2-18

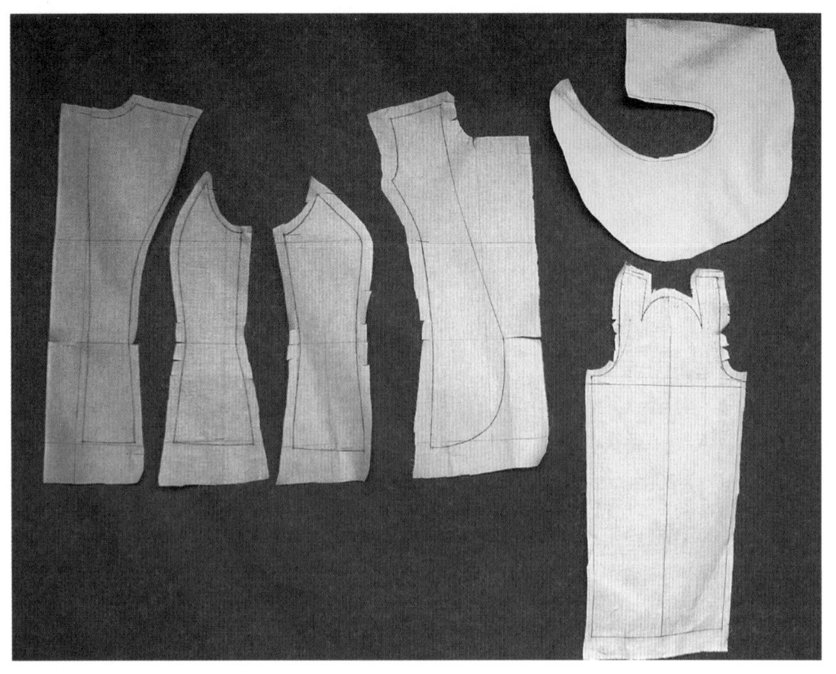

▲ 图5-2-17
坯布展开，修正轮廓。

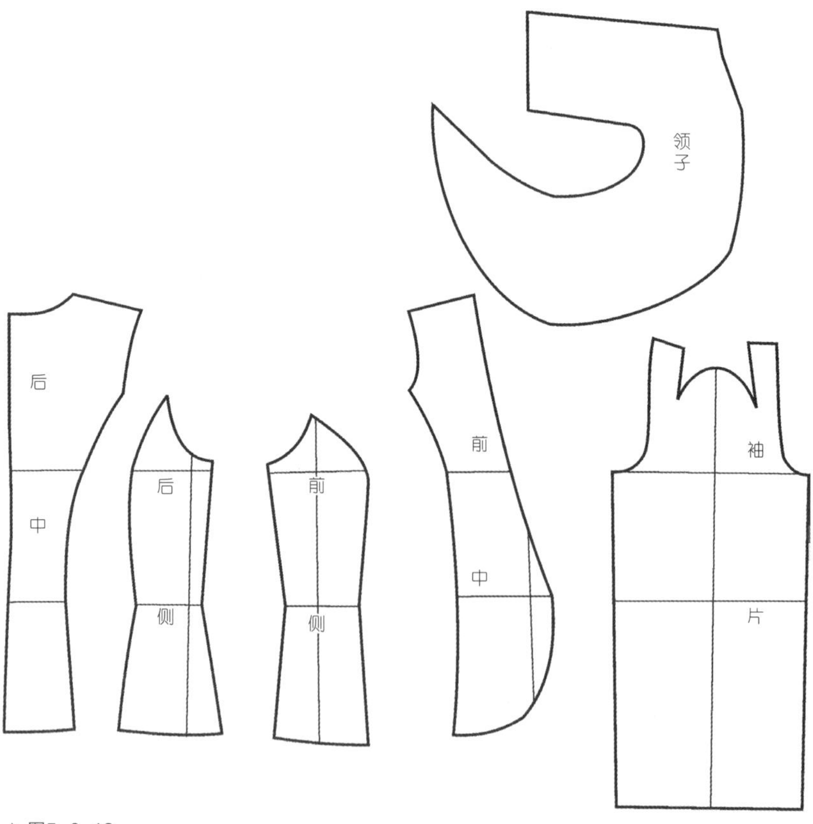

▲ 图5-2-18
描图并处理纸样。

第三节　插肩袖休闲女上衣

一、款式描述

插肩袖（The Raglan Sleeve）是通过从腋下至前后领圈的分割线与衣身相连，此分割线可根据不同的设计效果而变化。插肩袖不仅能使肩部造型圆顺，还具有圆袖的合体和垂感。

本款式为插肩袖双排扣小风衣合体造型，训练插肩袖的立体造型方法，帮助理解平面裁剪的原理（图5-3-1）。

▲ 图5-3-1

二、别样，见图5-3-2~图5-3-15

（1）分析款式做出衣身造型，方法参考本章第1-2节的制作方法，原理相同，本节略去。由于做插肩袖，肩缝的可以先不用固定（见图5-3-2）。

（2）在插肩袖分割线与袖窿交点上作十字标记，在领圈与插肩袖分割线交点上作十字标记（见图5-3-3）。

（3）根据设计要求描出插肩袖分割线（见图5-3-4）。

（4）确定衣身袖窿深O点（见图5-3-5），在插肩袖分割线上描点。沿着插肩袖分割留出2cm缝份，剪去多余的量。

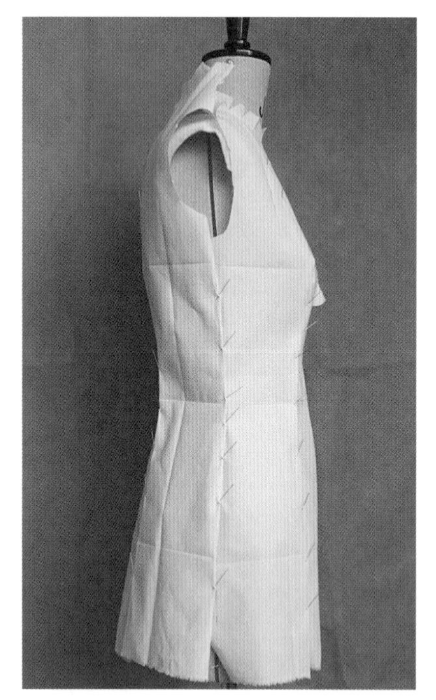

▲ 图5-3-2

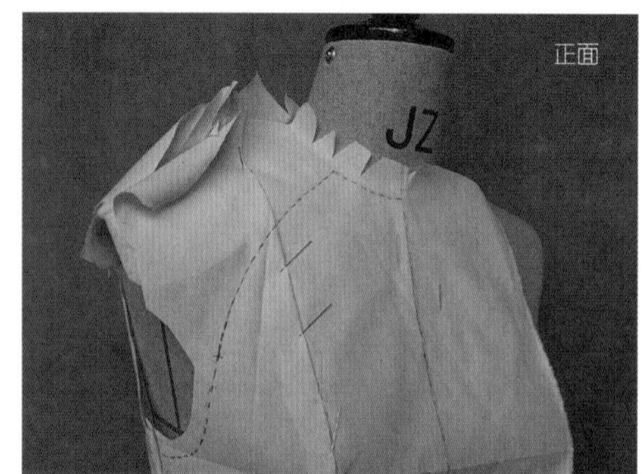

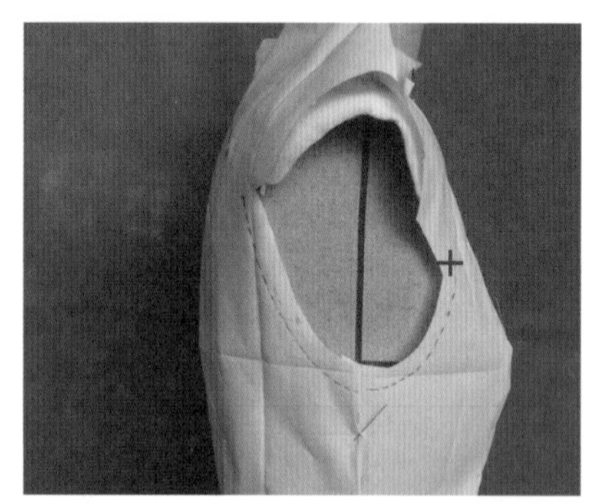

▲ 图5-3-3

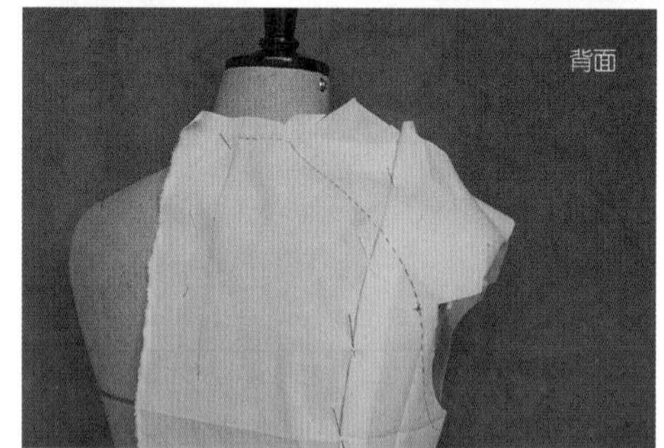

▲ 图5-3-4

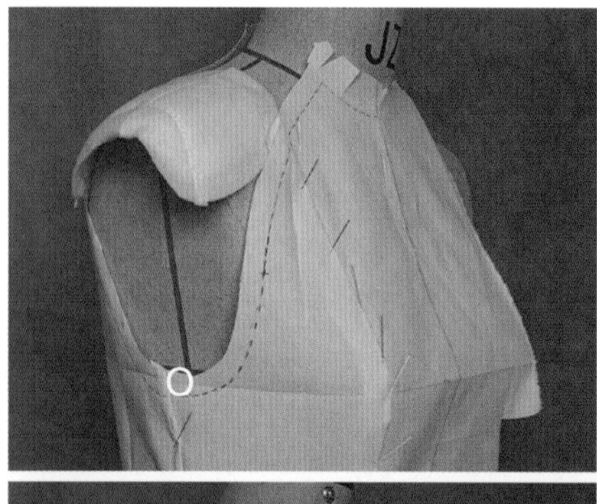

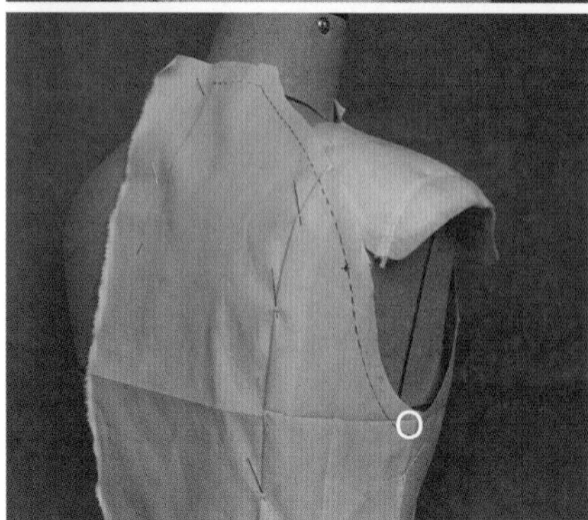

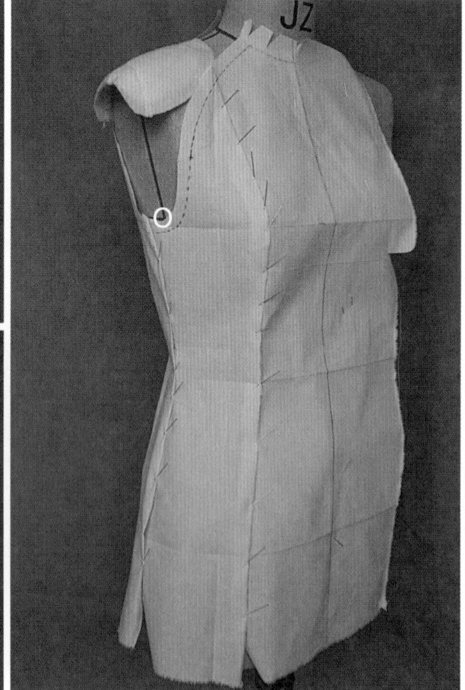

◀ 图5-3-5

（5）准备袖子坯布（见图5-3-6）

袖长：量取肩袖长度，即颈侧点经肩峰点至尺骨茎突点，加上缝份，留出富余量，共取85cm布的长度，袖子部分袖长定为58cm；

袖肥=衣身袖窿宽×2cm+厚度×2cm=13cm×2cm+5.5cm×2cm=37cm；

袖山高=衣身袖窿原高-1.5cm=16cm-1.5cm=14.5cm；

前袖袖肥=袖肥/2-2cm=18.5cm-2cm=16.5cm；

后袖袖肥=袖肥/2+2cm=18.5cm+2cm=20.5cm；

前袖袖口=袖口/2-1.5cm=26cm-1.5cm=11.5cm；

后袖袖口=袖口/2+1.5cm=26cm+1.5cm=14.5cm；

袖肘线：袖长/2+2.5~3cm=58/2+2.5cm=31.5cm。

前袖在肩峰点向上增加3cm（即袖山高的基础上增加3cm），为肩部在转折时的肩头厚度量。

后袖在肩峰点向上增加3cm，为肩部在转折时的肩头厚度量，并在增加3cm的基础上增加0.7cm，是后袖肩胛骨的活动量。

根据设定好的前后袖肥和前后袖口的宽度线，画好袖中缝和大小袖的袖缝。

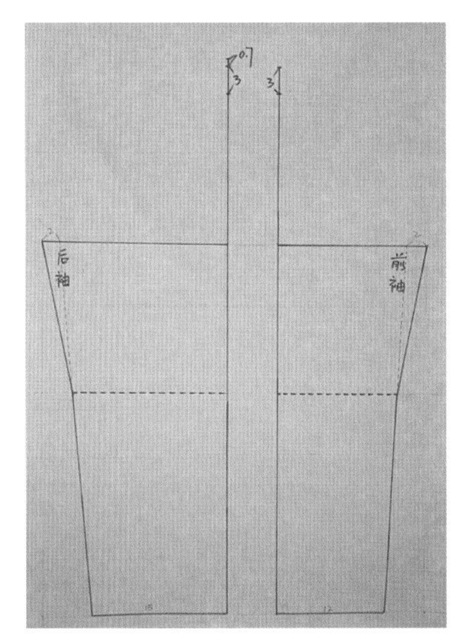

▲ 图5-3-6

（6）将后袖片样板分开，别合袖片前、后袖底缝线，并将其与衣身袖窿下部的曲线对合至O点（见图5-3-7），在衣片袖窿内用大头针固定，方法与装基本袖相同。

（7）将袖片20cm处标志点对准衣片肩点，用大头针固定，袖子自然形成45度张角。向前领圈线方向抚平前袖山，并沿插肩袖分割线固定袖片布料。在衣片袖窿内用大头针固定，方法与装基本袖相同。向后领圈线方向抚平后袖山，并沿插肩袖分割线固定袖片布料（见图5-3-8）。

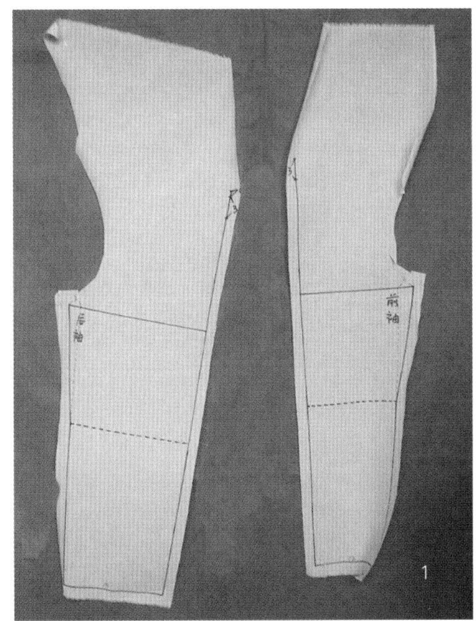

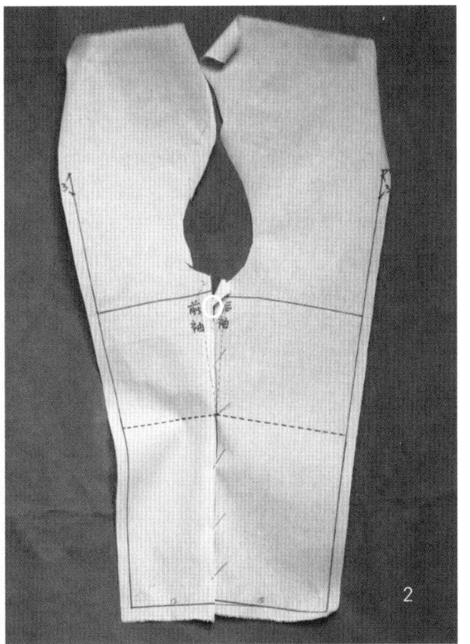

▲ 图5-3-7

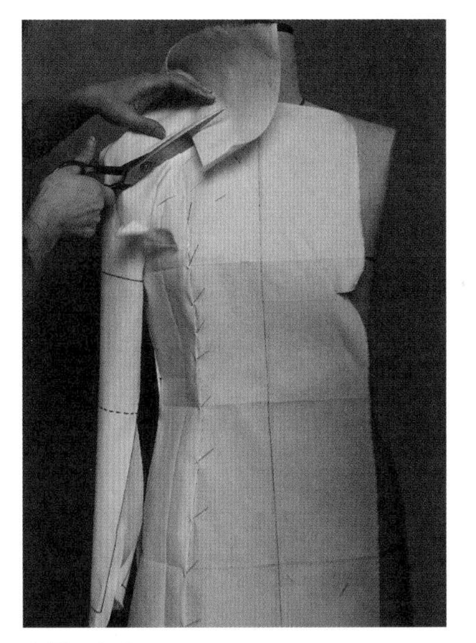
▲ 图5-3-8

（8）固定前后插肩分割线，观察袖子角度及分割线的造型，从前、后插肩袖分割线同时向肩线部位抚平布料，多余布料在肩线捏合，逐渐与袖中线圆顺连接（见图5-3-9）。

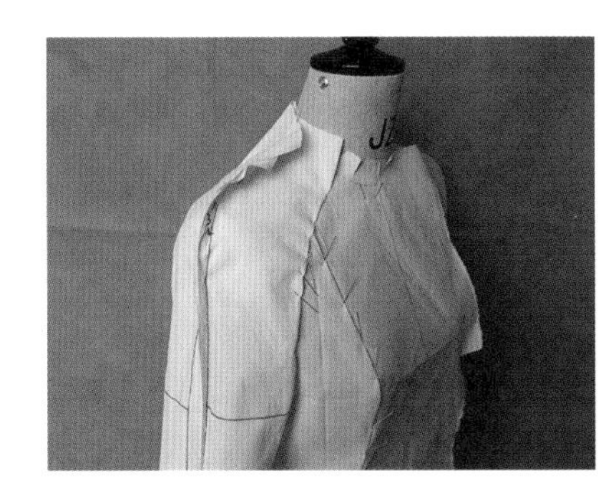
▶ 图5-3-9

（9）描出领线、前插肩袖分割线、后插肩袖分割线、肩线、肩省和所需的对位记号（见图5-3-10）。

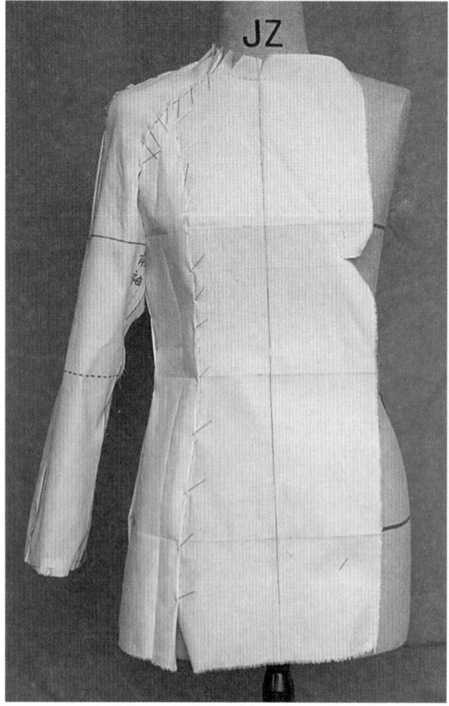

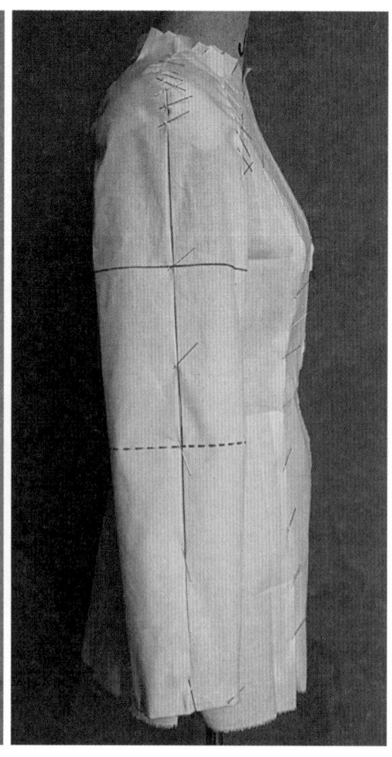

▲ 图5-3-10

（10）做领子，为了实现驳领宽阔的造型，驳领与衣身形成分割造型，贴出分割线（见图5-3-11）。

（11）做领子，方法参考第四章第三节西服的领子的立裁方法（见图5-3-12）。

（12）领子完成效果。观察领子与脖子的关系，与效果图比较调整好造型（见图5-3-13）。

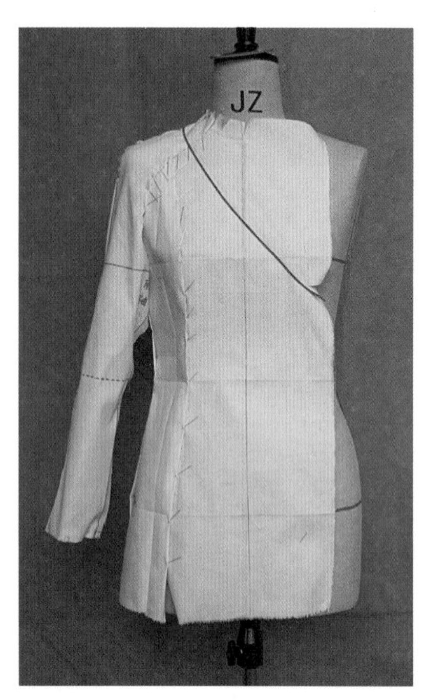

▲ 图5-3-11

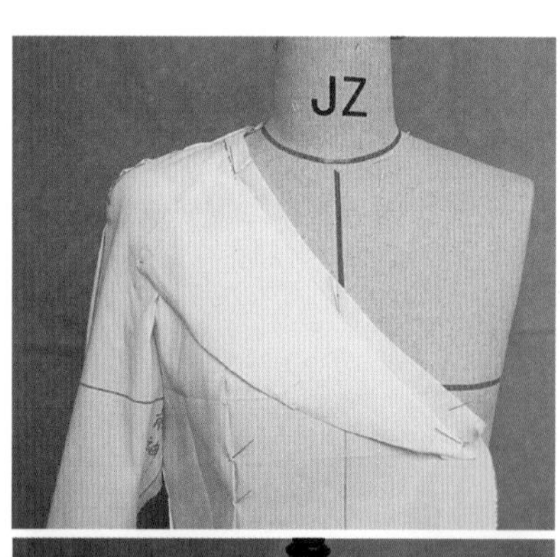

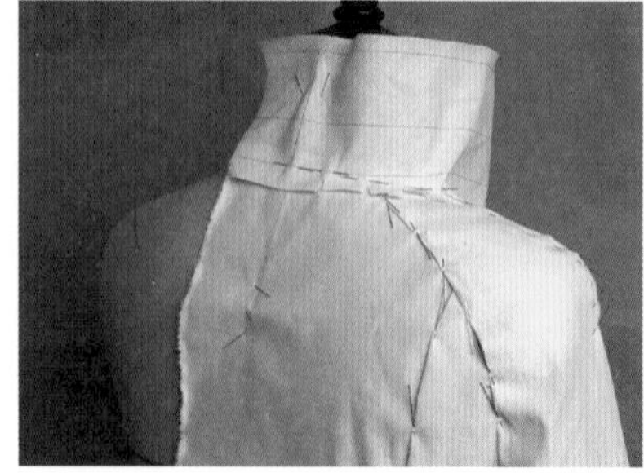

▲ 图5-3-12

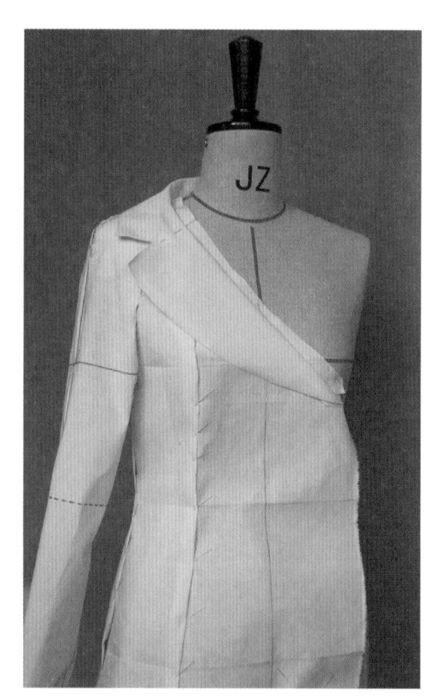

▲ 图5-3-13

（13）正面与背面完成效果（见图5-3-14）。

（14）最终完成效果（见图5-3-15）。

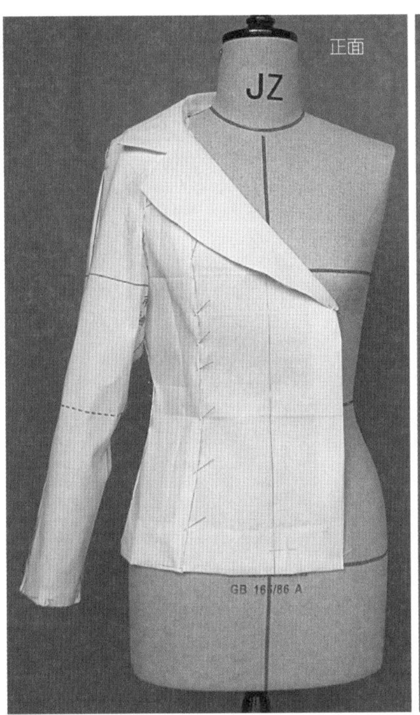

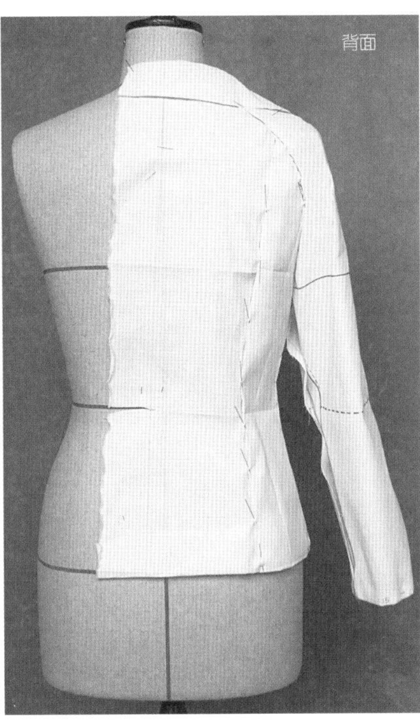

▲ 图5-3-14

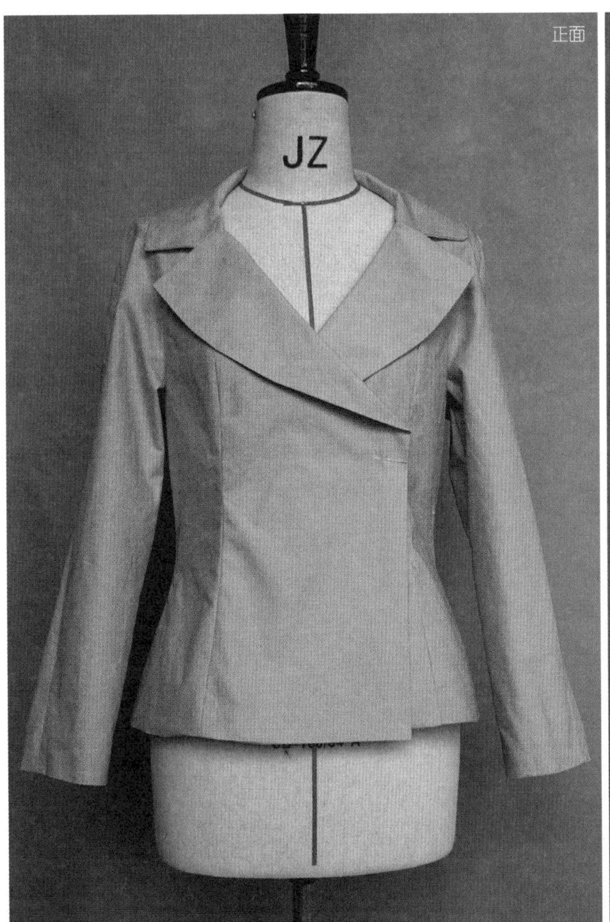

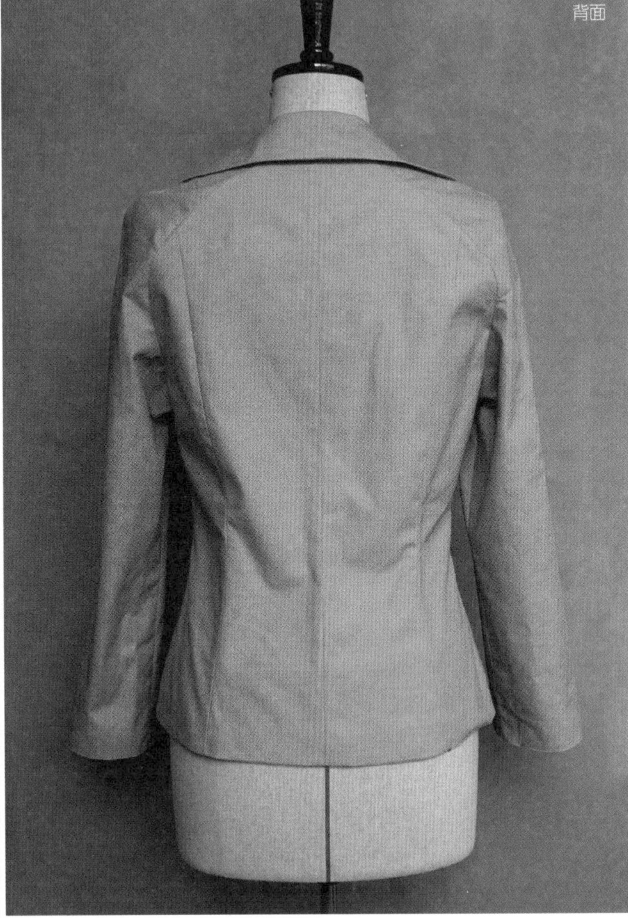

▲ 图5-3-15

三、展开拓样，见图5-3-16~图5-3-17

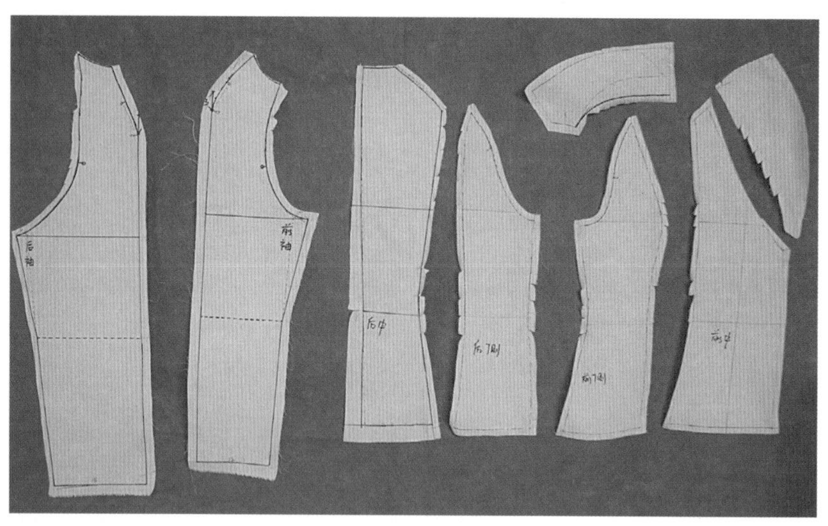

▲ 图5-3-16
坯布展开图，修正轮廓。

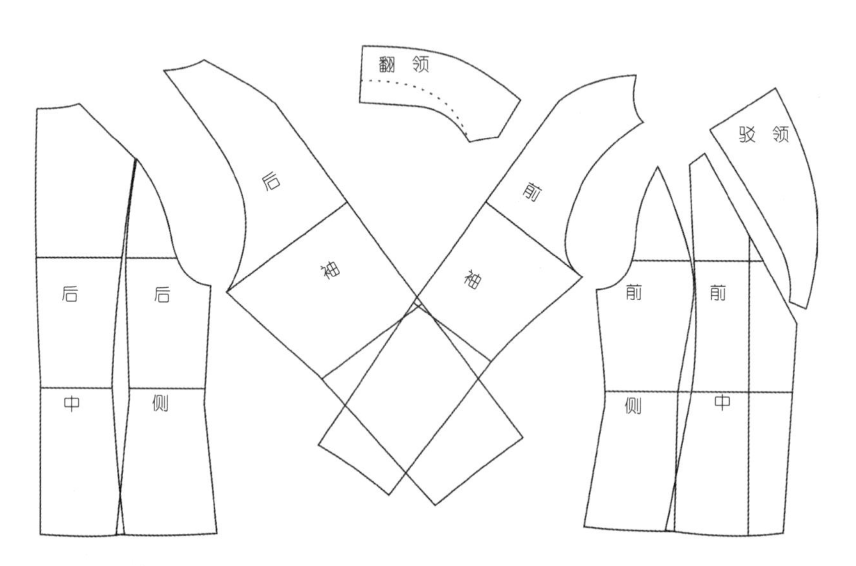

▲ 图5-3-17
描图得到纸样。

思考题

1. 服装立体裁剪平面样板转化应考虑哪些因素？
2. 纱向在立体裁剪中的重要性体现在哪里？
3. 自选款式进行结构比例分析，完成款式线的贴制，完成衣身的立体裁剪，得到纸样，在衣身基础上配领、配袖。

第六章

礼服立体裁剪

学习目标

1. 学会礼服立体裁剪前的技术分析及工艺处理方法
2. 褶皱造型的处理方法
3. 理解立体裁剪在礼服裁剪与设计中的优势

第一节　礼服立体裁剪技术分析

当今社会人们的衣着打扮不断趋向多样化与个性化，特别是高级成衣及时装等更呈现出风格迥异、样式时尚、结构多变的特点，单一的平面裁剪不再能满足这些服装的裁剪要求，因此立体裁剪技术被众多设计师及礼服行业所采用。使用立体裁剪技术设计制作礼服步骤相对复杂，但效果好，一次成功率较高。从造型角度上说，立体裁剪比较适用于造型极富立体感，或很难将其展开为平面图形的款式或有不规则皱褶、垂褶、波浪的礼服款式。

一、礼服的分类

礼服是以连衣裙为基本款式特征，在特定礼仪场合穿着的服装。

1. 晨礼服

用于特定身份（如王室）或特定场合（婚礼、丧礼等）。女装以连衣裙或整套装为主，往往对色彩和款式（如收腰、裙长、领型）有一定要求。对应男装晨礼服或正规西服套装，日间礼服根据不同的穿着时间和场合，使用材料广泛，多采用精致光洁悬垂性好的高档天然面料，如软缎丝绸、精纺毛料等。

2. 晚礼服

晚礼服产生于西方社交活动中，是在晚间正式聚会、仪式、典礼上穿着的社交礼仪用服装。女装以合体型长连衣裙为主，裙长长及脚背，面料追求飘逸、垂感好，晚礼服风格各异，西式长礼服袒胸露背，呈现女性风韵。中式晚礼服高贵典雅，塑造特有的东方风韵，还有中西合璧的时尚新款。与晚礼服搭配的服饰适宜选择典雅华贵、夸张的造型，凸显女性魅力，有很强的炫耀性。

3. 婚纱礼服

婚纱礼服是结婚仪式及婚宴时新娘穿着的西式服饰。婚纱来自西方，有别于以红色为主的中式传统裙褂。1840年，英国维多利亚女王在婚礼上以一身白色婚纱示人，18尺长拖尾婚纱布满花朵图案，衫身上镶满钻石及名贵的配饰，引起皇室与上流社会的新娘相继效仿，其后白色开始逐渐成婚纱礼服的首选颜色，象征着新娘的美丽和圣洁。

4. 小礼服

是晚间或日间的鸡尾酒会正式聚会、仪式、典礼上穿着的礼仪用礼服。裙长在膝盖上下5cm，适宜年轻女性穿着。与小礼服搭配的服饰适宜选择简洁、流畅的款式，着重呼应礼服所表现的风格。相对较随意。一般形式为短连衣裙或套装，暴露较少，通常采用轻薄、有光泽的面料如软缎丝绸、蕾丝等，搭配少量首饰，以及配套的包、鞋、帽子等。

5. 裙套装礼服

职业女性在职业场合出席庆典、仪式时穿着的礼仪用礼服。裙套装礼服显现的是优雅、端庄、干练的职业女性风采。与短裙套装礼服搭配的服饰体现的是含蓄庄重，以珍珠饰品为首选。

6. 等级正礼装

款式普通，开领，七分袖的连衣裙为正式礼服。裙长从及膝至长裙不等。越长越为正式。丝绸或丝质感的料子可加刺绣、花边等，应避免过于发光的布料，珍珠饰品为佳，随手的小包要小而精致，鞋和包均可不必过于华丽，以缎料、平绒、丝绒等质地为主。

二、礼服的立体裁剪结构技术工艺分析

礼服需要在立体裁剪前，对结构进行深入细致地分析。对于初学者而言，这一环节尤其重要。局部与局部或局部与整体的配合问题非常重要。结构分析的内容至少应该包括：表里布配置、承重保型要求、穿脱开口、塑身用具配合要求、工艺要求等多个方面。

1. 表里层结构设计

合理选择面料纱向、精确设计表布和里布的弧度差异，可使里布具备保障表片合体与平整美观的功能。在保障表层衣片适体与美观前提下，里层结构应尽可能简便。所谓简便是指里布立体裁剪本身、里布之间缝合、里布与表布缝合三者均要方便。里布衣片分割不必与表层衣片保持一致。在能够与表层衣片错位分割的地方尽可能错位分割。因为若里布与表布分割完全一致的话，在台割线上，特别是在分割线交点位置会有多层缝色重叠，这样缝份会显得更厚。表层、里布和塑身用具三者的围度和长度均存在内外牵制关系。

2. 承重保型设计

首先是衣服是否穿得牢，其次是衣片上的褶皱形态等在穿着状态下是否会因为受力而变形。应考虑有无设置保型衣片的必要，并考虑保型衣片的材料选择、施加部位与施加方法。

礼服衣身的褶皱造型部位宜采用保型衣片，目的是使褶皱造型在穿着、保养时不易变形。褶皱部位表层衣片首先与保型衣片结合成一体，然后再与其他部位的表布衣片或里布缝合。若无保型衣片，褶皱要么无法固定，要么只有直接固定在里布上。如果直接固定在里布上，不仅会影响里布整洁，更会使缝制工艺难度大大增加。设置保型衣片后，即便表层衣片轻微受力，褶纹形态在受力过后也能够迅速复原。褶皱若不固定，穿着、保养时，褶皱形态就容易被破坏。

3. 穿脱设计

开口对于礼服设计很重要，礼服的开口一般设计为拉链或者系带，在侧缝或者后背都比较常见。一般选择面料层数较少，工艺方便的部位进行开口的设计。左侧因为集中了许多褶皱的端源，缝边局部因布料层叠很厚，所以宜将拉链装在右侧缝上。在有塑身胸衣、裙撑等的情况下，礼服立体裁剪总体步骤应该是“由里及外”即首先完成塑身胸衣、裙撑、臀垫的构成，并将塑身胸衣、裙撑、臀垫穿在人台上。然后在穿有胸衣、裙撑、臀垫的人台上进行里布立体裁剪，最后是表层衣片裁剪。

▲ 图6-1-1

4. 缝制工艺要求

缝制工艺要求是衣片结构设计之前或同时必须考虑的问题，尤其是结构复杂的礼服，更需在确定衣片结构之前，充分考虑缝制方法与缝制顺序，以保障成品的缝制质量与缝制效率。总体上说，礼服立体裁剪中需要考虑的缝制工艺要求有以下三个方面：

（1）如何使成品平整、轻薄、柔软、光洁，这些是礼服品质的一般要求。层数的多寡、表里剪切分割部位重叠还是错位、衣片边缘处理方式、缝份处理方式等会直接影响成品品质。

（2）如何维持成品造型效果，使礼服在穿着保养时不易变形。这是礼服工艺的特殊要求。

（3）如何使缝制简便。

三、礼服图例

选一款褶皱型礼服为例（图6-1-1）进行技术分析（图6-1-2），该款礼服因为前上半身表层有放射褶纹，为了保护褶纹形态，可以在表层衣片下设一层很薄的保型衣片（保型衣片的形状与里布前上半身相同），将褶皱部位表布衣片的褶纹在不显眼处与保型衣片巧妙固定。由此，该款礼服上半身由表布、里布及保型衣片三层组成，下半身裙子只需表布与里布两层即可。本款礼服为双肩设计，因此肩部可以承重。若为无肩礼服，上衣需要鲸骨支撑，胸口线上需缝防滑条，腰髋部需紧身合体，使裙身在髋部受力。

本款前后表层衣片上有褶饰，若要使褶饰在穿着状态下不变形，就要尽量避免表层衣片直接受力。为避免直接受力，表层衣片的纵向长度可略长于里布，使裙子的重量受力在衣身里布上。可先将上衣里布与裙子的表布和里布一起用缝纫机缝合，再用上身表布覆盖缝份，用手工暗针固定。

在礼服立体裁剪以前进行充分的技术分析与设计，并在立体裁剪过程中不断审视与调整，才能获得令人满意的坯型和最终的成品效果。

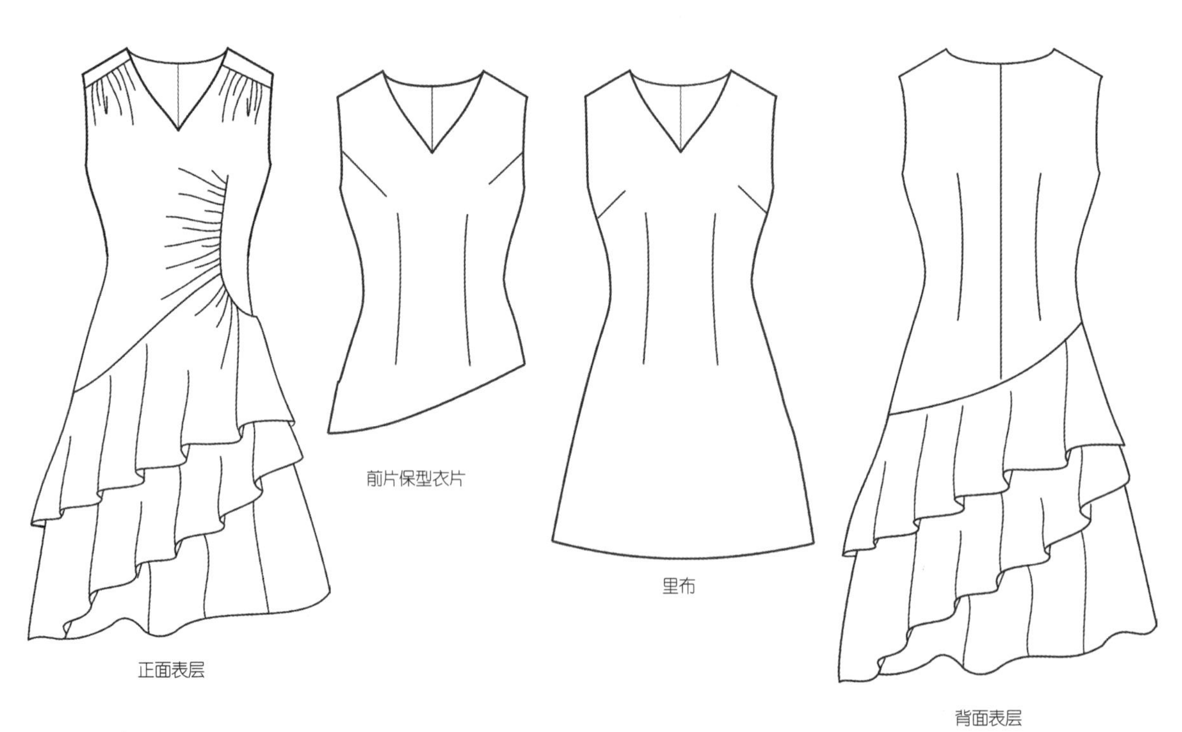

▲ 图6-1-2　款式技术分析

第二节　晚礼服立体裁剪

一、款式描述

本款式为吊带式合体晚礼服，胸部抽褶。腰部有斜向人字型分割。裙摆较大，腰部衔接处有自然褶皱（图6-2-1）。

通过本款礼服的立体裁剪流程，训练礼服里布与面料的对接处理方法，分割线及褶皱的处理。

▲ 图6-2-1

二、别样

（一）上身里布的立体裁剪，见图6-2-2~图6-2-6

（1）前片与人台的前中心线对齐，在左片收腋下省与腰省（见图6-2-2）。

（2）前中心线打剪口，款式更加合体。画出底部的轮廓线（见图6-2-3）。

（3）画出底部造型轮廓线，保留2cm缝份，剪去多余的面料。画出省缝的线（见图6-2-4）。

（4）将衣片取下，沿着前中心线对折，用拷贝台复制轮廓线于左片。用棉线手缝固定（见图6-2-5）。

（5）根据效果图，在里布表面画出表层的分割线造型（见图6-2-6）。

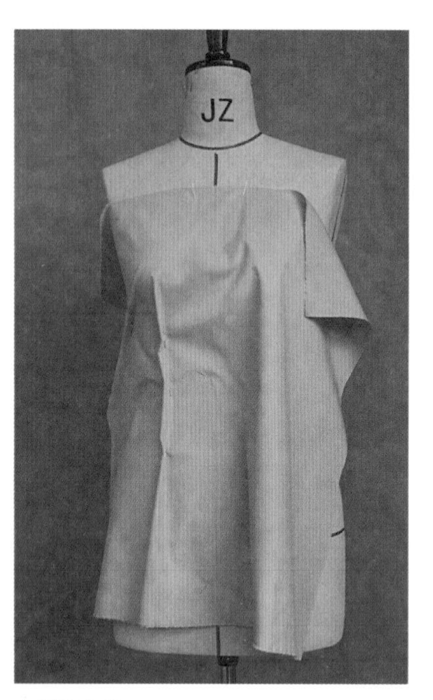

▲ 图6-2-2

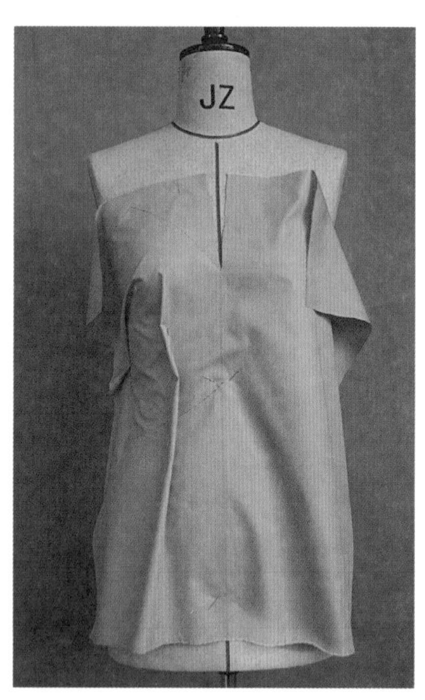

▲ 图6-2-3

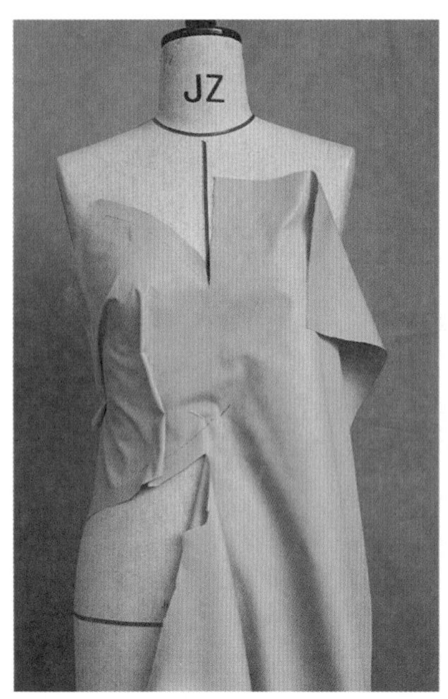

▲ 图6-2-4

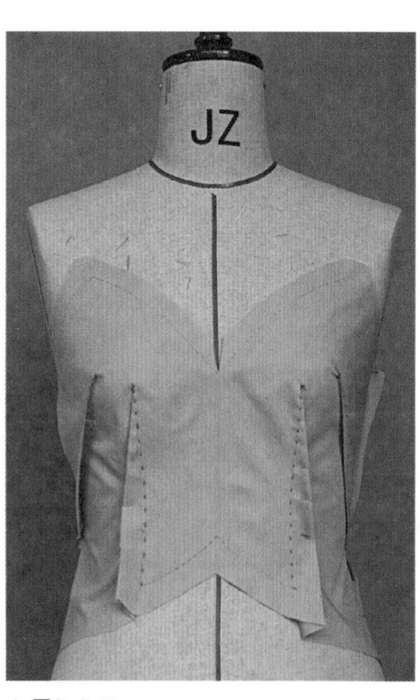

▲ 图6-2-5

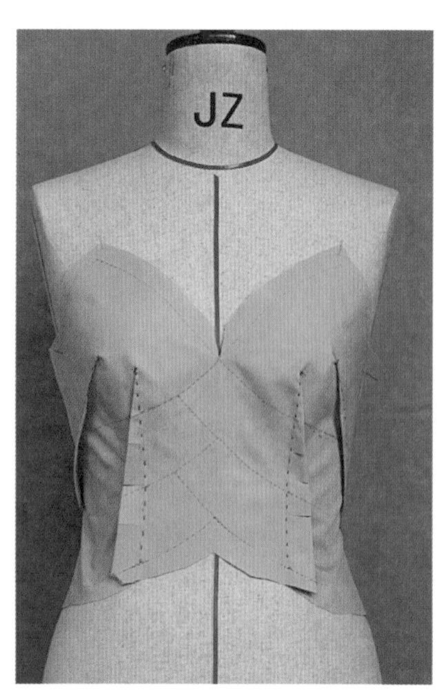

▲ 图6-2-6

（二）上身前片面料褶皱的处理，见图6-2-7~图6-2-13

（1）将胸部表层褶皱造型，在上轮廓边缘固定。沿着轮廓打剪口，轻轻转动衣片，增加褶皱量（见图6-2-7）。

（2）用大头针固定，调整褶皱量，沿着款式线剪去多余的量（见图6-2-8）。

（3）取下表层这个布，复制一个左片，用手针抽出自然的褶皱重新上架（见图6-2-9）。

（4）细节（见图6-2-10）。

（5）胸部的左右片进行比较观察，贴出左右片（见图6-2-11）。

（6）根据款式线的造型，贴腰部分割片，转折处打剪口处理（见图6-2-12）。

（7）依次进行腰部贴片，完成上半身（见图6-2-13）。

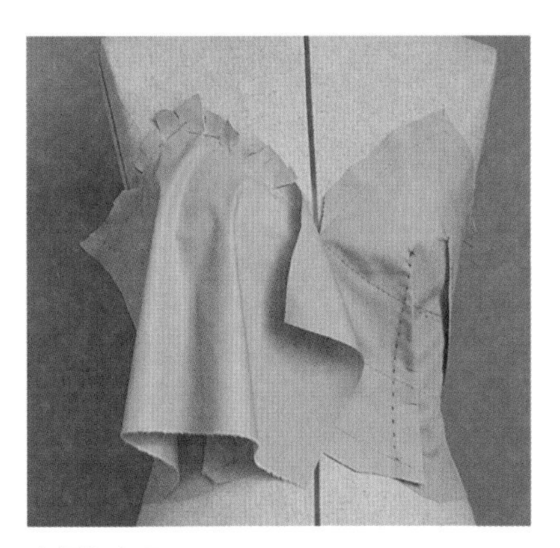

▲ 图6-2-7

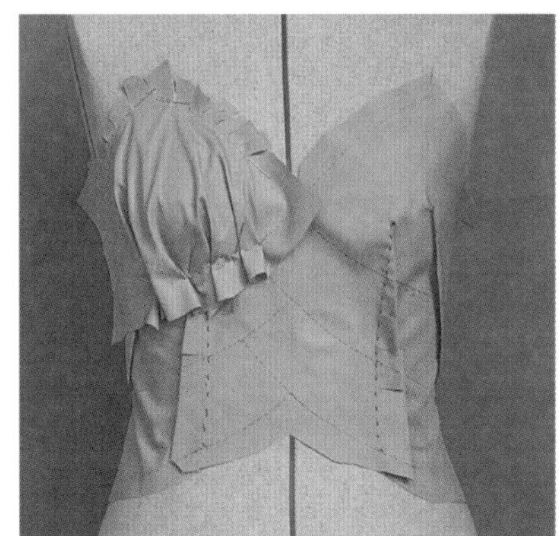

▲ 图6-2-8

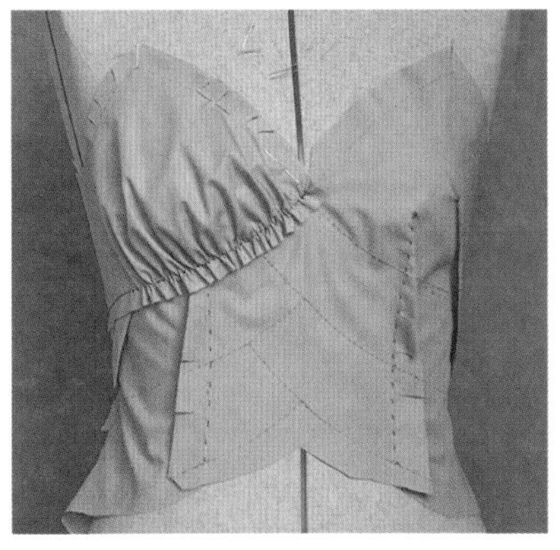

▲ 图6-2-9

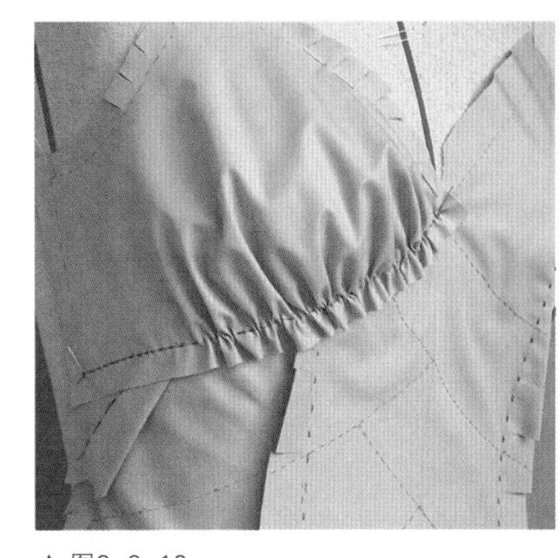

▲ 图6-2-10

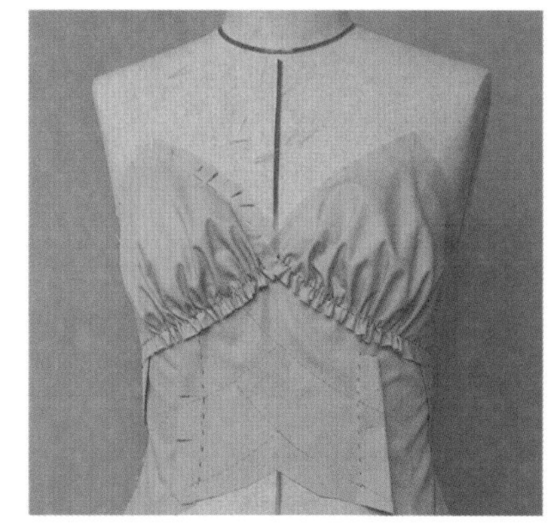

▲ 图6-2-11

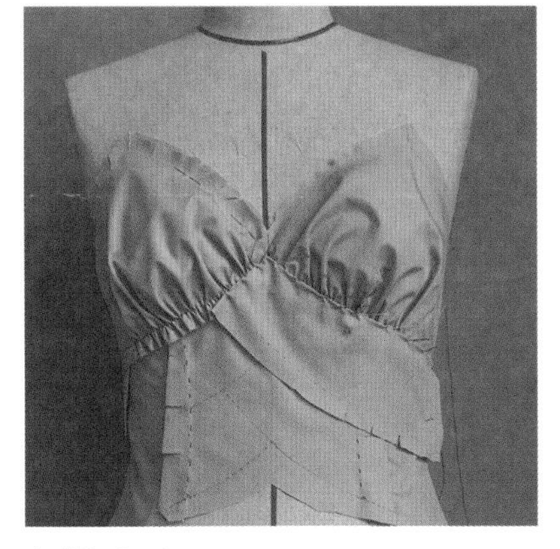

▲ 图6-2-12

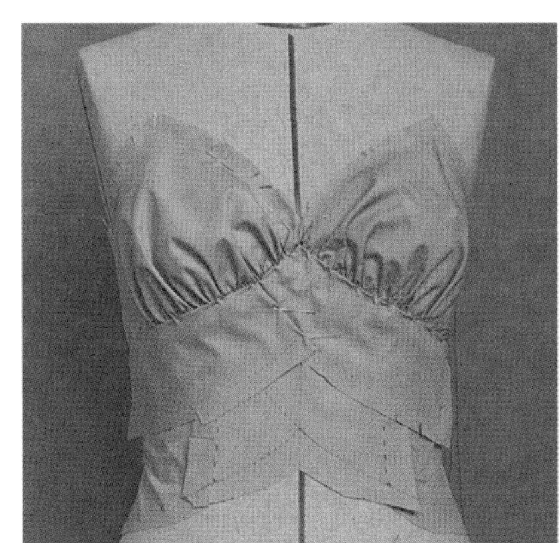

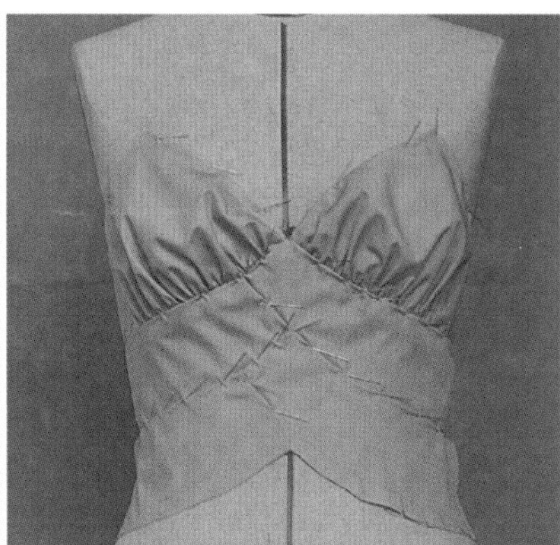

▲ 图6-2-13

（三）做上身后片，完成整个上身，见图6–2–14~图6–2–16

（1）做后片，与前片相对，先做一半，收腰省。描点（见图6–2–14）。

（2）把做好的一半沿着中心线对折，复制做出整个后片上身的造型（见图6–2–15）。

（3）前后衣片对合（见图6–2–16）。

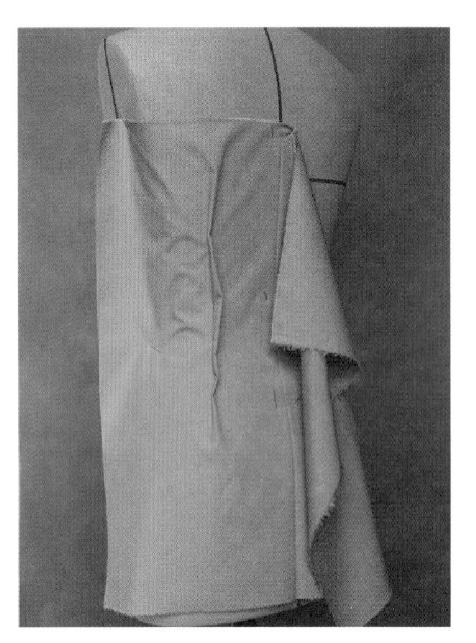

▲ 图6–2–14

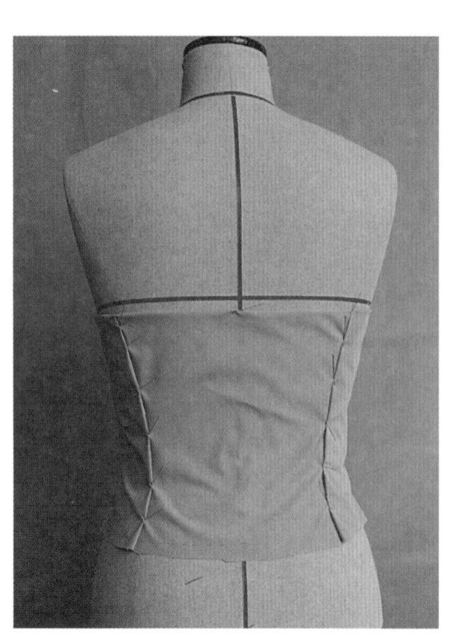

▲ 图6–2–15

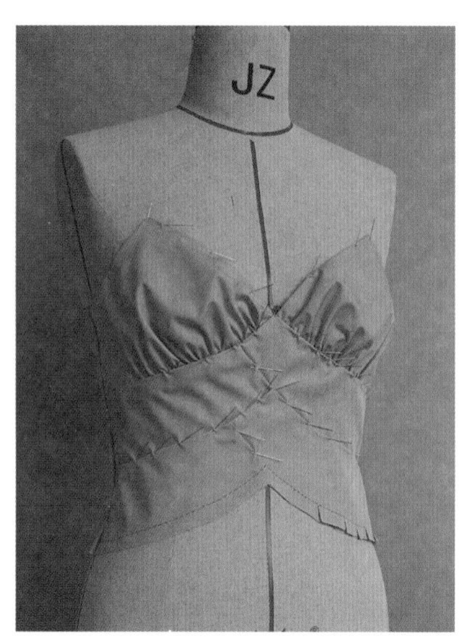

▲ 图6–2–16

（四）做裙子，见图6–2–17~图6–2–21

（1）做裙子。先做右片裙子，将面料沿着分割线固定，中间部分做叠褶皱处理。在做褶的地方打剪口，并旋转往下，做出褶皱量，沿着分割线描出点（见图6–2–17）。

（2）将做好的一半拆开，沿着前中心线折叠复制另外一半的轮廓造型，重新上架与上身衣片用大头针别合连接（见图6–2–18）。

（3）细节（见图6–2–19）。

▲ 图6–2–17

▲ 图6–2–18

▲ 图6–2–19

（4）做后片，与前片相对，沿着分割线在需要做褶皱的地方处打剪口，做出褶的造型（见图6-2-20）。

（5）同前裙片的制作方法一样，将做好的一半拆开，沿着前中心线折叠复制另外一半的轮廓造型，重新上架与后片上身衣片用大头针别合连接，并与前片侧缝别合（见图6-2-21）。

▲ 图6-2-20

▲ 图6-2-21

（五）完成，见图6-2-22

◀ 图6-2-22
完成效果。

思考题

1. 立体裁剪在礼服设计中有哪些优势？
2. 礼服裁剪前款式技术分析应考虑哪些因素？
3. 自选礼服款式进行技术分析与立体裁剪。

第三节　礼服设计作品欣赏

图片提供：“金富春林”中华嫁衣创意大赛组委会

本款礼服为学生参加设计比赛作品，胸部有褶皱造型，裙子采用不对称的斜裁。折扇的装饰造型体现中国风格。

作品名称：东方嫁衣
作　　者：张　蕊
指导教师：王明杰

作品名称：紫 魅
作　　者：张士平
指导教师：王明杰

本系列礼服为学生毕业设计作品。通过立体裁剪得到上衣紧身原型，在此基础上进行各种肩带设计。整体造型合体飘逸。

学生课堂习作
指导教师：程丽娜

用白坯布完成礼服作品，采用多层夸张的褶皱造型，尤其在背部设计上比较大胆。作品完整具有可穿性。

作品名称：婚纱系列《绽放》
作　者：王明杰

通过立体裁剪获得夸张的造型，加富有层次感的立体装饰，使作品素雅而具有视觉冲击力。

摄影：见弓/模特：朱琳琳

附录1

全国职业院校技能大赛《服装制板与工艺》技能大赛竞赛大纲

一、指导思想

加快培养选拔服装高技能人才，提高行业技术水平，积极贯彻国家教育部、财政部《关于全面提高高等职业教育教学质量的若干意见》、《关于进一步加强高技能人才工作的意见》的文件精神，满足现代服装行业对高素质、高技能人才的需求，通过大赛尽情展现了当代大学生的职业水平，真实反映参赛学生的实力。

二、命题标准

大赛根据现行的《国家职业标准—服装设计定制工》（高级）标准命题。内容包括理论知识和技能操作两部分，其中理论知识占总成绩的20%，操作技能占总成绩的80%。

操作题库：（1）合体时尚女西装；（2）时尚小礼服。

三、考核内容

（一）理论知识考试

建立以服装设计概论、服装色彩设计知识、服装材料设计知识、服装造型设计原理、服装结构设计、服装工艺学等专业理论知识为内容的试题库，包括：名词解释题（10%）、填空题（30%）、选择题（30%）、问答与计算题（30%），考试时间为1小时。

（二）操作技能考试

操作技能测试包含服装立体裁剪与平面样板转化、样衣裁剪制作两个模块。

模块一：服装立体裁剪与平面样板转化

1. 操作条件

（1）每人一张样板桌。

（2）良好的照明条件。

（3）竞赛场地准备：白坯布、白卡纸、样板纸、人台等。

（4）参赛者自备立裁工具及制板用具，如铅笔、橡皮、剪刀、描线器、直线尺、曲线尺、软尺、记号笔、大头针、珠针、标示带等。

2. 操作内容

（1）根据款式图进行衣身立体裁剪：

① 分析款式造型与风格，制定各部位尺寸。

② 根据款式造型进行立体裁剪，前后衣身必须采用立体裁剪方法制作，其他部位不做规定。

（2）将立裁衣片转化成平面样板，在衣身基础上裁配领、袖样板；并制作1：1面料工业样板一套（含裁剪样板和工艺样板）。

（3）操作时间：4小时30分钟。先进行立体裁剪操作，1小时后发放制图纸。

模块一上交内容：面料工业样板一套，立体裁剪获取的裁片一套。

模块二：样衣裁剪制作

1. 操作条件

（1）每人一台工业缝纫机 、一个160/84A女子人台。

（2）操作工位面积不小于4m^2，且有良好的照明条件。

（3）竞赛场地准备：缝纫设备、面辅料、裁剪台、烫台、熨斗、画粉、缝纫线等。

（4）考生自备工具：铅笔、橡皮、尺子、剪刀、镊子等工艺制作工具。

（5）考试用的机器型号：重机（JUKI）DDL-8700。

2. 操作内容

（1）根据模块一所制的工业样板进行面料裁剪。

（2）根据裁片要求进行工艺制作。

（3）操作时间：5小时30分钟。

四、服装设计制作大赛各项目时间及配分表

序号	比赛项目	比赛模块内容	时间	配分（%）
1	理论常识竞赛部分	理论常识（笔试）	1小时	20
2	技能竞赛部分	模块一：服装立体裁剪与平面样板转化（操作）	4小时30分钟	50
		模块二：样衣裁剪制作（操作）	5小时30分钟	30
合计			11小时	100

五、考核要求

（1）考生必须携带身份证、准考证才能进入考场。

（2）考生在指定的考场进行考试。

（3）考生必须严格遵守考场纪律、独立完成。

（4）答卷一律用黑钢笔或黑水笔，字体工整、清晰。

六、技能竞赛操作评分标准

（一）服装立体裁剪与平面样板转化（50分）

1. 服装立体裁剪（25分）

① 各部位尺寸制定合理（3.75分）。

② 各部位放松量合理，造型美观（7.5分）。

③ 衣身结构平衡，无起吊、起皱现象（5分）。

④ 标记准确（5分）。

⑤ 线条圆顺（3.75分）。

2. 服装样板制作（25分）

服装工业样板完整，缺少一片或一片以上主片样板或缺少两片或两片以上零部件样板，将被视为该部分不及格。

① 规格准确，在规定的公差范围内（5分）。

控制部位规格允差±0.2cm，超过允差每个部位扣1分；零部件规格允差±0.1cm，超过允差每个部位扣0.5分。

② 线条流畅（3.75分）。

线条清晰，顺直流畅。酌情扣分，一处扣0.5分，扣完为止。

③ 袖子裁配（5分）。

袖子与衣身协调，造型美观，结构准确，袖山吃势合理，各对位点标注准确。

④ 领子裁配（5分）。

领子造型符合款式要求，结构准确。

⑤ 标记、标注准确（2.5分）。

每片样板须标注齐全，缺主要标记每个扣0.5分，次要标注错误或漏缺标注每个扣0.2分。

⑥ 服装样板放缝（3.75分）。

服装样板各部位放量准确、合理，曲线顺畅，标注齐全。放缝不合理每处扣1分，放缝记号错误或漏缺每个扣0.5分。

（二）样衣裁剪制作（30分）

服装样衣与款式图一致。如出入较大将被视为该部分不及格。

① 规格准确，在规定的公差范围内（4.5分）。

控制部位规格允差±0.5cm，超过允差每个部位扣1分；零部件规格允差±0.1cm，超过允差每个部位扣0.5分。

② 外形优美，线条流畅（6分）。

明显失误每处扣1分，较小误差每处扣0.5分。

③ 工艺精致、配伍合理（9分）。

工艺精致，装领、装袖等相关部位吃势均匀，配伍合理。

④ 部件完整、工艺科学（4.5分）。

⑤ 手工完整（1.5分）手工部位漏缝、缺缝每个扣1分。

⑥ 整烫程度（3分）熨烫不到位、有烫黄、极光现象每个扣0.5分。

⑦ 用料及其他（1.5分）。

附录2

全国职业院校技能大赛
《服装制板与工艺》操作技能测试题库

一、操作技能测试

操作技能测试包含服装立体裁剪与平面样板转化、样衣裁剪制作两个模块。分别占决赛总成绩的50%和30%。

模块一：服装立体裁剪与平面样板转化（考试时间为4小时）

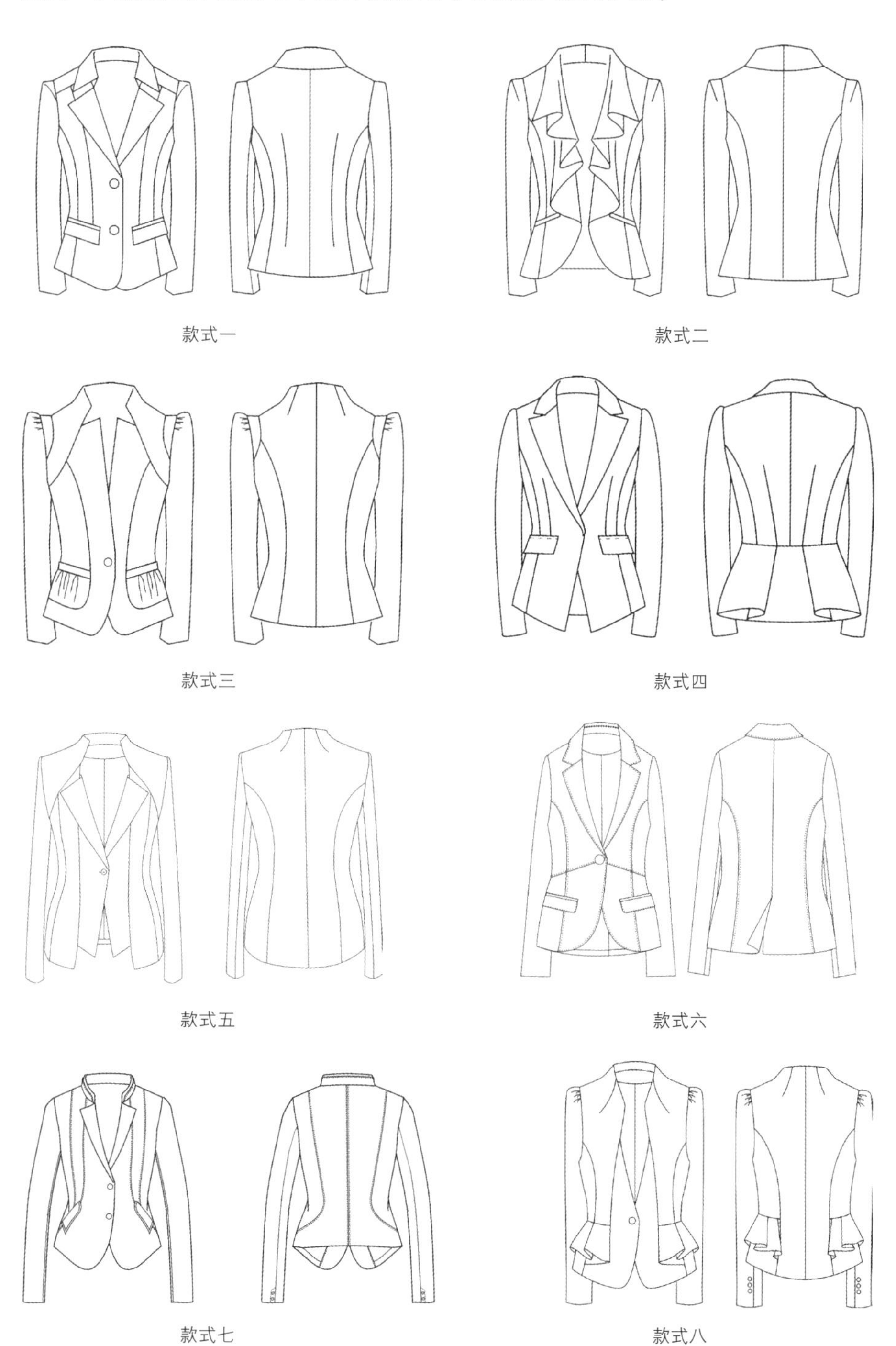

款式一 款式二

款式三 款式四

款式五 款式六

款式七 款式八

（1）根据款式图任选其一款进行衣身立体裁剪。

① 根据款式造型与风格，按160/84A的规格号型设计服装主要控制部位规格尺寸。

② 根据款式造型进行立体裁剪，前后衣身必须采用立体裁剪方法制作。

（2）将立裁衣片转化成平面样板，在衣身基础上配领、配袖。

（3）制作1：1面料工业样板一套（含裁剪样板和工艺样板）。

（4）操作时间：4小时。先进行立体裁剪操作，1小时后发放制图纸。

模块二：样衣裁剪制作（操作时间为4小时）

（1）根据模块一所制的工业样板进行面料裁剪。

（2）根据款式要求进行工艺制作。

（3）操作时间：4小时。

二、技能竞赛操作评分标准

（一）服装立体裁剪与平面样板转化（50%）

1. 服装立体裁剪（25%）

① 各部位尺寸制定合理（20%）。

② 各部位放松量合理，造型美观（30%）。

③ 衣身结构平衡，无起吊、起皱现象（20%）。

④ 标记准确（15%）。

⑤ 线条圆顺（15%）。

2. 服装样板制作（25%）

服装工业样板完整，缺少一片或一片以上主片样板；缺少两片或两片以上零部件样板；将被视为该部分不及格。

① 规格准确，在规定的公差范围内（15%）

控制部位规格允差±0.2cm，超过允差每个部位扣3分；零部件规格允差±0.1cm，超过允差每个部位扣1分。

② 线条流畅（15%）

线条清晰，顺直流畅。酌情扣分，一处扣2分，扣完为止。

③ 袖子裁配（20%）

袖子与衣身协调，造型美观，结构准确，袖山吃势合理，各对位点标注准确。

④ 领子裁配（20%）

领子造型符合款式要求，结构准确。

⑤ 标记、标注准确（10%）

每片样板须标注齐全，缺主要标记每个扣1分，次要标注错误或漏缺标注每个扣0.5分。

⑥ 服装样板放缝（20%）

服装样板各部位放量准确、合理，曲线顺畅，标注齐全。放缝不合理每处扣1分，放缝记号错误或漏缺每个扣0.5分。

（二）样衣裁剪制作（30%）

服装样衣与款式图一致。如出入较大将被视为该部分不及格。

① 规格准确，在规定的公差范围内（15%）

控制部位规格允差±0.5cm，超过允差每个部位扣3分；零部件规格允差±0.1cm，超过允差每个部位扣1分。

② 外形优美，线条流畅（20%）

明显失误每处扣2分，较小误差每处扣1分。

③ 工艺精致、配伍合理（30%）

工艺精致，装领、装袖等相关部位吃势均匀，配伍合理。

④ 部件完整、工艺科学（15%）

⑤ 手工完整（5%）手工部位漏缝、缺缝每个扣1分。

⑥ 整烫程度（10%）熨烫不到位、有烫黄、极光现象每个扣10分。

⑦ 用料及其他（5%）

三、考核要求

（1）考生必须携带身份证、准考证才能进入考场。

（2）考生在指定的考场进行考试。

（3）考生必须严格遵守考场纪律、独立完成。

（4）答卷一律用黑钢笔或黑水笔，字体工整、清晰。

四、技能操作条件要求

1. 服装立体裁剪与平面样板转化操作条件

（1）每人一张样板桌。

（2）良好的照明条件。

（3）竞赛场地准备：白坯布、白卡纸、样板纸、人台等。

（4）参赛者自备立裁工具及制板用具，如铅笔、橡皮、剪刀、描线器、直线尺、曲线尺、软尺、记号笔、大头针、珠针、标示带等。

2. 样衣裁剪制作操作条件

（1）每人一台工业缝纫机 、一个160/84A女子人台。

（2）竞赛场地准备：缝纫设备、面辅料、裁剪台、烫台、熨斗、画粉、缝纫线等。

（3）考生自备工具：铅笔、橡皮、尺子、剪刀、镊子等工艺制作工具。

附录3

单层半夹里三开身女西服制板与工艺

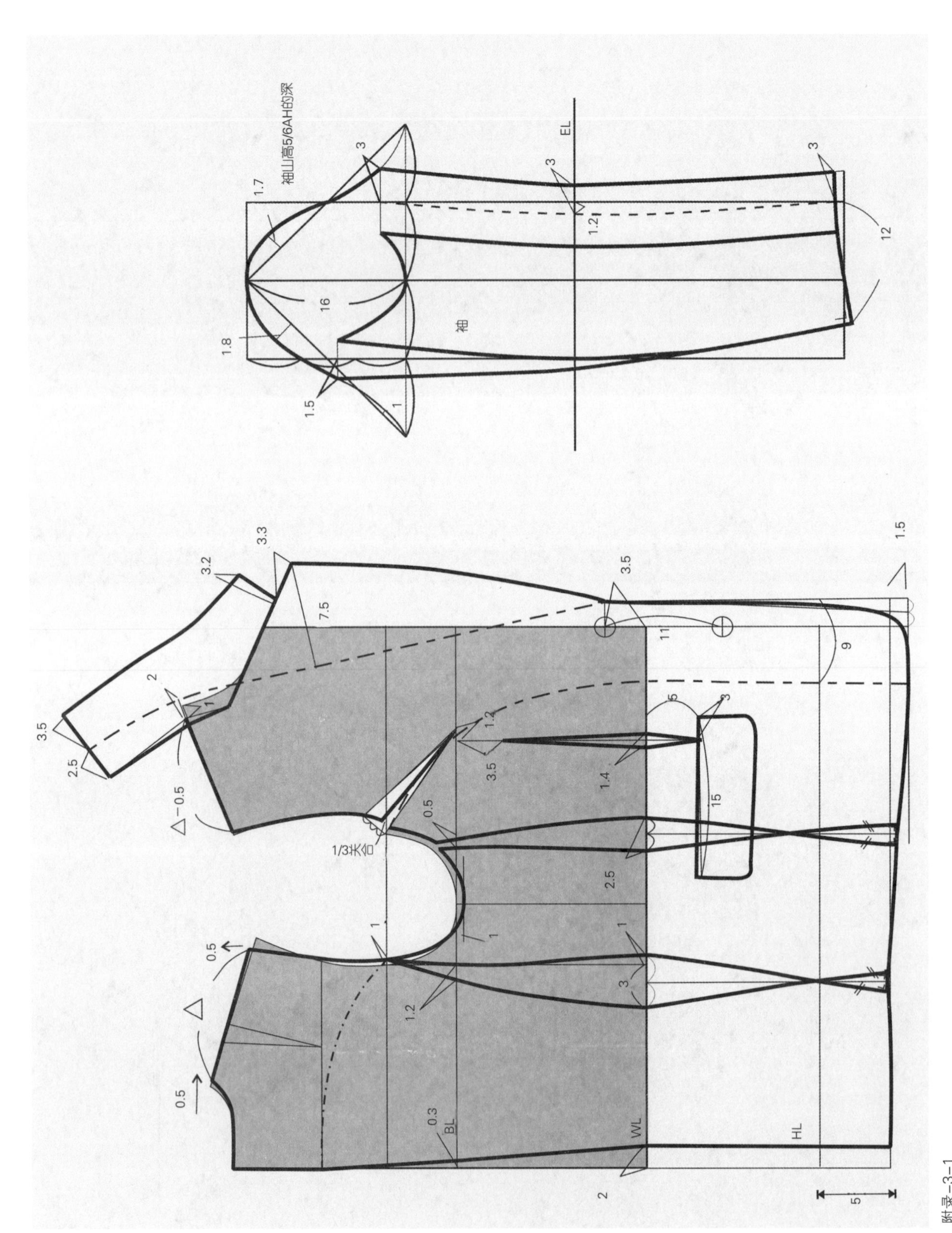

附录-3-1
三开身女西服平面板型

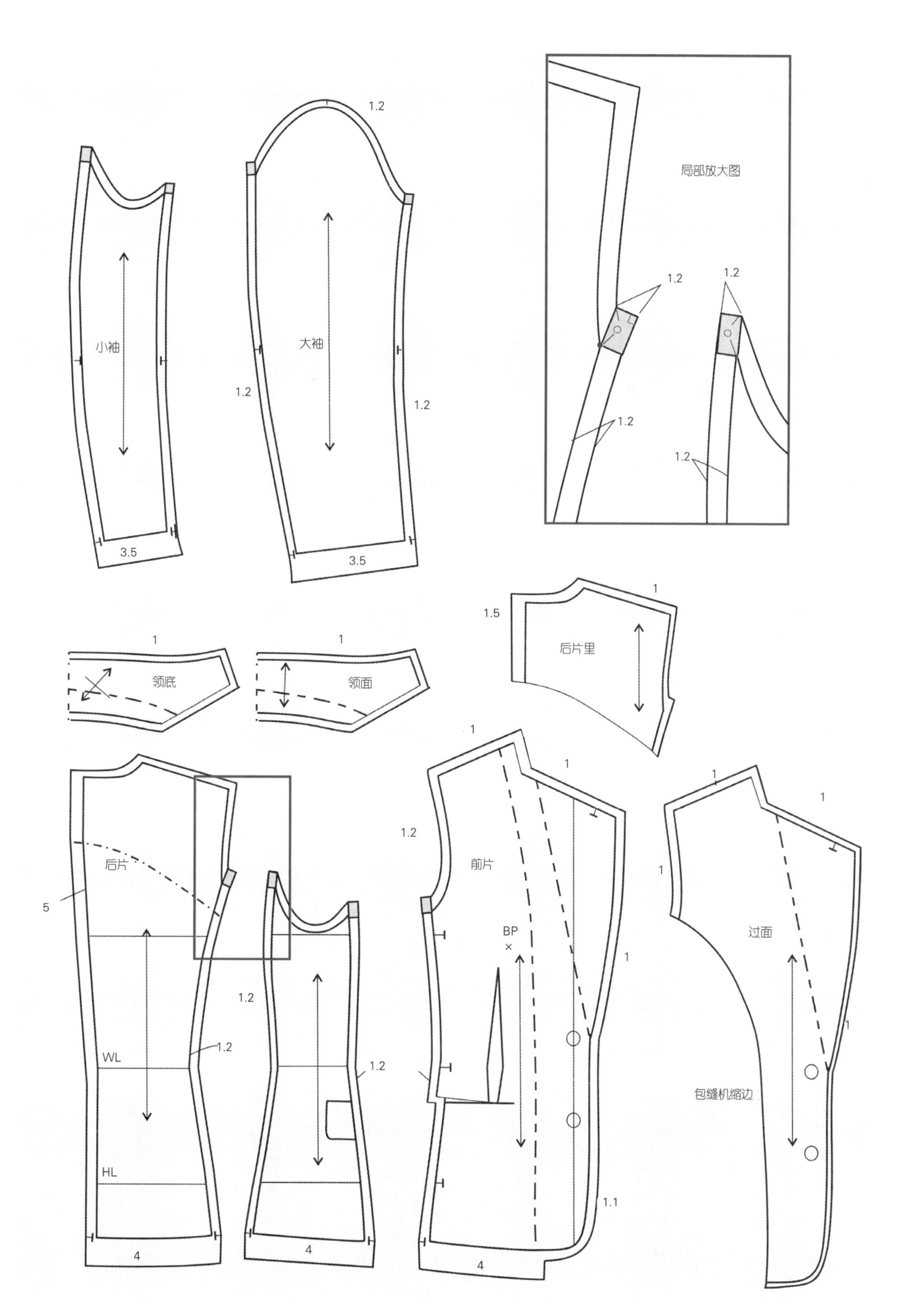

局部放大图
1.2
1.2
1.2
1.2
1.2
1.2
小袖
大袖
1.2
1.2
3.5
3.5
1
领底
1
领面
1.5
1
后片里
1
1
1.2
前片
BP
1
过面
1
1
包缝机缩边
后片
5
1.2
1.2
WL
1.2
HL
4
4
4
1.1

附录-3-2 毛缝的放法

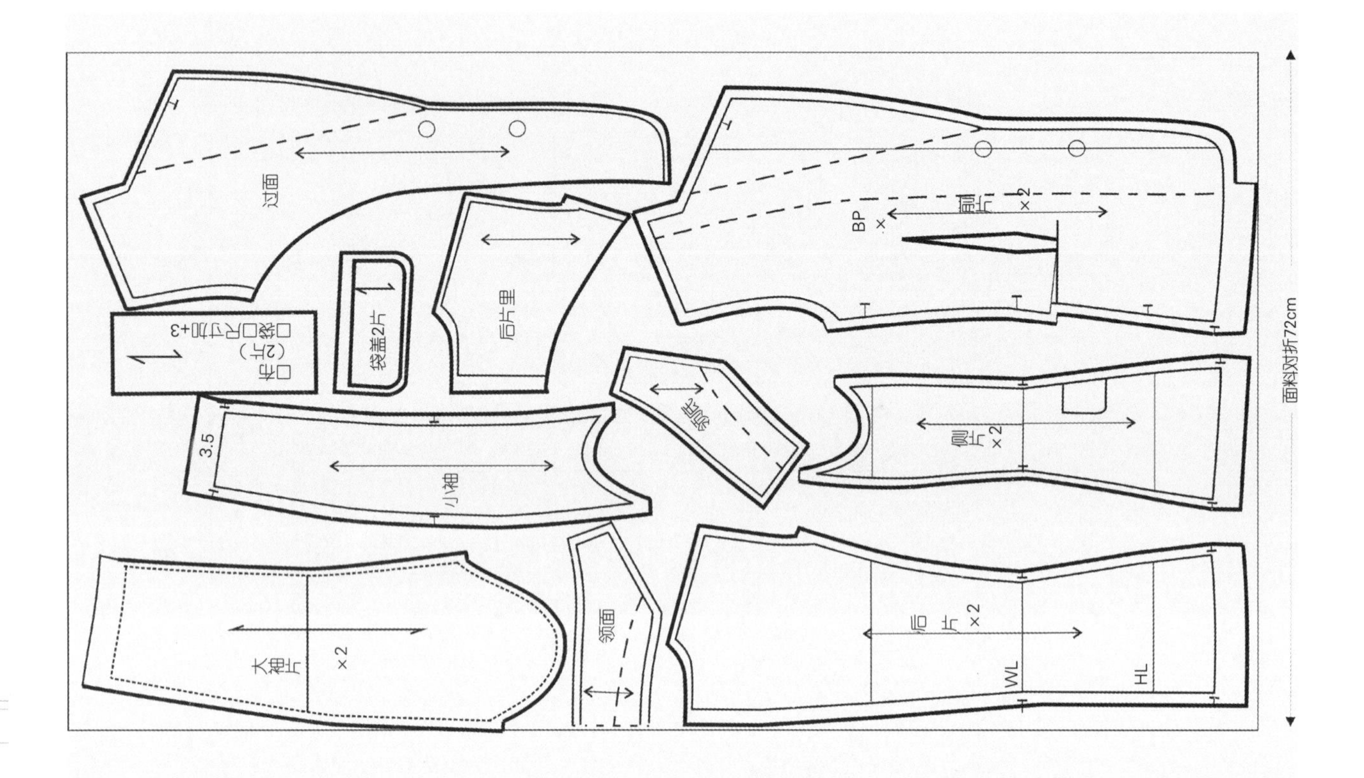

附录-3-3 排料

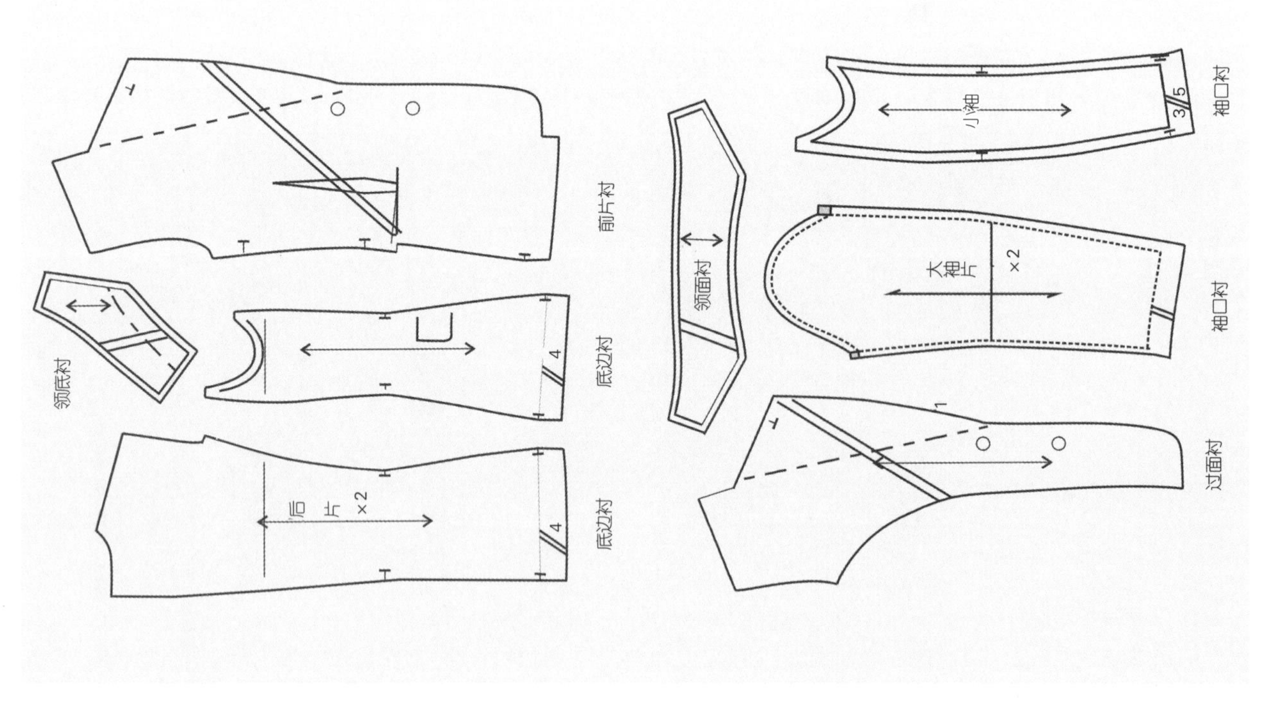

附录-3-4 贴衬的位置

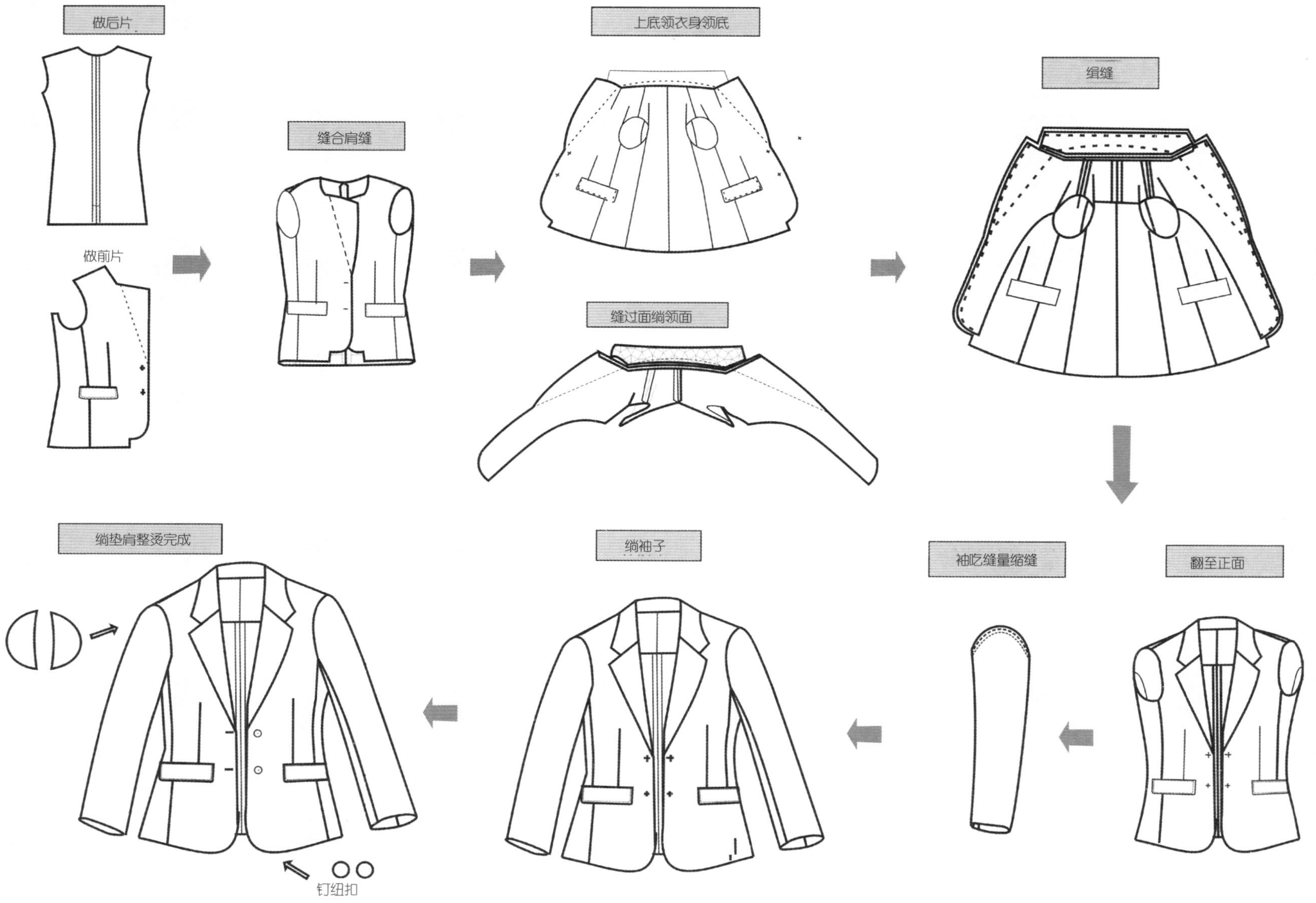

附录-3-5 工艺流程图

附录4

全国职业院校技能大赛
高职服装专业《服装制板与工艺》竞赛理论试题库

一、填空题

1. 服装是以人体为基础进行造型的，通常被人们称为是 人的第二层皮肤 。

2. 服装设计要依赖人体穿着和展示才能得到完成，同时设计还要受 人体结构 的限制。

3. 服装流行的因素中，自然因素包括 地域因素和气候因素 。

4. 服装制图术语的来源大致是由服装零部件的安放部分命名、零部件本身的形状命名、零部件的作用命名和约定俗成等构成，而“克夫”一词的由来则是由 外来语译音 而命名的。

5. 样衣制作和试产数据的测定是编制产品 工艺流程 ，确定产品加工方法、设备配置、人员编排等工作的重要依据。

6. 服装中 省道 的作用是突显人体的曲线，而褶裥的作用则是为了掩饰人体体型。

7. GB1335-97服装号型标准中，男子A体型其胸腰差为16~12cm，而女子A体型其胸腰差应在 18~14 cm。

8. 服装制版中必须考虑面料的自然缩率、面料的缩水率、面料的热缩率以及 缝缩率 等四个重要缩率参数。

9. 平面裁剪中的间接法，主要指的是 原型法 和基型缝。

10. 贴身低胸式晚礼服在制作时，为避免领口处出现还口的弊病，必须在领口边缘粘烫 牵条 。

11. 服装吊挂流水线的吊挂方式主要由 主传输轨道 和支传输轨道构成，每个工位均有支传输轨道，且有自己的代码。

12. 服装CAD即 计算机辅助设计 ，实现了服装的款式设计、结构设计、推档排料、工艺管理等一系列操作的计算机化。

13. 生产周期=（ 实际工作时间 ×定货数量 ）÷（ 工作人员人数×1天工作时间 ）。

14. 质量标准技术文件包括国际标准、国家标准、专业标准和 企业标准 。

15. 工艺卡是指导具体工序的生产内容、 质量标准 、工时产量定额的技术文件。

16. 纬编针织面料与机织面料相比具有 伸长能力大和易脱散 等特点。

17. 服装的局部造型设计主要包括: 结构线 、领型、袖型和零部件的设计。

18. 男士礼服作为礼仪的标志，具有很强的规范性。传统男礼服可划分出第一礼服、 正式礼服 和日常礼服。

19. 熨烫就是利用纺织品在高温加压条件下受外力作用具有一定的 可塑 性这一特性，对织物或服装进行定型处理的过程。

20. 镶边布料的使用纱向有两种，一是与被镶拼部位纱向一致，二是使用 斜料 。

21. 通常借助 数字化仪 可将传统纸样输入到CAD系统成为数字样板。

22. 工序 是服装生产过程中的基本环节，是构成作业系列的分工单位，是工艺过程的组成部分，也是产品质量检验、制定工时定额的基本单位。

23. 改善操作者缝制作业动作要求是尽量减少动作的 数量 、尽量减小动作的幅度、保持固定一个动作是尽可能的利用附属装置或其他器具、一次动作开始后尽可能利用重力避免不自然的姿势及运动、尽可能使动作连续有节奏并很轻便地完成缝制作业的整个过程。

24. 生产技术文件的制定，包括总体设计、商品计划、款式技术说明书、成品规格表，加工工艺流程图、生产流水线工程设置、工艺卡、 质量标准 、标准系列样板、产品样品等技术资料和文件。

25. 影响羊毛织物的缩水率大小与 材料吸湿性及缩绒性 等有关。

26. 服装设计属于 工艺美术 范畴，是实用性和艺术性相结合的一种艺术形式。

27. 品牌的周期与品牌的外在要素和品牌的内在要素是否完善有关，与品牌生成基础、运作过程和市场气候有直接的因果关系。共分为 品牌诞生期 、品牌生长期、品牌发展期、品牌鼎盛期、品牌延续期和品牌衰落期。

28. 褶饰绣就是用各种装饰线和 装饰针迹绣缝 形成一定的衣褶形成的刺绣技艺。

29. 服装CAD的排料系统中，主要有 自动排料 和人机交互排料两种排料方式。

30. 确定服装生产工时时，一般以秒表计算时间，从开始生产到最后动作的完成，以其中的 纯操作 时间为准。

31. 男女成人体腰部的差异构成了女装的吸腰量往往大于男装，而人体侧腰部的双曲面状，也确定了曲腰身服装在腰节处的侧摆缝部位必须进行 拔开 熨烫工艺处理，使服装更符合人体曲线造型。

32. 排料时，对丝绺一般有两种要求，即对齐（平行或垂直）丝绺和 借丝绺 。

33. 缝口皱缩的形成主要来自于 缝制过程 、穿用过程和面料性能的差异三个方面。

34. 缝口的形式、线迹的形式、缝料的性能、缝纫线的性能、缝料在缝制中的损伤、 线迹密度 等是影响服装缝口强度的主要因素。

35. 某些服装部件会出现圆角，为了使圆角圆顺、自然、正确、造型美观，一般需采用 抽褶收缩 的工艺技法。

36. 饰带的刺绣针法与 彩绣 针法基本相同，只是用的材料不同。

37. 皱缩缝 工艺是将织物缝缩形成皱褶的装饰技艺。

38. 影响袖山吃势量的因素包括袖山造型、AH数值尺寸、 缝头倒向 、袖山弧线曲率大小、面料质地性能、垫肩厚度等。

39. 服装外贸生产中经常遇到客户提供的尺寸是英制的，并提供了面料的缩率，如某件上衣后衣长29英寸，其经纱缩率4%，转换为含缩率的公制尺寸应该是 76.73 cm（保留2位小数）。

40. 服装机械按设备用途和功能进行详细分类，可分为以下几大类：裁剪前准备机械设备、裁剪机械设备，粘合机械设备，缝纫机械设备，熨烫设备和 检测设备 。

41. 服装CAD技术是现代科学技术与服装工业化生产相结合、技术与艺术相结合的产物，是利用 计算机 这一现代化工具来完成服装产品的设计和生产技术准备工作的一项实用技术。

42. 计算机存储器由内存储器和 外存储器 组成。

43. 立体结构的服装是将人体视作三维物体，将平面布料通过捏褶、 分割 、收省等结构形式和归、拔等熨烫工艺形式做成立体状的服装。

44. 传统的服装设计为手工操作，效率低，重复量大，而服装CAD具备灵活性、高效性和 可存储性 等特点。

45. 服装工艺设计必须遵循 技术上先进 、艺术上完美、方法上科学、经济上合理的原则。

46. 常规的生产工序图表表示法中一般要包括符号、工序顺序号、工序名称、纯粹加工时间、材料零件名称和 设备 名称。

47. 设计服装生产工序的基本要求是除了考虑工序的顺序性、节奏性、连续性、合理性之外，还要考虑生产工序的 经济性 。

48. 生产单一或常规服装产品的企业，适合使用 表格式 工艺文件，而生产服装品种繁多的企业，则比较适合使用书写式的工艺文件。

49. 在生产工序文件中必须详细的说明服装在加工过程中的具体工艺程序、 质量要求 并标明各道工序所采用的机器及所需的定额时间。

50. 由于男性肩部较宽而平，女性肩部较窄而斜、致使一般女装肩宽窄于男装，女装肩斜大于男装且前后肩斜的斜度差 大于 男装。

51. 服装面料经洗涤后不经熨烫而保持平整状态的性能称为 免烫性 。

52. 服装用的化学粘合衬，是在机织、针织或无纺基布上涂一层 热胶溶 而制成的。

53. 社会政治的变化与 社会经济 的发展程度直接影响到这个时期人们的着装心理与方式，往往能够形成一个时代的着装特征。

54. 服装的流行浓缩了一定地域、一定时间内特有的服装审美倾向和服装文化的面貌，并体现着这一历史时期内服装风格的产生、发展和<u>衰亡</u>的整个过程。

55. 西服的袖衩制作方法可以分为假袖衩工艺、真袖衩工艺和<u>真假袖衩</u>工艺。

56. 毛皮在制作时，为使毛皮成形饱满，毛皮的里面要付上<u>双面厚绒衬</u>，用粗八字缝扎牢。

57. 盘扣是中式礼服中独特的手工技艺，指采用绸布、尼龙绳、毛线、丝带等材料做成的扣子，由纽头、纽袢和<u>扣花</u>等组成。

58. 某种布料在燃烧时有烧纸味，烧后有灰白色的细软灰烬，该布料是由<u>棉、麻或粘胶纤维</u>制成的。

59. 用<u>直刀</u>裁剪机裁剪，除要遵循进刀法则，还要做到先裁小片，后裁大片。

60、条格衬衫，必须条料对条，格料对格，按照标准规定衬衫的袋与前身条料对条，格料对格互差≤<u>0.2</u> cm为标准。

二、单项选择题

1. 在我国历史上把道德二字连用，最早是（ B ）。
   A. 孔子　　B. 管子　　C. 庄子　　D. 荀子

2.《公民道德建设实施纲要》提出，必须在全社会大力倡导（ B ）的基本道德规范。
   A. 爱祖国，爱人民，爱劳动，爱科学，爱社会主义
   B. 爱国守法，明礼诚信，团结友善，勤俭自强，敬业奉献
   C. 社会公德，职业道德，家庭美德
   D. 五讲，四美，三热爱

3. 在阶级社会中道德具有鲜明的（ A ）。
   A. 阶级性　　B. 历史继承性　　C. 革命性　　D. 科学性

4. 服装制造工艺单，严格地说应该由（ B ）。
   A. 开发部编制　　B. 技术部编制　　C. 品管部编制
   D. 有些厂由技术部编制，有些厂由品管部编制

5. 组合工序要求合并在一新工序内的不可分工序应当是（ B ）。
   A. 不同类型的工序　　B. 同类型工序
   C. 划分不可分工序　　D. 确定工时

6. 乔其纱所用的织物组织为（ B ）。
   A. 绉组织　　B. 平纹组织　　C. 纱罗组织　　D. 透孔组织

7. 服装设计的第一要素：（ B ）。
   A. 色彩设计　　B. 轮廓和细部特征设计
   C. 面料选择　　D. 图案设计

8. 人类最早的装饰工艺是刺绣技术，它起源于（ B ）。
   A. 中国　　B. 古埃及　　C. 古巴比伦　　D. 古希腊

9. 裁剪前排版必须遵照下列要诀（ B ）。
   A. 直对直，弯对弯，先大片，后小片，先次后主，先短后长，搭配合理
   B. 直对直，弯对弯，先大片，后小片，先主后次，先长后短，搭配合理
   C. 直对弯，弯对斜，先小片，后大片，先次后主，先长后短，搭配合理
   D. 灵活机动，自由搭配

10. 造成服装后领口起涌的主要原因是（ C ）。
   A. 后肩线斜度不足　　B. 后背太长
   C. 后背太长、后肩线斜度过大　　D. 后直开领挖的太深

11. 道德在发展过程中具有（ B ）。
   A. 阶级性　　B. 历史继承性　　C. 思想性　　D. 科学性

12. 与法律相比，道德在调节人与人，个人与社会以及人与自然之间的各种关系时，它的（ D ）。

A. 时效性差　B. 作用力弱　C. 操作性强　D. 适用范围大

13. 社会主义职业道德的核心是（ D ）。
A. 集体主义　B. 共产主义
C. 全心全意依靠工人阶级　D. 全心全意为人民服务

14. 为把好裁剪质量关，必须进行的确认核对是（ A ）。
A. 生产制造单，原辅料，样板，用料定额铺料层料
B. 生产制造单，样板数量，用料定额，规格，样衣
C. 生产制造单，用料定额，开裁数量，样衣，出货期
D. 服装工艺单，装箱通知书，裁剪通知单

15. 在样板规格准确缝制无误的情况下影响并造成成衣产品规格不足的因素是（ C ）。
A. 铺料时拉布过紧自然缩率不足
B. 缩水率不准确
C. 铺料时拉布过紧，熨烫热缩率和缝纫损耗不足
D. 缝纫损耗率未计

16. 服装工业生产时最容易造成成品规格不准确的面料是（ C ）。
A. 质地疏松的面料　B. 轻薄的面料
C. 厚重硬挺的面料　D. 有花型、图案和格子的面料

17. 服装工艺设计的四大原则是（ D ）。
A. 技术先进、经济合法、设备先进、艺术完美
B. 设备先进、方法科学、艺术完美、客户满意
C. 技术先进、艺术完美、客户满意、设备先进
D. 技术先进、方法科学、艺术完美、经济合理

18. 根据国际惯例，我国外销服装的质量问题由（ A ）决定。
A. 国外客户　B. 国家商检机构
C. 生产加工企业　D. 国家技术监督机构

19. 目前我国服装企业的品质管理，一般都采用（ C ）模式。
A. 质量检验管理　B. 数理统计分析
C. TQC管理　D. ISO—9000质量体系管理

20. 使用真丝类薄型面料制作女礼服时最好使用（ C ）缝纫。
A. 锐尖型针尖的缝纫针　B. 抛物线型针尖的缝纫针
C. 球型针尖的缝纫针　D. 任意

21. 要使社会安定，秩序正常，除了法制手段以外，还需要（ B ）来约束人们的行为。
A. 科技　B. 道德　C. 教育　D. 宗教

22. 抓职业道德建设，关键是抓（ A ）的职业道德建设。
A. 各级领导干部　B. 农民　C. 工人　D. 人民群众

23. 社会主义职业道德的基本原则是（ C ）。
A. 共产主义　B. 集团主义　C. 集体主义　D. 全心全意为人民服务

24. 下列织物中悬垂性最好的是（ B ）。
A. 棉织物　B. 丝织物　C. 涤纶织物　D. 麻织物

25. 用刺绣线迹将布与布拼接起来，形成具有蕾丝风格的装饰技艺称为（ A ）。
A. 装饰线迹接缝　B. 装饰细褶缝
C. 意大利式绗缝　D. 裥饰缝

26. 服装裁剪排样前首先必须掌握（ B ）资料。
A. 生产制造单，纸样，面料门幅，裁剪方案，合同
B. 生产制造单，纸样，面料门幅，裁剪方案，排料图
C. 生产计划，纸样，工艺样，裁剪方案，排料图

D. 合同，排料图

27. 流水作业碰到（ A ）等问题不投产。

A. 无工艺单，无样衣，面辅料不相配，操作要求不清，规格不详

B. 操作要求不清，无工艺单，裁片不准，无样衣，公差要求不明

C. 无工艺单、样衣，裁片不准，面辅料不相配，操作要求不清

D. 操作要求不清，无工艺单、裁片不准，公差要求不明，面辅料不相配

28. 特殊体型驼背服装技术处理的正确要领是（ D ）。

A. 前门襟撇胸改大，横开领改小，前胸部位放宽，后背改窄

B. 前门襟不撇胸，横开领不变，后背加长，前胸缩短

C. 前门襟撇胸改小，横开领改小，前胸部位改窄，后背放宽

D. 前门襟撇胸改小，横开领改大，前胸部位改窄，后背放宽

29. 裁剪挺胸体服装必须掌握的要领是（ B ）。

A. 撇胸改小，前腰节增大，前胸改窄，后背增宽

B. 撇胸改大，前腰节加长，前胸改宽，后背改窄

C. 撇胸改大，前腰节不变，前胸增宽，后背改窄

D. 横开领加大，前腰节减短，前胸增宽，后背加长

30. 女式套装上衣钉垫肩时，一般位于后肩的量是（ C ）。

A. 垫肩1/2偏短1cm　　B. 垫肩2/3

C. 垫肩1/2偏长1cm　　D. 垫肩1/2

三、判断题

（√）1. 我们应该批判的继承历史上一切优良的道德传统。

（×）2. 道德和法律是人们行为的规范，所以，两者是没有区别的。

（×）3. 服装工业生产中的成品规格一般是指客户指定的。

（√）4. 毛织物的耐热性较差，所以熨烫温度与压烫温度应比较低。

（√）5. 色彩是塑造品牌风格形象的有效手段，色彩的意义在于促进商品的销售。

（√）6. 贴布绣要根据不同的织物和整体构思来使用和设计。

（×）7. PDCA循环也叫朱兰罗旋循环，因为这是美国质量管理专家朱兰率先采用表达产品质量产生，形成的客观规律的一条螺旋上升曲线。

（√）8. 目前，大多数三维人体测量仪的工作原理都是以非接触的光学测量为基础，通过光照射系统，使用视觉设备来捕获物体的外形，然后通过系统软件来提取扫描数据。

（√）9. 根据国家标准有关对条对格的规定，面料有明显条、格在1.0cm以上的女大衣，要求大袋与前身为条料对条，格料对格，互差不大于0.3cm。

（×）10. 西便服的产生正适合男士们不注重礼仪和衣着场合，而注重舒适与随意的情况而产生的。

（×）11. 让个人利益服从集体利益就是否定个人利益的存在。

（×）12. 职业道德与企业文化没有关系。

（×）13. 礼服由于穿着方式的特殊性、场合的局限性，属于成衣，所以制作常常采用量身定做的形式。

（√）14. 服装材料对廓型有较大的影响，廓型在一定程度上也取决于穿着者自身的体型和仪态。

（×）15. 在成衣设计中，把握流行色非常重要，流行色适合各种品类的服装设计。

（√）16. 生产过程的合理组织是提高服装生产效率，促进生产力发展的重要保证，其目的是使产品过程中的工艺路线最短，加工时间最省，耗费最小，生产出满足客户要求的产品。

（√）17. 女高档大衣背缝以上部为准，条料对条，格料对格，两片对条、对格互比差不大于0.2cm。

（√）18. 样板中眼刀、钻眼等标记符号在服装批量裁剪中，起着标明缝份宽窄、褶裥、省份大小、袋位高低、左右部件对称以及其他零部件位置的固定作用。

（×）19. 服装面料色差共分5级，最大色差为4级和5级色差。

（√）20. 裤子后翘高度的确定与后缝斜线的倾斜度有着密切的联系，通常后缝倾斜度越大，后翘越高，反之则越低。

（√）21. 社会主义职业道德是靠每个从业人员的自觉努力而逐步形成的。

（√）22. 职业道德是促使人们遵守职业纪律的思想基础。

（√）23. 工序的组织工作必须根据企业的生产条件、产品特点、工艺要求来科学而细致的进行。

（×）24. 丝绸织物中，缎类织物的光泽及抗皱性均较皱类织物优异。

（√）25. 生产成本和零售价之间的差距越大，说明产品的附加值越高，也表明档次越高。

（√）26. 无带胸衣式礼服裙属于上下组合结构连衣裙，因此，在立体裁剪中人体模型先表示出上下分界线。

（×）27. 中国人对服装重造型之美，讲究与环境的对比；西方人对服装重装饰之美，讲究与环境的和谐。

（×）28. 我国服装装备的制造从产品技术含量以及制造水平来看，目前已达到国外同行的水平。

（×）29. 礼仪服装具有极强的象征、标示作用，其功能等同于职业服。

（×）30. 作为技术部主管，应该具有敬业精神爱厂如家，对总经理负责，同时应该团结和爱护下属，当企业与员工的利益发生矛盾时，应该坚定不移和站在企业一边。

四、简答与计算题

1. 某服装企业，接一订单，其规格分配是：S号250件；M号750件；L号750件；XL号750件；XXL号500件，共计3000件。其中粉红500件；白色750件；灰褐色1150件；紫罗兰600件。通过计算，设计一份混色混码装箱单。

答：

规格 颜色	S	M	L	XL	XXL	合计
粉红	1	3	2	2	2	10
白色	1	3	4	3	4	15
灰褐色	2	6	7	6	2	23
紫罗兰	1	3	2	4	2	12
合计	5	15	15	15	10	60

2. 新型服装材料的发展方向包括哪些方面？

答：（1）发展绿色环保材料：通过阻燃材料的进一步开发利用和环保型化纤及染料的研制与推广；

（2）发展功能性材料：利用高科技发展特种材料和新工艺；

（3）发展新型风格材料：通过设计与工艺创新，适应和引导流行趋势；

（4）发展智能化材料：通过研究领域的开拓将高科技技术应用于服装材料的开发；

（5）发展特种材料：是服装材料具有服用功能之外的多种途径。

3. 简述服装设计常用的配色法则？

答：在服装设计中常用的配色方法有：同类色配色、近似色配色、对比色配色、相对色配色四种。

（1）同类色的服装配色：同类色配色是通过一种色相在明暗深浅上的不同变化来进行配色。

（2）近似色的服装配色：近似色的配色是指在色相环上90度范围内色彩的配合，给人们温和协调之感。与同类色配色比较，色感更富于变化，所以它在服装上的应用范围比同类色配色更广。

（3）对比色的服装配色：对比色的配色是指色相环上120°~180°范围内的色彩配合，所体现的服装风格鲜艳、明快，多用于运动服、儿童服、演出服的设计中。

（4）相对色的服装配色：相对色配色是指色相环上180度两端两个相对色彩的配合。其效果比对比色配色更为强烈。在相对色配色中要注意主次关系，同时还可以通过加入中间色的方法使对比色更富情趣。

4. 简述面料检验及预缩这两道裁剪之前的整理工序对于成衣加工的意义?

答：面料在裁剪前预检验可减少成衣过程中因调换衣片而造成的工时和材料的损失；面料预缩可降低成衣的缩水变形率，并且能够方便后道工序操作，对提高成衣加工具有积极的意义。

5. 已知：采用平缝线迹，线迹密度为12针/3cm，面料厚度1mm，缝纫线为9.8tex×3（60英寸×3），在缝长度全件衣服共6.87m，用线量约是多少m？注：缝纫线消耗比值为2.73。

答：6.8×2.73≈18.6m。

6. 简述服装细分工序的优缺点。

答：优点如下，

（1）能有效地利用专业人员和设备，服装加工质量和生产效率较高；

（2）对工人的技能要求不高，因人工可以轻易的在短时间内掌握重复操作；

（3）分配任务时，根据款式、批量及传送条件，将服装各裁片分扎在一起，分别送至各支线的相应工位同时加工，再由主线合成。

缺点如下，

（1）所需人员、设备数多，企业初期投资费用较大；

（2）需要将工序很好的分解，保证生产线平衡生产，必须具备较高的管理水平。

7. 现代化成衣设计的要求是什么?

答：服装业的发展与科技进步、经济文化的繁荣以及人们生活方式的变化密切相关，制衣业从以往的量体、裁衣式的手工操作发展到大批量的工业化生产，形成了服装的系列化、标准化和商品化。当今时装流行的周期越来越短，就促使服装业要不断改革现状，向现代化的成衣设计生产发展。现代化成衣设计要求符合工业化生产的工艺要求，有利于生产的高效和管理，把握流行的细节。

8. 简述服装自动吊挂流水线式生产系统的特点。

答：服装自动吊挂流水式生产系统的基本构成是一套悬空的物件传输系统。这种传输系统改变了服装行业传统的捆扎式生产方式，有效地解决了制作过程中辅助作业时间比例大、生产周期长、成衣产量和质量难以有序控制等问题，对服装企业适应小批量、多品种、短周期的市场需要，形成快速反应具有十分重要的作用。

9. 裁剪车间：5天预计工资总额1920元，5人工作6天，每天工作时间8小时，请算出每人每天的劳务费应是多少?

答：劳务费=1920元/（5人×6天×8小时）=8元/小时

10. 写“服装制造工艺单”要遵循什么原则?

答：（1）体现客户的要求；

（2）以产品标准为依据；

（3）覆盖裁剪、缝制、整烫、包装等工程的质量要求；

（4）提出交货日期。

11. 服装流行的传播方式有哪些?

答：服装流行的传播方式有，

（1）时装展示；

（2）影视艺术；

（3）社会名流；

（4）大众传播。

12. 什么是服装批量定制生产方式?

答：批量定制服装生产方式亦被称之为单量单裁生产形式之一，是将定制服装的生产通过产品重组转化为或部分转化为批量生产的方式。对客户而言，所得到的服装是定制的、个性的；对厂家而言，该服装是采用批量生产方式制造的成熟产品。因此，这种生产方式解决了如何使成衣具有个性化及合体性，同时加工工艺又符合工业化水平这一矛盾。

五、论述题

1. 分析服装弊病产生的原因，以及应如何加以避免？

答：所谓服装弊病就是指人体着装静态站立时，服装某些部位出现一些不应出现的不正常的起皱、起壳、吊起、歪斜或穿着过松过紧等多种不合体的现象。

服装弊病产生的原因很多，但总结起来可归为两方面，即制图因素和缝制因素。就制图因素而言，主要与操作者本人对有关知识的掌握及熟练程度、对人体体型的观察理解及对特殊体型的修正、操作者本人实践经验的多少等有关。服装结构制图的比例都是以正常体制图为基准的，但目前各种比例繁多，选择不当就会产生服装弊病，对特殊体型则需要在准确测量的基础上，以正常体制图为基础作进一步修正，否则很容易造成服装弊病的产生。此外缝制不当也是产生弊病的重要根源，它主要与操作者缝制技术的熟练程度有关，制图正确，缝制不当同样会造成服装弊病。综上所述，服装弊病产生的原因是多方面的，我们不仅应掌握较全面的服装专业理论知识，更重要的是加强技能训练，积累丰富的实践经验，只有这样，才能有效地减少或避免服装弊病的产生。

2. 详细论述凸肚体型在样板制作中应在哪些部分进行针对性的处理？

答：劈门增大、前衣片加长、前胸加大、肩缝加大、胸围加大、肚省加大、底边翘势加大、胸省减小、后背腰节以下减短。

3. 消除服装污渍应采取哪些对策？

答：服装污渍，在服装工业生产中防不胜防，以至“污渍”被国外批发商列为中国服装“四害”中的首害，服装生产污渍的原因很多，如果这一问题不从根本上解决，将会成为我国服装出口的新壁垒。服装污渍产生的原因主要有运输中产生的污渍、设备上的污渍、人员由于质量意识单薄，人为造成的污渍、地面不清洁造成的污渍、材料散装运输过程中造成的污渍等。采取的对策包括强化员工的质量意识，强制上岗前洗手，上班时不能吃零食，换鞋进车间；更换新设备，杜绝设备漏油等现象；改用集装箱货柜运输，装货前将货柜清洗干净；用箱式手推车转移服装，每天严格清洗一次；所有车间地面保持24小时的洁净等。以上措施要不打折扣的落实到人，限制解决时间，措施完成后由企业高层领导组成验收小组，并给予评审，按工作质量好坏决定奖罚，服装污渍才会得到根本的治理。

4. 结合自身谈谈服装企业为什么给在岗职工进行技术培训。

答：随着经济体制改革的深入，服装企业内部管理机构的改进，新的原辅材料，新的设备，新的技术以及服装有关的新知识、新技能的出现，都需要及时对职工进行培训，以适应服装工业发展的需要。

5. 生产管理的主要任务是什么？怎么做好生产管理工作？

答：生产管理的主要任务是：合理组织劳动力、资金、设备、原材料进行正常生产，及时为市场提供数量满足需求的优质产品。生产管理还包括提高产品的质量、降低成本、提高生产率。要搞好生产管理，必须做好以下几个方面的工作：

第一，生产的准备和组织工作，如生产的物资、技术等方面的准备工作和组织工作。

第二，生产计划工作，包括产品生产计划和任务的分配等。

第三，生产控制，围绕着完成计划任务所进行的管理工作。

6. 详细论述驼背体型在样板制作中应在哪些部分进行针对性的处理？

答：劈门减小、前片腰节以上减短、肩缝前移、前胸宽和胸围减小、底边翘势减小、后背加长加大、后背宽加大。

7. 详细论述挺胸体型在样板制作中应在哪些部分进行针对性的处理？

答：劈门增大、前身加长、前胸加大、肩缝移出、后背改短、胸省加大。

8. 装饰工艺的种类较多，请你谈谈对荡条工艺的理解？

答：（1）荡条是指用一种面料与衣片颜色不同的面料，缝贴在距衣片边缘的不远处，不紧靠衣片止口。

（2）荡条工艺常应用在中式礼服的旗袍上，荡条的部位和宽窄可由服装款式而定，荡条的用料一般采用斜纱，斜纱荡条平服无链形，有些短距离的荡条也可采用直纱料，常用的方法有暗荡、明荡、单荡、双荡和多荡等，也可以将荡条与滚边组合使用，外侧饰以单色滚边，而内侧可再加上一条或多条荡条以增强装饰的效果。

（3）荡条的工艺要求是荡条宽窄一致，不毛露、不起链形、平服。明荡缉线宽为0.1cm，线迹整齐美观。

9. 论述编制工序分析图的必要性?

答：服装制造工序分析图是工艺设计的主要表现形式主义，它把制造工序分到最细化，这种图可以应用到固定的长线产品上，是制定大流水线生产的依据。通过计算，它可以制定各道工序的日产定额，可以帮助生产管理人员安排流水线的机台和员工的设备。还可以化整为零，减少技术难度，充分提高生产效率达到降低劳动成本，增加利润的效果。如果是批量小、品种多的流水生产，可以通过工序分析图把连接的几道工序或者一个完整的部件工序有机地合并起来，排成模块流水线，达到缩短生产周期，应付品种多变的现代服装生产方式。如果没有工序分析图就不可能产生科学的、效果最佳的生产流水线，也就是生产规模性，而产生随意性，这就会严重降低产品质量和经济效益。

参考文献

1. 张祖芳．立体裁剪基础篇．张道英等译．上海：东华大学出版社，2006．

2. 李薇．立体裁剪．北京：高等教育出版社，2007．

3. 邓鹏举，王雪菲．服装立体裁剪．北京：化学工业出版社，2010．

4. 戴建国．服装立体裁剪技术．北京：中国纺织出版社，2012．

5. [日] 三吉满智子．服装造型学理论篇．郑嵘，张浩，韩洁羽翻译．北京：中国纺织出版社，2006．